本书受到2019年江西省山江湖开发治理委员会办公室重点委托项目"江西绿色文化研究"、江西省社会科学"十三五"（2019年）规划项目"江西生态文化建设研究"（19ZK22）、江西省教育科学"十三五"规划2018年度重点课题"生态文化认同及其教育引导体系研究"（18ZD077）资助。

江西绿色文化研究

张艳国　主编

中国社会科学出版社

图书在版编目(CIP)数据

江西绿色文化研究／张艳国主编. —北京：中国社会科学出版社，2021.5
ISBN 978 - 7 - 5203 - 8206 - 9

Ⅰ.①江… Ⅱ.①张… Ⅲ.①生态环境建设—文化研究—江西
Ⅳ.①X321.256

中国版本图书馆 CIP 数据核字（2021）第 058709 号

出 版 人	赵剑英
策划编辑	赵 威
责任编辑	孙砚文
责任校对	李 莉
责任印制	王 超

出 版	中国社会科学出版社
社 址	北京鼓楼西大街甲 158 号
邮 编	100720
网 址	http://www.csspw.cn
发 行 部	010 - 84083685
门 市 部	010 - 84029450
经 销	新华书店及其他书店

印 刷	北京明恒达印务有限公司
装 订	廊坊市广阳区广增装订厂
版 次	2021 年 5 月第 1 版
印 次	2021 年 5 月第 1 次印刷

开 本	710×1000 1/16
印 张	20.5
插 页	2
字 数	326 千字
定 价	108.00 元

凡购买中国社会科学出版社图书，如有质量问题请与本社营销中心联系调换
电话：010 - 84083683

序 以绿色文化助力打造美丽中国"江西样板"

朱 虹*

习近平总书记亲临江西视察时强调:"要加快构建生态文明体系,繁荣绿色文化,壮大绿色经济,创新绿色制度,筑牢绿色屏障,打造美丽中国'江西样板'。"为落实习近平生态文明思想,江西省生态文明建设领导小组办公室、江西省山江湖开发治理委员会办公室牵头组织绿色文化、绿色经济、绿色制度、绿色屏障系列研究,推动形成一批研究总结江西绿色发展,特别是党的十八大以来生态文明建设重点领域形成的经验成就,作为国家生态文明试验区阶段性验收的成果之一。开展这项工作非常有必要,也非常有意义,既是当前推进国家生态文明试验区建设的迫切需要,也是建设美丽中国"江西样板"的战略需求。

一

党的十八大以来,江西坚持以习近平新时代中国特色社会主义思想为指导,全面推进国家生态文明试验区建设,坚持全流域、全方位、全体系、全过程推进生态文明建设,扎实做好治山理水、显山露水的文章,着力保护好、建设好、发挥好绿色生态优势,奋力打造美丽中国"江西样板"。主要经验可概括为以下五方面。

---

* 朱虹,江西省人大常委会党组副书记、副主任。

始终坚持思想引领。深刻领会和准确把握习近平总书记"打造美丽中国'江西样板'"的重要指示要求，提高政治站位，深化思想认识，切实将习近平生态文明思想铸入灵魂、融入血脉、深入骨髓，坚决扛起生态文明建设的政治责任，引领和推动全省自觉践行生态优先、绿色发展理念，夯实筑牢描绘新时代江西改革发展"绿色画卷"的思想根基。

始终坚持对标中央。坚持节约资源和保护环境的基本国策，坚持节约优先、保护优先、自然恢复为主的方针，坚决贯彻党中央、国务院关于生态文明建设和生态文明体制改革的战略部署，有步骤、分阶段地推进生态文明建设各项任务落到实处。

始终坚持以人为本。深刻认识生态环境既是关系党的使命宗旨的重大政治问题，也是关系民生的重大社会问题，牢牢把握良好生态环境是最普惠民生福祉的宗旨精神，坚持党委领导、政府主导、企业主体、社会参与，坚持以人民为中心，紧紧依靠人民，广泛动员人民，构建全民行动体系，调动各方积极性、主动性、创造性，推动形成生态文明共建共治共享新格局，不断满足人民日益增长的优美生态环境需要，增强人民群众的生态获得感。

始终坚持绿色崛起。持续推进绿色发展方式和生活方式革命，坚持在发展中保护、在保护中发展，统筹生产、生活、生态空间格局，推进产业结构绿色升级，推动生产方式绿色转型，坚持产业生态化、生态产业化，着力打通绿水青山与金山银山的双向转化通道，大力发展循环经济，坚定不移探索具有江西特色的生态与经济协调发展道路，努力在绿色崛起中推进高质量跨越式发展。

始终坚持改革创新。把生态制度建设和治理能力建设摆在更加突出位置，聚焦"源头严控、过程严管、后果严惩"建设机制，大力推进生态文明制度改革创新，加快建立具有江西特色的生态文明制度体系，为生态文明建设提供保障。发扬"钉钉子"精神，着力推动生态文明改革落实落地，将制度成果转化为治理效能，形成更多绿色发展优势。

二

绿色文化是以绿色价值观为指导，追求人与自然和谐发展的社会文化理念，是人们生产、生活、消费的绿色价值取向，以及社会精神活动及其成果的绿色统一。绿色文化与生态文化含义相通，绿色文化是生态文明建设的灵魂，是生态形象的最直观体现。习近平总书记指出，中华民族向来尊重自然、热爱自然，绵延 5000 多年的中华文明孕育着丰富的生态文化；要加快建立健全以生态价值观念为准则的生态文化体系。为了使习近平总书记的重要思想落地生根、开花结果，我们高度注重绿色文化建设。

加强绿色文化设计。《国家生态文明试验区（江西）实施方案》明确提出，要健全生态文化培育引导机制，深入挖掘江西生态文化底蕴，积极培育生态道德。《中共江西省委江西省人民政府关于深入落实〈国家生态文明试验区（江西）实施方案〉的意见》部署挖掘优秀传统生态文化思想和资源，创作一批文艺作品，创建一批教育基地，满足人民群众的生态文化需求。

突出绿色宣传引领。强化正面宣传，广大新闻媒体充分报道绿色发展、绿色生活的江西实践，立体化呈现美丽中国"江西样板"。建立环境污染问题媒体曝光及处理解决通报机制，组织新闻媒体、网站定期曝光环境污染突出问题。将生态文化培育作为文明城市、文明村镇和文明单位（社区）创建的重要内容，把生态文明建设考核纳入文明创建指数测评，不断强化绿色导向。

大力普及生态文化。江西率先建立省级生态文明宣传月机制，通过多种形式宣传生态文明建设制度创新成果、环境保护、示范样板建设等成效，举办系列活动弘扬生态文化、倡导生态文明行为，提高全社会的生态文明意识。各地各部门利用广告牌、橱窗、广播、闭路电视和电子显示屏刊播生态文明公益广告，为绿色发展营造良好舆论氛围。

深化生态文明教育。加强党政领导干部生态文明培训，将习近平生态文明思想、绿色发展、污染防治等列入全省各级各类干部教育体系。开展中小学生生态文明养成实践活动，引导中小学生养成节水、节电、节能、节材、降低生活污染排放的生态环保意识。开展节约型机关、绿色家庭、绿色学校等绿色创建行动，全省已创建 113 家国家级、103 家省级节约型公共机构示范单位。加强绿色发展相关专业人才培养，大力发展绿色科学技术，为全省绿色发展提供人才和科技支撑。

三

江西师范大学张艳国教授受省生态文明建设领导小组办公室、省山江湖开发治理委员会办公室委托，承担了"江西绿色文化"专题研究。张艳国教授是入选国家"万人计划"哲学社会科学领军人才、中宣部文化名家暨"四个一批"人才的国家级高端人才，其多年前就开始研究长江文化，近年提出整合多学科多角度研究长江文化，在《光明日报》《中国社会科学报》等重要刊物发表生态文化、长江大保护等相关成果，在学术界引起共鸣，应该说与绿色文化研究颇有渊源。

在一年多的时间里，张艳国教授带领研究团队认真梳理文献资料，深入开展调研，掌握了丰富的政策文件、研究文章、调研成果，并通过反复研讨、深入论证，多轮修改、反复打磨，最终形成了研究成果《江西绿色文化研究》一书。这本书回顾了江西绿色文化历史，总结了绿色文化江西模式，提出了构建江西绿色文化体系的对策建议，在绿色文化中兼顾生态文明建设，实现了理论逻辑、历史逻辑、实践逻辑的辩证统一。据我所知，这是目前为止较为全面总结研究当代江西绿色文化、生态文化的著作之一。这既体现了研究团队较高的专业能力，更展示了江西省生态文化发展、生态文明建设的领先水平。

本书体现了几个难能可贵的特点：

一是展示了深厚的理论分析功底。本书大胆地从学术界、理论界关于绿色文化的讨论出发，展开了绿色文化理论研究，阐述了绿色文化的基本内涵，提炼了绿色文化的特征，分析了绿色文化的价值。追溯绿色文化的理论来源及其发展流派和演化脉络，层层揭开绿色文化的面纱。旗帜鲜明地提出绿色文化作为一种处在时代前沿的先进文化，需要进一步认识绿色文化、宣传绿色文化、发展绿色文化，并充分发挥绿色文化的社会功能与实践价值。

二是坚持了多元的学术研究视阈。本书在传统和现代、国内和国际、兴起和传播、经验和启示之间穿梭、跳跃，向读者展示了国外与国内、历史与现代之上的绿色文化。作者深入到中国传统与当代实践中探寻绿色文化传统中的孕育形态及其当代和未来可能的理论愿景，发微启例。参考发达国家绿色文化的有益经验，在比较中思考中国特色绿色文化发展。同时，梳理各地以中央部署的绿色发展目标和绿色发展理念为指导，竞相发展绿色农业、绿色工业、绿色旅游业、绿色生活而形成的不同绿色文化。

三是突出了独特的江西生态元素。本书始终立足江西、紧扣江西、聚焦江西，从江西绿色风俗传承，到江西绿色理念创新，再到江西绿色发展实践，生动翔实地还原了江西绿色文化历史。作者独辟一章阐述了江西依法治绿护绿的主要举措和取得成效，别有新意。在历史和现代的长时段中，总结江西提出绿色文化的典型模式，比如绿色文化＋生态保护、绿色文化＋环境治理、绿色文化＋现代服务、绿色文化＋现代农业、绿色文化＋生态工业、绿色文化＋社会风尚，等等，凝聚了江西绿色文化繁荣壮大的宝贵经验，孕育了生态文明建设的强大力量。

四是回应了当前的文化建构需要。本书提出绿色文化内涵丰富，是中国经济社会发展转型升级的客观需要，也是生态文明建设和经济社会可持续发展的必然要求。江西绿色文化建设，应当立足长远，从战略高度长远系统规划，既要绘制江西绿色文化建设蓝图，打造江西绿色文化建设样板，也要加快绿色文化产业发展，还要讲好江西绿色文化建设故事，塑造江西绿色文化品牌，推动江西绿色文化纵深发展，持续打造江西绿色发展的文化高地。

党的十九届五中全会明确提出，在"十四五"时期要推动绿色发展，促进经济社会发展全面绿色转型，建设人与自然和谐共生的现代化；到 2035 年，要广泛形成绿色生产生活方式，生态环境根本好转，美丽中国建设目标基本实现。总地来说，要高质量推进生态文明建设这项关系中华民族永续发展的根本大计，根子在文化，关键是要深化绿色文化建设，实现社会思想观念和生产生活方式的根本转变。这正如作者所述，绿色文化是江西生态形象的最直观体现，是国家生态文明试验区建设的核心要素。我希望全省各地各部门和社会各界进一步凝聚共识，切实保护好、传承好、发展好江西绿色文化。

2020 年 12 月 16 日

目　　录

绪论　为建设美丽中国展示江西形象、贡献江西智慧 ················（1）
 一　江西绿色发展是践行习近平生态文明思想的鲜活样本 ······（1）
 二　总结江西绿色文化的典型经验 ·······························（5）
 三　构建江西绿色文化发展高地 ·································（10）

第一章　绿色文化理论基础 ·······································（13）
 第一节　绿色文化内涵及特征 ·································（14）
 第二节　绿色文化理论的形成与发展 ·························（22）
 第三节　绿色文化的社会功能 ·································（36）

第二章　绿色文化发展演变 ·······································（44）
 第一节　中国绿色文化传统 ···································（44）
 第二节　现代绿色文化兴起 ···································（58）
 第三节　当代绿色文化传播 ···································（64）

第三章　江西绿色文化历史 ·······································（69）
 第一节　江西绿色风俗传承 ···································（69）
 第二节　江西绿色理念创新 ···································（81）
 第三节　江西绿色发展实践 ···································（86）

第四章　江西依法治绿护绿 ·····································（102）
 第一节　立法的时代背景依据 ·······························（102）
 第二节　地方立法的主要内容 ·······························（112）
 第三节　依法治绿护绿的成效 ·······························（122）

第五章　绿色文化江西模式 ……………………………………（133）
　　第一节　江西绿色文化发展举措 …………………………（133）
　　第二节　江西绿色文化发展模式 …………………………（146）
　　第三节　当代江西绿色文化评价 …………………………（164）

第六章　发达国家的绿色文化建设以及对中国的启示 ……（174）
　　第一节　发达国家绿色文化发展举措 ……………………（174）
　　第二节　发达国家保护生态的经验对中国的启示 ………（190）

第七章　国内先进地区绿色文化 ……………………………（198）
　　第一节　国内绿色文化先进经验 …………………………（198）
　　第二节　国内绿色文化典型模式 …………………………（215）
　　第三节　国内先进经验对江西的启示 ……………………（224）

第八章　绿色文化时代价值 …………………………………（229）
　　第一节　绿色文化促进人与自然和谐共生 ………………（230）
　　第二节　绿色文化支撑经济社会发展 ……………………（241）
　　第三节　绿色文化促进人的全面发展 ……………………（249）

第九章　构建绿色文化体系 …………………………………（258）
　　第一节　绘就江西绿色文化建设蓝图 ……………………（258）
　　第二节　打造江西绿色文化建设样板 ……………………（267）
　　第三节　探索江西绿色文化产业新路 ……………………（277）
　　第四节　讲好江西绿色文化建设故事 ……………………（286）

附录一　挖掘赣鄱绿色基因 打造绿色文化样板
　　　　　——江西生态文化体系建设的实践与对策 …………（296）

附录二　绿色江西重要文献法规目录索引 …………………（307）

参考文献 ………………………………………………………（310）

后记 ……………………………………………………………（318）

绪论　为建设美丽中国展示江西
形象、贡献江西智慧

　　2015 年 3 月，习近平总书记在参加十二届全国人大三次会议江西代表团审议时，殷殷嘱托江西要"走出一条经济发展和生态文明相辅相成、相得益彰的路子，打造生态文明建设的江西样板"①。2016 年 2 月，习近平总书记在江西视察时着重指出，绿色生态是江西的最大财富、最大优势和最大品牌。② 习近平总书记提出打造生态文明建设的"江西样板"，进一步提出打造美丽中国的"江西样板"，赋予江西更大的责任、更高的期许。我们要坚决落实习近平总书记提出的打造美丽中国"江西样板"的更高要求，推动生态文明建设与经济发展协同共进，生态文明建设与产业转型协同共进，生态文明建设与新型城镇化建设协同共进，生态文明建设与新农村建设协同共进，生态文明建设与民生幸福协同共进，生态文明建设与提高社会治理体系和治理能力现代化协同共进，保持定力、持之以恒，深入推进生态文明先行示范区建设，使之成为践行习近平总书记生态文明思想的地方样板，为建设美丽中国贡献江西智慧和江西方案③。

一　江西绿色发展是践行习近平生态文明
　　思想的鲜活样本

　　习近平总书记在党的十九届五中全会上强调指出："推动绿色发展，

---

① 《奋力打造生态文明建设的江西样板》，《江西日报》2015 年 12 月 2 日第 1 版。
② 中共江西省委：《努力走出生态与经济协调发展新路》，《求是》2017 年第 16 期。
③ 参见朱虹《以新发展理念引领绿色发展新路——学习习近平总书记视察江西重要讲话精神的体会》，《江西社会科学》2016 年第 5 期。

促进人与自然和谐共生。坚持绿水青山就是金山银山理念，坚持尊重自然、顺应自然、保护自然，坚持节约优先、保护优先、自然恢复为主，守住自然生态安全边界。深入实施可持续发展战略，完善生态文明领域统筹协调机制，构建生态文明体系，促进经济社会发展全面绿色转型，建设人与自然和谐共生的现代化。"① 加强生态文明建设，不仅要能够运用加减法算经济账，还要会运用乘除法算生态效益账，全面地、综合地考量经济社会发展与生态环境之间的内在关联。

1. 充分体现习近平总书记关于环境治理制度化的要求

习近平总书记指出："只有实行最严格的制度、最严明的法治，才能为生态文明建设提供可靠保障""建立体现生态文明要求的目标体系、考核办法、奖惩机制，使之成为推进生态文明建设的重要导向和约束"②。江西加大生态文明体制改革力度，构建具有江西特色的生态文明制度体系。一是完善国土空间管控体系。全面落实主体功能区政策和"三线一单"管控要求，在全省范围推行自然资源资产负债表制度，推动建立"四级三类"空间规划格局，建立健全自然资源资产确权登记、自然生态空间用途管制制度。二是健全生态环境治理机制。省市县全面组建自然资源和生态环境管理机构，率先建立五级林长制并在全国推广，河长制、湖长制形成升级版。创新地域与流域相结合的环境资源司法体系，率先设立赣江流域生态环境监管机构，生态环境综合执法、环境资源审判、生态检察等改革全面推开，省级环保督察实现设区市全覆盖。三是探索生态价值转化机制。自然资源产权制度更加完善，农村两权抵押贷款、水权市场改革深入推进。抚州市率先形成生态产品与资产核算成果，开展武宁、崇义、浮梁、靖安等省级生态产品价值实现机制试点，加快探索生态产品评估、抵押、转化路径。四是完善绿色责任考核机制。全面落实生态文明建设目标评价考核制度，创新生态环境保护委员会管理机制，全面推行自然资源资产离任审计、生态环境损害责任追究制度，使生态文明的"指挥棒"更加有力。

---

① 《中国共产党第十九届中央委员会第五次全体会议公报》，《人民日报》2020 年 10 月 30 日第 1 版。

② 中共中央文献研究室编：《习近平关于社会主义生态文明建设论述摘编》，中央文献出版社 2017 年版，第 106 页。

2. 充分体现习近平总书记关于绿色生产生活方式的要求

习近平总书记指出:"生态环境的成败,归根到底取决于经济结构和经济发展方式。经济发展不应是对资源和生态环境的竭泽而渔,生态环境保护也不是舍弃经济发展的缘木求鱼,而是要坚持在发展中保护、在保护中发展。"① 经济社会健康发展建立在环境保护、生态良好的基础上,生态文明建设为经济社会可持续发展提供环境承载和资源保障。江西省始终贯彻绿色发展理念,既算经济账,更算社会账、生态账,坚持在发展绿色经济中保护生态环境,在生态文明建设中推动经济社会可持续发展。在绿色产业发展规划上,深入实施"2 + 6 + N"产业高质量跨越式发展行动,加快培育航空、电子信息、装备制造、中医药、新能源、新材料等六大优势产业。同时,全面推进开发区改革创新,强化"亩产论英雄"导向,建设九江长江经济带绿色发展示范区,建设一批绿色工厂、绿色园区、绿色项目,积极创建国家产业园区绿色升级试点。赣州山水林田湖草保护修复经验向全国推广,成功创建鄱阳湖国家自主创新示范区、景德镇国家陶瓷文化传承创新试验区,萍乡国家产业转型升级示范区、抚州国家生态产品价值实现机制试点、九江长江经济带绿色发展示范区等重大平台先后落地。创建全国"两山"实践创新基地 4 个、国家生态文明建设示范市县 11 个,数量居全国前列。

3. 充分体现习近平总书记关于生态环境系统性治理的要求

习近平总书记指出:"要用系统论的思想方法看问题,生态系统是一个生命躯体""要坚持山水林田湖是一个生命共同体的系统思想"② "环境治理是一个系统工程,必须作为重大民生实事紧紧抓在手上"③。江西统筹推进全流域治理、全要素保护,按照系统工程的思路开展生态环境保护建设。具体来说,一是加强全流域保护修复。实施国土绿化和森林质量提升工程,完成造林 104.7 万亩、低产低效林改造 177.9 万亩,下达生态公益林补偿资金 11.2 亿元,补偿标准居中部首位。④ 加快

---

① 中共中央文献研究室编:《习近平关于社会主义生态文明建设论述摘编》,中央文献出版社 2017 年版,第 26 页。

② 中共中央文献研究室编:《习近平关于社会主义生态文明建设论述摘编》,第 47 页。

③ 中共中央文献研究室编:《习近平关于社会主义生态文明建设论述摘编》,第 51 页。

④ 新华社:《江西完成造林 104 万余亩　超计划近 50%》,新华网,http://www.xinhua-net.com/2020 - 03/07/c - 1125676416.htm。

生态鄱阳湖流域建设，划定河流管护范围 5042 千米，建成鄱阳湖湿地生态预警监测系统，鄱阳湖湿地生态补偿范围扩大至 12 个县，全省湿地面积保持在 91 万公顷。二是构建自然保护地体系。全省自然保护区达到 190 个、森林公园 182 个、湿地公园 99 个，占全省总面积的 10.2%。实施"绿盾 2019"专项行动，整治违法侵占自然保护区问题 527 个。三是打造山水林田湖草综合治理品牌。全面实施山水林田湖草综合治理行动计划，推进流域水环境保护、水土流失治理、矿山环境修复、生物多样性保护等重点工程 110 余项，生态治理的"赣南模式"、废弃矿山修复"寻乌经验"获得国家部委肯定，加快探索南昌城市滨湖地区山水林田湖草综合治理新模式，深入推进吉安山水林田湖草生命共同体示范区建设，探索形成一批典型经验和典型模式，山水林田湖草综合治理样板区品牌进一步打响。①

4. 充分体现习近平总书记关于生态文明共建共治共享的要求

习近平总书记指出："要坚持全国动员、全民动手植树造林，努力把建设美丽中国化为人民自觉行动""生态文明建设同每个人息息相关，每个人都应该做践行者、推动者"②。大力普及绿色文化，强化公民绿色环境意识，在全社会营造浓厚的生态文化氛围，推动公民自觉自愿参与，这是江西生态文明建设的宝贵经验和有效措施。一是在全省中小学生中广泛开展生态文明养成实践活动，推进生态文明教育进校园、进课堂、进教材。二是加强党政干部教育培训，开设污染防治攻坚战、绿色发展等生态文明系列专题课程，推动生态文明培育考核纳入公共文明指数测评。三是积极组织节能宣传周、寻找"最美环保人"等活动，开展"河小青"志愿服务近 10 万人次。四是生态惠民成效明显。江西被列为国家生态综合补偿试点省，全年筹集流域生态补偿资金 39.22 亿元，建立省内上下游横向生态保护补偿机制，加快构建市场化多元化生态补偿机制。选聘生态护林员 2.15 万人，带动 7 万人口实现脱贫，遂川、乐安、上犹、莲花等生态扶贫试验区成功实现脱贫摘帽。加快推广碳普惠、垃圾兑换银行等绿色活动，全省设区市城区绿化覆盖率、绿地

① 参见张和平《关于国家生态文明试验区（江西）建设情况的报告——2020 年 1 月 17 日在江西省第十三届人民代表大会第四次会议上》，《江西日报》2020 年 2 月 19 日第 7 版。

② 中共中央文献研究室编：《习近平关于社会主义生态文明建设论述摘编》，中央文献出版社 2017 年版，第 12 页。

率位居全国前列，新创建 3 个"中国天然氧吧"、12 个"避暑旅游目的地"，人民群众生态获得感进一步增强。①

二　总结江西绿色文化的典型经验

绿色江西、大美江西，已经逐渐成形，成为江西省一张亮丽名片。这份成绩来之不易，应该倍加珍惜。江西有得天独厚的绿色资源优势，生态环境和自然禀赋好，但我们并没有躺在大自然馈赠上睡大觉、吃老本，走资源消耗大、粗放式发展道路，而是居安思危、未雨绸缪，以科学理念谋划经济社会发展过程中出现的环境生态问题，在经济发展、环境治理和群众生活方面，全面贯彻绿色发展的整体要求，推动经济发展与环境保护的双向发力、协调发展。江西探索绿色文化的主要经验有三项。

1. 规划早、起点高

2019 年 3 月 25 日，新华社以"好山好水价值几何？——来自国家生态文明试验区江西的'两山'转化实践"为题，报道了江西绿色文化建设所取得的成就，指出："在国家三大生态文明试验区之一的江西，随着生态文明建设的深入推进，当地良好的生态优势正加快转化为经济优势，好山好水开始'卖'出好价钱。"② 江西生态文明所取得的巨大成就源于科学规划和长期坚持。

从 20 世纪 80 年代开始，江西就大力实施"山江湖"工程，提出"治湖必先治江、治江必先治山、治山必先治贫"的思路，拉开了新时期全省生态建设的大幕。1983 年初，针对全省出现的乱砍滥伐、毁林种粮、水土流失等严重生态环境问题，江西省启动了"鄱阳湖综合考察与治理研究"项目。1985 年初，江西省委、省政府决定启动"江西山江湖开发治理工程"，即"山江湖"工程，明确了"治湖必须治江、治江必须治山""坚持流域综合治理、系统开发""治山治水必须治穷脱贫，经济发展与环境保护协调统一"的流域综合开发治理基本原则，编

---

① 参见戴林峰《家门口吃上生态饭》，《人民日报》2020 年 4 月 10 日第 18 版。
② 刘健、郭强、范帆：《好山好水价值几何？——来自国家生态文明试验区江西的"两山"转化实践》，新华网，http://www.xinhuanet.com/politics/2019 – 03/25/c_ 1124278568.htm。

制了《江西省山江湖开发治理总体规划纲要》。1991 年 12 月，江西省人大常委会审议并通过《江西省山江湖治理总体规划纲要》。1996 年 2 月，"山江湖"工程写入《江西省经济社会发展"九五"计划和 2010 年远景目标纲要》。1998 年以后，江西省委、省政府又提出生态经济发展战略，把发展重点放在"以生态农业为主的现代农业，以有机食品为主的食品工业，以生态旅游为主的旅游业"①。2001 年 2 月，江西省委、省政府进一步提出"生态经济战略是江西 21 世纪发展的必然选择"②。2003 年 3 月，江西省委、省政府强调江西"既要金山银山，更要绿水青山"③。2005 年 12 月 17 日，中共江西省委十一届十次全体会议审议通过了《中共江西省委关于制定全省国民经济和社会发展第十一个五年规划的建议》和《中共江西省委常委会 2005 年度工作报告》，会议首次明确提出"绿色生态江西"是江西今后发展的重要目标之一。2006 年 12 月召开的江西省第十二次党代会确立了"生态立省、绿色发展"战略。2013 年 7 月，中共江西省委十三届七次全会提出"发展升级、小康提速、绿色崛起、实干兴赣"的十六字方针，全力推进生态文明建设。2014 年 11 月，国家发改委、财政部、国土资源部、水利部、农业部、国家林业局等六部委批复《江西省生态文明先行示范区建设实施方案》。2015 年 1 月 31 日，江西省十二届人大四次会议通过《关于全力推进生态文明先行示范区建设的决议》。2015 年 3 月 6 日，习近平总书记充分肯定并勉励江西省委、省政府按照国家对江西生态文明先行示范区建设的总体要求，走出一条经济发展和生态文明相辅相成、相得益彰的路子，打造生态文明建设的江西样板。近年来，全省着力推进生态与经济不断融合，绿色发展成效显著，发展基础进一步得到夯实。

2. 措施严、效果好

推进绿色发展，不是发几个文件、开几个会、做几场报告，热热闹闹、敲锣打鼓就可以轻松实现的，而是在落实责任上动真格，在严格考核指标上见真章。江西在考核评价和责任追究制度上大胆先行先试，取得了较好的效果。2017 年制定《江西省党政领导干部生态环境损害责

---

① 《江西统计年鉴 1999》，中国统计出版社 1999 年版，第 68 页。
② 舒惠国：《生态江西：21 世纪的经济战略》，《人民论坛》2000 年第 11 期。
③ 张敏：《"既要金山银山，更要绿水青山"——江西探索协调发展之路》，《半月谈》2004 年第 4 期。

任追究实施细则（试行）》和《江西省生态文明建设目标考核办法（试行）》，对领导干部每年进行一次绿色发展指标评价，每两年进行一次生态文明建设考核，对领导干部试行生态环境损害责任终身追究制。对于生态环境保护方面失职渎职者进行问责和查处。通过领导干部自然资源资产离任审计以及领导干部环境损害责任追究制度，进一步树立"绿色政绩观"。在保护与治理制度体系方面，构建严格的环境保护监管体系，铁腕守护绿水青山。2017 年江西省出台《江西省生态环境监测网络建设实施方案》，通过"生态云"大数据平台，构建统一规范、布局合理、覆盖全面的生态环境监测网络，为环境保护与检测提供技术支持。江西省制定《江西省编制自然资源资产负债表试点方案》，对土地资源、林木资源和水资源进行核算试点，开展编制自然资源资产负债表的试点工作。同时，开展林权制度改革试点，引导社会资本进入生态保护领域，加快培育生态市场主体。建立覆盖所有重点流域的生态补偿机制，形成能体现生态环境保护价值的制度体系。在《江西省"十三五"规划纲要》中，将绿色发展贯穿始终，强化目标导向，在 40 个具体发展目标中，关于生态文明的指标占 18 项，大部分是约束性指标。通过这一系列的严格措施和努力，江西生态文明建设取得了良好效果。最直接也是最重要的表现就是：全省生态环境持续好转，比如 2018 年全省城市环境空气质量优良率 88.3%，社会普遍从环境保护中受益，彰显了生态文明作为公共产品的正外部性特征。同时，绿色发展催生了生态经济，效益明显，群众满意，社会受益。比如武宁县罗坪镇长水村村民卢咸成说："以前砍棵树，翻山越岭、汗流浃背一天也只能换 80 来块钱。现在开个农家乐，摘些红豆杉果子泡酒，割些野蜂蜜卖，一年下来能赚一二十万。"① 大力发展生态经济，不仅有利于节约资源，提升生态环境，更能直接促进居民经济收入。

3. 系统性强、覆盖面广

江西从六大领域推进生态文明试验区建设，一是以绿色规划为统领，加强生态文明建设引导。比如《江西省"十三五"规划纲要》把绿色发展贯穿始终，强化目标导向，在 40 个"十三五"发展具体目标

----

① 朱雪军、郑颖：《长水村：从卖木材到卖生态》，《江西日报》2018 年 12 月 11 日第 A2 版。

中，关于生态文明的指标占 18 项，大部分是约束性指标。二是以提升生态功能为重点，筑牢生态安全屏障。牢固树立山水林田湖是一个生命共同体的理念，构建省、市、县、乡四级联动水生态文明建设体系。三是以绿色产业为支撑，促进生态与经济协调发展。按照"生态+"的产业发展理念，加快建设环境友好的绿色工业体系、生态有机的绿色农业体系、集约高效的绿色服务业体系。四是以环境工程为抓手，巩固提升生态环境质量。把与人民群众密切相关的环境问题作为突破口，抓好"三净"行动，确保环境质量不下降。五是以改革创新为路径，构建科学长效的制度体系。把体制机制创新作为生态文明先行示范区的核心任务，重点推进了生态文明考评、自然资源资产产权管理、生态补偿、市场化、环境保护管理五大领域 35 项制度创新，并明确了责任部门和实施范围。六是以生态文化为载体，营造生态文明建设的良好社会环境。把培育普及生态文化、提高生态文明意识、倡导绿色生活方式作为生态文明建设的重要内容。从 2014 年列为国家生态文明先行示范区到 2016 年列为国家生态文明试验区，江西省在制定绿色规划、发展绿色产业、实施绿色工程、完善绿色制度、打造绿色品牌、培育绿色文化等方面作了大量探索，初步探索出一条经济发展与生态环境相协调的发展新路，为江西全面建设生态文明、实施绿色崛起战略积累了宝贵经验。

江西省第十四次党代会报告提出，要充分发挥绿色生态这个最大优势，打造美丽中国"江西样板"，加快绿色崛起。实施绿色崛起战略，要立足我们的既有基础，发挥我们的长项和优势；同时也要补齐短板和弱项，把我省建设成更高水平的生态文明先行示范区。具体来说，江西在绿色崛起中必须克服以下比较突出的问题。

一是部分地方和部门没有充分意识到建立生态环保协同联动机制的重要性。任何事物的存在和发展都与周围的其他事物存在着这样或那样的联系，有的是直接联系，有的是间接联系；有的是本质联系，有的是非本质联系；有的是必然联系，有的是偶然联系；有的是内部联系，有的是外部联系；等等。总之，没有联系就没有一切。然而，一些地区和部门的领导干部忽略了生态问题的联动效应，全局观念和整体意识较差，片面地强调地方和部门的局部利益，不顾及其他地区和部门的实际需求，把废气、废水、废渣排放到相邻的地区和部门。这样做的结果，不仅损害了其他地区和部门的利益，最终也损害了本地区、本部门的利益。这种形而上学片面性的错误是要不得的。

二是绿色文化的示范创建尚有不足。在社会参与方面，虽然各级政府和部门在社会动员和环境教育方面下了很大功夫，但总体上生态文明建设仍然以政府推动为主，生态环保组织及社会公众参与不够。同时，有关部门和地方支持社会组织和社会公众参与绿色文化建设的政策机制不完善、渠道窗口不够开放。在部分绿色文化富集地区，企业主导了绿色文化产业化开发和发展，当地群众参与绿色文化开发和分享绿色文化开发红利的机制路径不够畅通。在绿色文化的创建平台方面，我省创建了一批全国绿色文化村和若干全国绿色文化基地，但缺乏整体带动示范性，省级生态文明示范基地（文化类）数量较少，形成的绿色文化创建经验较少，缺乏专门的省级绿色文化创新和创建的平台、阵地。此外，绿色文化的品牌效应还要继续强化，在全国具有较大较强影响力的绿色文化宣传品牌不多、代表性的绿色文化标识不够鲜明、辨识度不高，区域性、省域性绿色文化公共品牌还没有形成，"江西风景独好"的整体效应有待进一步发挥。

三是绿色文化的产业贡献占比不高。比如在绿色文化产业层次上，总体还在生态旅游、自然观赏等较低层次上，绿色文化衍生的生态康养、生态教育、生态体验、生态艺术以及共享生态等新业态、新模式还没有涉及或局部探索，较高层次、较高水平、较高质量的新业态还有待进一步推广和扩大。绿色文化产业总量还需要继续做大，我省在绿色文化研究、开发、包装、宣传、推广、设计等方面，市场培育不够，绿色文化上下游、首末端相连的产业链创新不够，绿色文化产业化水平总体不高，多元化、高品质的绿色文化产品和服务有待进一步开发。另外，我省绿色文化企业规模较小。本土文化企业从事绿色文化的积极性不高，市场对绿色文化的投资投入还不够，缺乏本土化的、具有领军能力的绿色文化开发、绿色文化投资龙头性大企业。

四是绿色文化的支撑保障不够完善。在生态文明建设总体布局、在全省文化发展总体布局及有关部门和地方工作部署中，对绿色文化内容研究不够、部署不够，较少对绿色文化进行专门性、专题化安排，绿色文化的"声音"较弱。我省未出台绿色文化发展规划，也没有制订系统的绿色文化建设方案，各地对区域性特色绿色文化发展的规划、设计不够，导致绿色文化缺乏较有力的指导政策。此外，对绿色文化人才培养缺乏总体性谋划，绿色文化人才队伍较为薄弱，缺乏具有较大影响力的绿色文化专业人才；对绿色文化人才培养、孵化类学校、机构缺乏整合，绿色文化领域研究开发水平不够。

三　构建江西绿色文化发展高地

传统发展观看经济指标，以 GDP 论英雄；现代发展观看人地相宜，人与自然和谐相处，把绿色生态作为最重要的指标要素，建设绿色文化，构建绿色文化高地。① 通过绿色文化驱动江西又好又快发展，这是新时代新阶段奋斗江西现代化建设新征程的鲜明走向和导向。

一是做好顶层设计，绘好生态文化建设蓝图。贯彻落实《国家生态文明试验区（江西）实施方案》《中共江西省委江西省人民政府关于深入落实〈国家生态文明试验区（江西）实施方案〉的意见》《关于深入学习贯彻习近平总书记视察江西重要讲话精神　努力描绘好新时代江西改革发展新画卷的决定》等文件精神，加快建立健全以生态价值观念为准则的生态文化体系，加强生态文明理论学习、知识普及、绿色创建，推动习近平生态文明思想深入人心，形成崇尚生态文明的社会新风尚。落实省委省政府提出的打造绿色文化样板的明确要求，将大力弘扬绿色政绩观、绿色生产观、绿色消费观落实到生态文明建设、文化建设、生态环境保护、自然资源、农业农村、水利、林业、文化旅游、体育等部门规划中，统筹谋划生态文化，广泛开展生态文明创建活动，培育生态道德和行为准则，营造崇尚绿色的时代风尚。

二是突出重点，打造生态文化建设样板。全面开展节约型机关、绿色家庭、绿色学校、绿色社区、绿色出行、绿色商场、绿色建筑等创建行动，广泛宣传推广简约适度、绿色低碳、文明健康的生活理念和生活方式，建立完善绿色生活的相关政策和管理制度，推动绿色消费，促进绿色发展，形成崇尚绿色生活的社会氛围。在国家生态文明建设示范市县、全国"绿水青山就是金山银山"实践创新基地、省生态文明示范县、省"绿水青山就是金山银山"实践创新基地、省生态县等创建中，强化生态文化建设的内容，加大生态文化的建设力度。开展森林文化、水文化、湿

---

① 张艳国：《构筑江西崛起的文化高地》，《江西日报》2012 年 6 月 4 日第 B3 版。

地文化、竹文化、茶文化、花文化等专题特色活动，举办鄱阳湖国际观鸟周、油菜花节、龙虾节、脐橙节、蜜桔节等特色生态节日。加大办会力度，如世界绿色发展投资贸易博览会、花博会、林博会、竹博会、水博会等能够体现江西特色优势生态资源的博览会。组织一批生态文化试验，深入推进婺源·徽州国家文化生态保护实验区、客家文化（赣南）国家生态保护实验区、景德镇国家陶瓷文化传承创新试验区建设。

三是注重探索生态文化产业新路。深入挖掘利用生态文化资源，加快整合生态文化资源和生态产业资源，科学规划生态文化资源产业化开发，提高生态创意产品质量，培育若干生态文化产业品牌，将生态文化产业打造成经济社会发展的新引擎。深入推动文化+跨界融合，发展基于文化创意和设计与制造业、建筑业、农林业、旅游业等相关产业融合的新设计、新工艺、新业态，创造具有地方特色、具有生态品质的生态文化新产品。

四是注重讲好江西生态文化建设故事。要围绕特色优势生态资源讲好江西生态文化故事，加强宣传教育、深化总结提炼、拓展对外交流，构建人文生态环境系统，传播生态文化建设的江西智慧。运用多种形式和手段，深入开展生态文明宣传活动，营造生态文明社会新风尚和文化氛围，引导全社会牢固树立尊重自然、顺应自然、保护自然的生态价值观，把生态文明建设融入社会主义核心价值观建设之中，将生态文明转化为公民意识，将生态治理行动转化为公民自觉行为。面向机关，组织好公职人员生态文明政策教育；面向企业，组织好在职人员生态文明法规教育；面向学校，组织好生态文明省情教育、乡土教育、校本教育；面向社会，组织生态文明日常生活化、行为规范化教育，推动生态文明教育落实到家庭教育、学校教育和社会教育中，从娃娃抓起，从幼儿园开始，从日常生活中的点滴实践做起。

五是注重汇聚生态文化建设合力。文化建设是一项系统工程。要加强对生态文化建设的组织领导，完善生态文化的共建机制，加大生态文化建设的支持力度，提升生态文化建设合力。强化宣传、教育、科技、文化、生态环境、自然资源、林业、水利等部门协作，将生态文化建设任务融入到生态文明总体布局中。在生态文明目标评价考核中增加生态文化权重，提高生态文化在市县高质量发展考核生态文明建设评价中的分值，完善绿色发展评价中生态文化有关指标。在市、县级文明城市测评体系中完善生态环境测评项目或生态文明建设测评项目，在省级文明村镇测评内容中增加开展环境综合整治和群众性爱国卫生运动，将破坏生态文明的重大案件纳入"一票否决"条款，将"文明生态帮建"工作、单位员工文明交通文明旅游、移风易俗婚丧事新办简办、节能减排等生态绿色文明工作纳入江西省文明单位（社区）测评内容。

第一章　绿色文化理论基础

　　正如恩格斯说的那样："一个民族想要站在科学的最高峰，就一刻也不能没有理论思维。"① 科学的绿色文化理论是指导绿色发展的灵魂，没有绿色文化滋养，绿色发展则徒有其表，不能成为全社会的自觉追求和行为习惯。自近代工业化大生产以来，人们极大提高了人类改造自然、改变世界的力量。在资本利益最大化的驱动下，人类对自然界的敬畏消失了，自然成为人类为所欲为的资源，自然生态平衡被打破，各种环境问题事件层出不穷，导致大量人身财产损失，这直接威胁到人类生存。早在 20 世纪 70 年代，世界环保组织就发出呼吁，警告人们要善待自己，保护环境就是保护我们自己。② 人们为了应对日益凸显的生态危机，以及由此引发的社会问题，开始思考人与自然协调发展，自觉地改变以资源和环境消耗为代价的粗放发展模式，使人类社会发展遵守生态平衡规律，实现可持续发展，由此产生了与此相适应的文化形态，即绿色文化。绿色文化像其他文化形态一样，既有文化内涵的共性，又有自身的内涵要素特征，也有自身特色的发展背景、演化逻辑和社会功能。绿色文化作为一种全新文化形态，成为社会文明重要指标，绿色文化理论也将是建设社会主义生态文明的重要理论指导。习近平总书记多次强调要牢固树立"绿水青山就是金山银山"的发展理念，要解决好"两山"问题的伟大实践，必然离不开对绿色文化理论的正确认识与科学理解。只有真正掌握了绿色文化理论，并将其运用于具体生活实践，人们

---

　　① 《马克思恩格斯选集》第 3 卷，人民出版社 2012 年版，第 467 页。
　　② 程振华：《人类环境史上的重大事件——介绍斯德哥尔摩行动计划》，《环境保护》1986 年第 6 期。

渴望的人与自然和谐发展时代才会真正到来。

第一节　绿色文化内涵及特征

对于新事物的认识和新理论的学习，需要借助概念工具的辅助。概念就是我们对于事物的认知，就是对事物的具体理解，是反映对象本质属性的思维形式。我们认识绿色文化需要从绿色文化概念入手，不论是从宏观特征上，还是从具体微观要素上，只有一探究竟，才能认识其本真。

一　绿色文化的基本内涵

（一）文化内涵概要

1. 文化的内涵

文化最大的特质，就是具有极强的渗透性、持久性，像空气一样无时不在、无处不在，能够以无形的意识、无形的观念，深刻影响着有形的存在、有形的现实，深刻作用于经济社会发展和人们生产生活。[①] 这显示出文化的巨大作用。正是文化对政治经济与人们生产生活的巨大影响力，也成为一个国家综合实力的重要指标，所以世界各国都争先恐后地发展本国文化，以提升本国文化影响力和竞争力。

何谓文化？不同时代、不同学科、不同领域的学者对此有不同的阐述，无法列举穷尽。我们可以选择几个代表性学者的看法和观点，领略其大概。"人类学之父"爱德华·泰勒在《原始文化》中提到："所谓文化或文明乃是包括知识、信仰、艺术、道德、法律、习俗，以及包括作为社会成员的个人而获得的其他任何能力、习惯在内的一种综合体。"[②] 马林诺夫斯基认为："文化是指那一群传统的器物，货品，技术，思想，习惯及价值而言的，并且包括社会组织。"[③] 任继愈先生则认为文化有广义和狭义之分。前者包括文艺创作、宗教信仰、哲学著

[①] 刘林涛：《文化自信的概念、本质特征及其当代价值》，《思想教育研究》2016 年第 4 期。

[②] ［英］爱德华·泰勒：《原始文化》，连树声译，广西师范大学出版社 2005 年版，第 1 页。

[③] ［英］马林诺夫斯基：《文化论》，费孝通等译，商务印书馆 1946 年版，第 2 页。

作、风俗习惯、饮食器服之用等。后者则专指能够代表一个民族特点的精神成果。① 郭因教授立足于中国传统，谈论了对文化的看法。"根据人的理想，加工、改造素朴的质地，或者创造并非自然天成的东西，就叫文。把凝固的东西变成非凝固的东西，把如此这般的东西和如彼那般的东西，变成有此有彼、又非此非彼的东西，就叫化。"② 王仲士认为马克思主义文化观"是人改造自然的劳动对象化中产生的，是以人化为基础，以人的本质或本质力量的对象化为实质的，它包括物质文化、精神文化、制度文化等因素"③。从广义和狭义的范围来分，马克思对文化内涵的论述可看出，文化是一个广义的概念。

2. 文化的特征

通过不同学者对文化概念不同的理解，我们大概可以认识文化内涵的基本特点。首先，文化是一种社会历史现象，为人类社会所特有，随着社会生产力变化而不断改变，由物质生活决定，又反作用于物质生活。其次，文化具有特殊性。不同历史发展时期、不同地域、不同民族呈现在文化内容上有其差异，展示出其特殊性，由此产生"文化园地"里的百花齐放、争奇斗艳之美。最后，文化发展是持续的，处在持续变动之中，这既有对原有的传承，又有对外来文化的吸收，还有现实条件的不断推动演变，从而构成了文化在抽象意义上的整体概念。

3. 文化的作用

一是信息传递作用。文化之所以能够进行信息传递与文明延续，是因为文化具有记录和传播功能，时刻发挥着传递社会经验的作用，从而维持社会历史连续性。"薪尽火灭者，宫殿楼宇、器物；薪尽火传者，观念形态、文化。文化的这种传递文明的功能，使个人可以在较短的时间内掌握人类在较长的时间中积累的经验、知识和价值观念。"④

二是教化的作用。《易经》中提到"观乎天文，以察时变；观乎人文，以化成天下"，就体现了文化引导人、规范人、塑造人的作用，这也是文化根本性的功能。在人类发展的历史过程中，文化对人的教育不仅体现在生产技能上，还体现在社会教育上，也就是通过各种文化要

---

① 王威孚、朱磊：《关于对"文化"定义的综述》，《江淮论坛》2006 年第 2 期。
② 郭因：《绿色文化断想（二则）》，《学术界》1995 年第 1 期。
③ 王仲士：《马克思的文化概念》，《清华大学学报》（社会科学版）1997 年第 12 期。
④ 杨耕：《文化的作用是什么》，《光明日报》2015 年 10 月 14 日。

素、文化活动积极地规范引导人们的行为，以此培养符合社会发展要求的建设者和接班人。

三是团结凝聚社会的作用。文化作为一种社会存在，是社会发展的黏合剂，是一个国家、民族抵御任何风险挑战的重大精神力量，缺少文化凝聚力的民族经不起风浪，是一盘散沙。民族国家的凝聚力有赖于对本民族文化的认同感，这种文化的认同感是民族生命力、创造力和凝聚力的关键。所以，文化能够凝聚国家的共同利益和人民的理想追求，能够形成强烈的感召力和向心力，从而使整个社会凝聚起来。

四是推动社会发展的作用。文化作为一种精神力量，能够在人们认识世界、改造世界的过程中转化为物质力量，对社会发展产生深刻的影响。这种影响，不仅体现在个人的成长历程中，而且体现在民族、国家和社会发展的历史中。优秀的文化承载价值，润化心灵，引领社会发展方式和发展方向，可以为社会发展提供精神动力和智力支持，它是社会发展变革的强大助推器。一个社会的精神风貌、文明程度，以及社会发展方向的选择，处处受到文化的作用和影响。

（二）绿色文化的概念

绿色文化和民族文化、地域文化、传统文化、农业文化等文化形态一样，是"文化园地"的重要组成部分，既有文化抽象意义的共性，也具有自身产生、发展等要素的特性。在 20 世纪六七十年代，源自西方扩展到全世界的一股绿色思潮，使全社会开始兴起对绿色发展、绿色文化、绿色科技等问题的讨论。绿色文化在学术界受关注程度固然与学者个人的志趣爱好相关，但更多地则是因为环境污染问题越来越严重、自然资源遭到人类大肆破坏，以此引发了各种矛盾和冲突而产生的外部压力所致。人类面对日益严重的生存发展困境，想要持续在地球上生存下去，维持经济发展与生态环境相协调，必须思考如何处理人与自然、人与人、人与自身之间的关系，就产生了对绿色文化、生态文化、绿色发展、生态文明等概念的不同阐释。其中，关于绿色文化概念的认识主要有以下两点。

1. 绿色文化内涵

每个时代都有每个时代的文化样式和文化特征，绿色文化就是当今社会发展的产物，是未来社会文化发展的主要趋势。有学者将绿色文化与生态文化作比对，认为："绿色文化也就是对传统的工业文明变革和扬弃的先进文化,是追求人与自然、人与社会、人与人协调,是人类当前与未来的可持续发展的文化。"① 秦书生教授认为:"绿色文化是以生态科学和可持续发展理论作为思想基础的新兴文化,是倡导人与自然和谐相处的思想体系,是人们根据生态关系的需要和可能,促进开发绿色技术和进行绿色技术创新,有效地解决人与自然关系问题所反映出来的思想观念的总和。"② 金光风认为:"绿色文化的内涵是以绿色经济为基础,以追求人类的可持续发展、人与自然的和谐统一为目的各种社会活动及成果的总称。"③ 王玲玲、张艳国教授认为:"作为一种文化现象,绿色文化是与环保意识、生态意识、生命意识等绿色理念相关的,以绿色行为为表象的,体现了人类与自然和谐相处、共进共荣共发展的生活方式、行为规范、思维方式以及价值观念等文化现象的总和。"④

通过上文对绿色文化概念的列举,不同学者对于绿色文化概念的总结有不同侧重和表述。从这些不同的表述中,我们可以得出"绿色文化"概念有狭义和广义之分。从狭义上讲,绿色文化是以绿色价值观为理论指导,追求人与自然和谐发展的社会文化理念。从广义上讲,绿色文化是一种人与自然、人与社会、人与自身和谐与共的生存方式、发展方式,包含人们生产、生活、消费方式,以及人类精神活动及其成果的统一。所以,绿色文化是以绿色经济为基础,绿色文化概念的核心是追求人类的可持续发展,使人类适应生态环境,追求人与自然和谐统一。

2. 绿色文化外延

随着社会的发展和人们对绿色文化认识的提升,其内涵和外延不断被挖掘和深化,形成一个内外统一的整体。当前,绿色文化的外延主要包含绿色思想、绿色文学、绿色科技、绿色产品、绿色消费等。

绿色思想。绿色思想是建立在充分认识保护自然环境、维持生态平衡、走可持续发展重要性基础上的思想意识。人类是自然界的产物,是大自然的一部分,而非世界万物的主宰。维持经济发展,不是以牺牲自然环境为代价的,不能走"先污染后治理"的西方发达国家工业化的

① 张晨强:《关于绿色文化的思考》,第七期中国现代化研究论坛论文,昆明,2009 年,第 265 页。
② 秦书生:《绿色文化与绿色技术创新》,《管理与科技》2006 年第 6 期。
③ 金光风:《营造绿色文化 建设生态文明》,《生态经济》2000 年第 8 期。
④ 王玲玲、张艳国:《"绿色发展"内涵探微》,《社会主义研究》2012 年第 5 期。

老道路，要走人与自然界相互协调、共同繁荣的可持续发展道路，这都是人们的绿色认识在思想观念领域的体现。

绿色文学。绿色文学，就是在文学作品里面表现或包蕴着绿色信息的文学，其内容讴歌自然之美，反对破坏生态平衡，提倡保护自然，倡导绿色生活生产方式。巴勒斯的《自然之道》；奥斯汀的《无界之地》《旅行尽头的土地》；蕾切尔·卡森的《寂静的春天》等作品都是其中的杰出代表。

绿色科技。绿色科技本质上指能够促进人类长远生存发展，有利于人与自然共存共生的科学技术，是以保护人体健康和人类赖以生存的环境，促进生态系统良性循环，保障经济可持续发展为核心内容的所有科技活动的总称。主要包括新产品、新工艺的开发设计，新能源、新材料的开发利用，消费方式的改进，法律法规以及环境保护理论的研究，等等。

绿色产品。绿色产品指符合生态环境保护和生产要求的工农业产品。绿色产品不仅在产品本身质量上过硬、在市场上竞争力强，而且产品本身具有环境保护、减少资源消耗、促进人与自然和谐发展等特点。

绿色消费。绿色消费指消费者在绿色产品的需求、购买和消费活动过程中，消费活动无害于环境或将这种损害降低到最低限度，这是一种具有生态意识的、高层次的理性消费行为。绿色消费可以在一定程度上抵制破坏生态环境的行为，减少环境污染和资源浪费，增加生态环境的优化。

二 绿色文化的特征

绿色文化和其他文化形态一样，是人们在认识自然、改造社会、认识自我的过程中逐步发展而来的文化表现形式。绿色文化既有对传统自然文化、科学文化、人文文化的继承，又有在当前环境中产生的文化新要素。绿色文化作为一种新文化，在其演变过程中内涵要素、传播方式等表现有以下四个新的特征。

（一）时代性

文化的时代性是指任何一种文化的发生、形成、发展、成熟都是在一定的社会历史条件下进行的，都会深深地打上特定时代的烙印。所以，每个时代都有每个时代的文化。打上这种时代烙印的根本原因是，生产力发展水平、人类智慧积累程度。绿色文化产生于工业文明造成生态危机，给人类带来严重生存危机，使人与自然和谐发展逐渐成为国家与社会大众的共识之中。绿色文化从社会小众文化，发展成世界各国主流文化，并决定着政府政策法规的制定，影响着国家未来的发展方向。绿色文化不仅是当今时代文化发展新动向，还是绿色文明的灵魂，它具有鲜明的时代性。

（二）和谐性

绿色文化的核心内容是协调人与自然、人与社会、人与自身的关系，和谐性是绿色文化的本质特征。人类不是自然界的主宰，人类也不能随心所欲地掌控整个自然，这逐渐成为多数人的共识。自然界是一个整体，包括人类、动物、植物、大气等都是这个整体不可或缺的一部分。一旦人与自然、人与社会、人与自身出现不和谐，就会冲击自然的完整性，打破人类生活环境的平衡状态。为了维护这种平衡状态，关键是要树立人与自然的平等观、协同观。人类树立了发展的平等观、协同观，才能减少人在自然面前唯我独尊的思想，才会对自然充满敬畏，而不是无限地"改造自然"，使自然不堪其累。和谐性不但实现了我们这一代人的发展愿景，还给我们的子孙留下了可持续发展的基础，这充分体现了和谐性的人文价值。

（三）地域性

文化具有地域性特征，仅就中国传统而言，大致分为秦陇文化、齐鲁文化、燕赵文化、三晋文化、荆楚文化、吴越文化、巴蜀文化、岭南文化、闽台文化等地域文化类型，扩展到全世界，依宗教信仰来看，又有西方基督教文化、中东伊斯兰文化、南亚印度教文化、东亚儒家文化等不同文化形态。绿色文化在发端、形成、发展、传播的过程中，因为各地区气候、民族、文化程度、生产力发展水平的差异而产生了绿色文化，它富含地域性的特征。绿色文化既包含草原绿色文化，又包含农耕绿色文化；既含纳西方人与自然对抗的文化观，又内蕴东方天人合一的文化观。所以，在面对自然、认识自然时，不同民族、不同地域也产生了形态各异的绿色文化观。绿色文化的地域性、独特性并非彼此隔绝，面对人类的可持续发展这一主题，全世界各个地域的绿色文化是互相学习、彼此借鉴、互相融合的，从而使绿色文化形成一个统一的整体。

（四）全球性

近代以来，人们为了创造财富，以大无畏的精神开拓市场，发展大工业，取得了巨大成功。正如马克思说："资产阶级在它不到一百年的阶级统治中所创造的生产力，比过去一切世代创造的全部生产力还要多，还要大。"① 人类在取得巨大成功的同时，资源逐渐枯竭、生态遭到破坏、人与自然的关系逐渐恶化，而人类生存也遇到前所未有的挑战。正是在这种背景下形成了绿色文化。绿色文化产生背景的全球性，使其在诞生之初就具备全球性文化基因。绿色文化作为人类共同智慧的结晶，全球性体现在两个方面：一方面，绿色文化观念逐渐被世界各国所认同，成为各个国家文化的主流；另一方面，"在未来与现实之间，在维护人类共同赖以生存的环境问题上，世界各国、各地区、各民族越来越趋向于相互依存、相互牵制。任何旨在改善生物圈，甚至只是改善本国、本地区生态环境的措施，都必须得到国际响应与合作才可能真正奏效"②。

三　绿色文化的作用

历史告诉我们，任何国家、任何民族的繁荣强盛，都是以文化兴盛为支撑的。绿色文化是绿色发展的理论指导和灵魂，其观念、意识和价值取向深刻影响着绿色发展。"绿色文化的兴起展现出人们主动关注生态、关注生命、关注环保的自觉意识，说明人与自然已成为生存发展的命运共同体，而绿色文化也代表了当代人对生态文明认知的新高度。"③ 绿色文化的形成，必然导致人们生产生活方式的转变，促使生产方式对环境更加友好，生活方式走向绿色、低碳可持续发展，思维方式更加注重生态保护，人与自然、人与社会、人与自身之间的关系和谐融通。随着人们对绿色文化的认识不断提升，我们可以从以下四个方面总结其主要作用。

（一）引导作用

绿色文化拥有和谐共生的理念，它可以"引导人们开展绿色生产、

① 《马克思恩格斯选集》第1卷，人民出版社2012年版，第405页。
② 郑继方：《绿色文化：走向人与自然的普遍和谐》，《东方丛刊》1995年第3辑。
③ 石文颖、彩虹：《让绿色文化成为社会发展的一抹亮色》，《人民论坛》2018年第31期。

绿色消费和绿色技术创新，促使人们形成'天人合一'的生态情感和生态信仰，是社会形成绿色价值观的前提条件和基础"①。在发展生产方面，绿色文化引导人们放弃高排放、高消耗、高污染的产业，对原有落后产业进行生态化改造，确保发展新兴生态产业，向市场提供绿色环保产品，促进绿色经济发展。在科技创新方面，科技创新和进步极大地促进了人们的生产生活，但像蒸汽机的使用一样，它在给人们提供强大动力的同时，也向空气排放了大量污染物，充分显示科技作用的两面性。发挥科技对绿色发展的积极作用需要绿色文化的引领作用，把绿色贯穿科技应用的始终，使科学技术在给人们创造价值，便利人们生活的同时，对环境的负面影响降到最低。在法律制定方面，绿色文化引领绿色法律制度建立。深层次上看，法律制度是文化理念的一种外在表现，是制度形态的文化。绿色文化作为一种文化理念对于引导人们建立绿色制度具有关键作用。在日常消费方面，绿色文化引导人们进行绿色消费。消费方式不仅体现生产力发展水平，还体现文化内涵的差异。绿色文化引导消费者在与自然协调发展的基础上，进行科学合理健康低碳的消费。人们通过绿色文化的引导，使新的消费方式浸润到人们的日常生活当中，促进人与自然和谐相处。

（二）激励作用

激励是指激发人具体行为的心理过程，它是管理学的重要概念。绿色文化一旦形成，就会使社会大众形成绿色环保、低碳高效的观念意识。这种共同的价值观念能使每个人都感受到自己存在和行为的价值，自我价值的实现是人的最高精神需求的一种满足，这种满足必将形成强大的激励。绿色文化是通过人们长期总结提炼形成的一种新的生活方式和发展目标。这种生活方式和发展目标在达成之前和实施过程中，绿色文化对人与自然之间的关系提出了实施标准，并在人们意识里达成共识。保护自然的取向是正确的，会受到嘉奖和鼓励；而破坏自然则是错误的，会遭到斥责和惩罚。所以，通过绿色价值观激励，会促使人们关注自然、爱护自然、保护自然，养成健康的绿色行为规范，并最大限度增强人们对环境保护的荣誉感、使命感、责任感，形成巨大的环保热情

① 郑海友、蒋锦洪：《理论·实践·价值：马克思总体性思想视阈下的绿色发展》，《广西社会科学》2017年第12期。

和创造力，投身到环境保护的具体实践中去。

（三）约束作用

绿色文化的约束功能有多重表现形式，包括道德观念、法律制度等方面的约束。一方面，绿色文化作为一种社会意识可以影响制度规范，人们通过相应的制度规范限制或惩处违反环境保护的行为；另一方面，绿色文化本身蕴含着一套价值标准和道德规范，它们从伦理关系的角度，约束和规范社会大众的具体行为。如果人们违背了其中的价值伦理要求，就会受到社会舆论的谴责，心理上也会感到内疚和自责。绿色文化的价值标准和道德规范，其核心内容是人类与环境和谐相处，人类实现可持续发展。对于破坏生态环境的生产生活方式，人们会在更大程度和力度上予以规避。这其中既有人们的自觉实践，也有文化对个人行为的约束。"没有规矩，不成方圆"，实现人与自然和谐也离不开外在约束力支持。绿色文化作为一种软实力，既有法律制度的刚性，又有特定的社会韧性，对人的影响持久且深远。为此，要充分发挥绿色文化的约束作用。

（四）调适作用

调适就是调整和适应，使之产生彼此间的和谐关系。绿色文化是在生态失调、环境恶化、人与自然矛盾激化的背景下产生的，是以改变人与自然、人与社会、人与人失序、混乱或冲突为目的，而达成彼此有序、适应、协调的状态。在具体实践路径上，绿色文化通过自身的科学性、先进性影响人，从而解放人们的思想和观念，改变或制定与之价值相符合的制度规范。绿色文化通过调适功能让越来越多的人加深对环境保护与"三大和谐"的理解，这对于解决人类可持续发展问题，促进社会转型具有重要意义。

第二节　绿色文化理论的形成与发展

在中国传统社会就有对绿色文化丰富的理论阐释和哲学思想，形成了中国人对自然的特有认识。但与当代绿色文化相比，两者不论是从产生背景、理论体系，还是认识方法、传播载体和重视程度上都有很大差异。绿色文化作为当今世界传播范围最广、被接受程度最大，具有鲜明时代特征的新文化，拥有强大生命力，除了时代发展需要，也源自不同国家和地区的学者对此孜孜不倦的探索。理论界围绕着人与自然关系的不同观点，汇成了不同学术流派，因百家争鸣，促成了绿色文化从西方到东方的融会贯通，和谐共生，使绿色价值观念深入人心。

一　西方绿色文化理论

当下谈论绿色文化比以往任何时期都要多，比以往任何时期都重视，是因为工业化产生的工业文化把战胜自然作为自己的荣耀，把最大享用自然资源作为人生追求，这违背了人与自然和谐共生的规律。人们实现绿色发展的目标，需要有深刻的理论认识，反思工业文化，铸就绿色文明。

（一）西方绿色文化的理论来源

文化具有多样性和地域性，中西方在认识人与自然关系中就存在一定差异。在中国传统文化中，强调的是"天人合一"的哲学思想，特别是对"天、地、人"彼此之间关系的思考深刻，影响深远。西方的文化首先是对"神"的创造和崇拜，认为上帝是世界万物的缔造者，是世界的主宰。随着资本主义萌芽和现代科学技术的进步，人们的视角开始由神转移到人身上，关注人的价值和喜怒哀乐，肯定人的物欲情感，鼓励人们的世俗追求，反对神学理论对人性的束缚和压制，人可以任意开发改造自然，是万物主宰，"人类中心主义"思想形成。所以，尽管在古代希腊、罗马文化中有人文主义精神，但是真正成为一个体系则开始于文艺复兴，兴盛于启蒙运动。像笛卡尔提出人与自然分离的二元论，指出人类是"自然界的主人和拥有者""非人类世界成了一个事物"[1]；康德提出"认识目的"的命题，主张"人是自然的最高立法者"[2]；洛克认为，对自然的否定就是通往幸福之路，人要有效地从自然束缚中解放出来。[3] 面对生态危机反映出来的人与自然之间的矛盾和冲突，人们开始反思人类中心主义思想。近代西方绿色文化具有很强的反思性，正是在这种背景下产生的。

---

[1] ［法］笛卡尔：《笛卡尔的人类哲学》，唐译编译，吉林出版集团有限责任公司2013年版，第184—185页。

[2] ［德］康德：《纯粹理性批判》，蓝公武译，商务印书馆1960年版（2018年重印），第139页。

[3] ［英］洛克：《自然法论文集》，刘时工译，上海三联书店2012年版，第168—172页。

西方绿色文化对工业文化的反思主要是沿着两条主线开展的。① 一条是早期仁慈主义发展到动物权利保护，进而关注大自然权利。自古代希腊罗马时期就非常重视动物权利保护，在英国出现了历史上承认人类对动物及非人类存在物负有责任的第一个法律，1641 年该法律被州议会接受。著名哲学家洛克认为人类应该避免对动物做出的残忍行为，人类不仅要善待对自己有用的动物，还要善待一切活着的动物，否则将会危害到人类自身。从哈姆弗里·普莱麦特开启英国动物权利问题讨论，到杰罗米·边沁呼吁立刻停止对动物的残酷行为，并主张用道德和法律保护动物的权利；从约翰·劳伦斯认为动物与人都是生命体，只要存在生命、智力和感觉，就应当拥有权利，到亨利·赛尔特把动物权利运动转换成改善人的运动，可以发现，人们对于自然、自身以及两者之间关系的认识逐渐深化。对于这一论题的探讨，从地域上看，逐渐从英国拓展到欧洲以外的美国等国家。像美国密歇根大学教授爱德华·伊文斯和奥尔多·利奥波德教授都对此提出了见解深刻的观点。特别是奥尔多·利奥波德主张转变人类的角色，要从自然的征服者变成自然的普通成员，生存权是包括动物在内的整个自然界的权利。

另一条主线是基于"共同体"概念的万物有灵论到神学生态学，最终到现代生态学的出现。这一主线的核心观点是，世界的创造者是自然万物，并非只有人类，不论个体大小与种类差异都是平等的。这一种观点主要是以宗教的语言表达出来的。从亨利·莫尔的大自然中每一部分存在着"生灵之心"到莱布尼茨的事物之间是密不可分、互相联系的，到斯宾诺莎的世界所有的存在物或客体都是上帝创造的，本源是同一种物质，到美国作家梭罗的地球是有机的、流变的，他们都认为自然界是一个共同体，但是，这个共同体是以对神的坚定信念为基础的。

（二）西方绿色文化的主要学术流派

随着西方工业化的推进，资本主义生产方式向全世界扩展，生态危机也由一个区域到多个区域，由一国到多国成为全世界面临的问题。围绕着解决生态危机，维持生态平衡的目标，"形成了不同形态的绿色文化，比如'深绿'意义上的生态哲学与伦理、深生态学、生态审美、

① 杨玉珍：《绿色文化的理论渊源及当代体系建构》，《河南师范大学学报》（哲学社会科学版）2018 年第 6 期。

生态自治主义、生态文明理论，'红绿'意义上的生态马克思主义、绿色工联主义、生态女性主义、社会生态学与生态新社会运动理论，以及'浅绿'意义上的可持续发展理论、生态现代化理论、环境公民（权）理论、绿色国家理论与环境公共管治理论等流派。"① 刘贺青的文章根据"深绿""红绿""浅绿"的绿色文化类型，择其代表性的学术流派做简要学术梳理，以了解各学术流派之大概。

1. 深生态学

20 世纪 70 年代，深生态学是伴随全球生态危机不断加深而产生的一种激进环境哲学思潮，其创始人为挪威哲学家阿伦·奈斯，经由福克斯、德韦尔、塞欣斯等学者的继承发展，深生态学逐渐发展壮大，并成为西方重要的环境思潮之一。何谓深层生态学？比尔·迪伏和乔治·塞逊斯认为，浅生态学运动是以人类在自然界占统治地位或主宰地位的世界观为指导的，而深生态学运动则是一种新的世界观和价值观指导的。从具体内涵去认识深生态学，"实际上是一种批判现代性乃至整个西方传统哲学的全新生态哲学领域，其根本特点是对一切僵死机械世界观、主客二分认识论、分析还原思维观与超功利主义、高消费主义、人类中心价值观进行反思和批判"②。

1973 年，奈斯发表《浅层生态运动和深层、长远的生态运动：一个概要》一文，标志着深层生态学诞生。奈斯在文中"试图从哲学根基的深处批判改良的或者'浅层'的环境主义和陈腐的工业人类中心主义"③，在批判浅层生态理论的基础上提出以下观点。在技术观上，主张不能像浅层生态学那样对科学技术盲目乐观自信，生态环境的改善与技术进步不成正比，减少对技术的依赖，要用民主的、适宜的技术代替大规模的高技术；在自然观上，认为人是生物圈中的普通一员，是自然界的一部分，两者不是割裂的、相分离的；在经济观上，倾心于小规模、局部控制和手工作坊式的经济生产模式，而不是主张浅层生态学认同的中央控制和大规模制造产品的经济增长方式；在社会价值观上，认

① 刘贺青：《生态文化理论视角下的绿色国家理论》，《鄱阳湖学刊》2016 年第 1 期。
② 夏承伯、包庆德：《生态文明建设·深生态学：追求和谐发展的环境价值理念》，《哈尔滨工业大学学报》（社会科学版）2013 年第 2 期。
③ 韩欲立：《生态女性主义反对深生态学：北美激进环境理论的哲学争论及其实质》，《福建论坛》（人文社会科学版）2017 年第 9 期。

为生活中爱的关系和精神质量的重要性要远胜过物质财富，人们应该通过适度消费减少对自然的压力，并提出适度消费的纲领性口号；在政治观上，认为必须对政治经济体制和社会制度进行全面革新，才能达成人与自然的和谐统一。

深生态学的主旨和核心原则为"自我实现"和"生态中心主义平等"，前者是最终目的，后者是前者的理论指导，两者关系密切，难以割裂。① 关于对"自我实现"的认识，深生态学把自我分为狭义上孤立于社会和自然，一味追求享乐狭义上的自我，但是只有把自身融入家庭、社会，融入到非人类世界中，我们才能实现真正的自我。在人类的自我实现的过程中，人类把非人类存在物看作是人类身体的延伸物，看作是人类身体不可分割的一部分。只有如此，人类才能把自身视为自然的一部分而非自然的主宰，才能真正抛弃人类中心主义的思维模式。② "生态中心主义平等"是指在生物圈中所有的有机体和存在物，都是自然整体不可分割的重要组成部分，任何人都无法脱离整体而单独存在，主张走出西方传统个人至上、个人主义的旧思维。在生态系统中，每一种生命形式或个体无论是在形式上，还是内在价值上，它们都是平等的，没有高低之分，都有存在和发挥正常功能的权利。

深生态学对生态问题充满担忧，但对人类的未来并不悲观，在环境危机处理中是一个乐观主义者。深生态学学者吸收借鉴人类精神文明成果，"将生态问题与文化远景问题联系起来，力求揭示人类文化心理和制度范式是如何影响地球生态的，并通过深度反思来重新厘定人类文化的重量"③。

2. 生态自治主义

生态自治主义也是所谓绿色文化"深绿"的一种派别，"是一种以生态（生物、生命）中心主义哲学与伦理为基础的、或者说具有明确的反人类中心主义哲学与伦理倾向的社会政治理论"④。这一理论流派在政治上主张要实现自治，特别是基层自治，在哲学理论上抛弃以往人

---

① 王云霞：《深生态学与儒家思想的会通及其生态意义》，《齐鲁学刊》2019 年第 4 期。
② 李胜辉：《深生态学与人类中心主义》，《云南社会科学》2014 年第 5 期。
③ 王岳川：《深生态学的文化张力与人类价值》，《江苏行政学院学报》2009 年第 1 期。
④ 郇庆治：《作为一种生态文化理论的生态自治主义》，《中共贵州省委党校学报》2015 年第 4 期。

类中心主义的思想，主张尊重自然、保护自然，关注自然的价值。有学者也称其为生态中心主义。

从严格的学术流派划分，生态自治主义并不是一个完全意义上的学术流派，而是众多有着相同或相近的政治取向与哲学价值观的理论派别的总称。在哲学价值观上，生态中心主义思想是其最主要的理论基础与支撑；在政治取向上，最推崇符合生态规模的人类社会形态，"生物区域"或"生态社区"，是其最核心的政治价值追求；在经济上，它认同"增长极限论"，反对"增长至上论"。

生态自治主义的理论来源，主要是对生态中心主义理论的继承和发展。这一理论基础的奠定，不是由一己之力完成，而是由众多理念共同形成的。典型的理论有：辛格的动物解放论、里根的动物权利说、利奥波德的土地伦理学、罗尔斯顿的生态中心主义和以奈斯为代表的深层生态学。[①] 在绿色文化的演变过程中，人们从关注动物权利拓展到整个自然界，经历了一个漫长的发展过程。推崇动物权利和解放的代表人物有辛格、雷根、华尔伦。他们认为，如果动物能够感知痛苦，却不关心它们的痛苦，这是不道德的；我们保护动物不仅来自道德责任，还有动物本身所具有的权利。到了生态中心主义那里，理论的基点源自整体主义，人类关怀的对象也从活的动物扩展到整个自然界。生态中心主义的主要代表人物有美国的著名环保主义者奥尔多·利奥波德、罗尔斯顿以及前文论述的深生态学创始人阿伦·奈斯。生态中心主义尽管理论派别林立，但其核心观点则是，希望构建一个以自然为中心的绿色价值观，人类的生存发展以整个自然界的动态平衡为基础，其最终目的就是实现人与自然的和谐发展。

生态自治主义在政治主张方面，坚持基层自治，反对国家层面的治理行为，认为公共管理单位和公共管理权限应该进行合理分散。在具体的政治活动中，他们既希望通过政党组织和政党活动对其理念进行宣传与实践，又对政治活动达成其理念持严重怀疑态度。生态自治主义在政治方面的理念和无政府主义的政治主张，有很多相同之处。为了宣传其政治理念，"生物区域主义"和"生态寺院主义"两大理论流派最具代表性。"生物区域主义"是生态自治主义的早期代表，代表人物有皮

---

① 郇庆治：《生态自治主义理论及其绿色变革》，《鄱阳湖学刊》2016 年第 1 期。

特·伯格、科克帕特里克·塞尔和雷蒙·达斯曼。这一流派创立"生物区"概念，主张在一个生物区域内由各个不同的人类社会进行自治，并建立生物区之间的邦联，人与自然接触，人类应该主动融入自然，实现生态与社会的和谐。另外，"生态寺院主义"带有浓厚的僧侣主义色彩，代表人物有威廉姆·莫里斯、吉尔伯特·拉夫伦尼里、爱德华·戈德史密斯等人，他们试图从寺院生活传统中寻找到解决现代环境问题的社会模式。他们主张全面发展人类文化，建立生态的小规模的社区、组织，以小规模的家庭和社区取代和弱化国家功能。①

生态自治主义在经济方面的核心观点是，主张"增长极限论"。"增长极限论"是相对于"增长至上论"提出来的，认为经济增长和人口扩张将不可避免地遭受全球环境的限制，它对不顾一切提升经济增长的行为不以为然，强调人类要实现可持续发展，需要在环境与增长之间、节制与浪费之间做出明智的取舍。

3. 生态马克思主义

生态马克思主义兴起于 20 世纪 70 年代中后期，它是当代西方生态运动与社会主义思潮相结合的产物，这一流派中名家众多，影响很大。在 20 世纪 40 年代，在法兰克福学派代表人物马克思·霍克海默尔的《启蒙的辩证法》中，出现了生态学马克思主义的理论观点。后来，同为法兰克福学派的赫伯特·马尔库塞和阿尔弗莱德·施密特对马克思人与自然的理论做了进一步阐释，推动了生态马克思主义理论发展。经过众多有影响力的学者推动，在 20 世纪七八十年代，生态学马克思主义真正成为一个体系，其中北美的主要代表人物是本·阿格尔、威廉·莱斯，特别是本·阿格尔教授所提出的生态马克思主义概念；欧洲则是以阿什顿、戴维·哈维、安德烈·高兹、鲁道夫·巴罗和霍华德·帕森斯领衔，其中欧洲最主要的代表是法国的高兹。生态学马克思主义流派在 20 世纪 80 年代至 90 年代初，进入到一个新的蓬勃发展时期，主要代表人物有特德·本顿、贾安·马丁内兹－阿里尔、詹姆斯·奥康纳、莱纳·格伦德曼、戴维·佩珀等。进入 20 世纪的最后十年，生态马克思主义主要阵地转到北美，比如詹姆斯·奥康纳、保罗·柏克特、约翰·

---

① 王春荣：《生态自治主义及其哲学基础》，《行政与法》（吉林省行政学院学报）2006 年第 1 期。

贝拉米·福斯特、乔尔·科威尔等，他们都是其中的杰出代表。这些人都可视为生态学马克思主义的理论先驱。

　　生态马克思主义起始于对科学技术的批判，揭露资本主义制度对生态的反叛，认为"全球生态危机的根源是资本主义生产方式的过度生产和过度消费以及成本外在化和生态犯罪"①。为克服人类当代生存困境，寻找一条既能消除生态危机，又能实现社会主义的新道路，实现对当代资本主义现有制度与发展模式的超越，他们提出了具体实践路径，即把生态学同马克思主义相结合，利用马克思主义理论解释当今生态危机，认为经济发展要以生态保护作为前提，并且追求全面的社会公平公正。生态马克思主义论述的观点，主要体现在生态危机的分析及其超越措施中。

　　在生态危机形成的原因上。首先，资本主义制度和生产方式才是生态危机的总根源，这种制度具有反生态的天性。资本主义进行扩大再生产的根本目的不是满足人类的基本生存需要，而是希望商品交换获得更高的利润。在利润动机的诱惑和驱使下，资本主义处心积虑地不断扩大生产规模。为了使生产资料和生产规模相匹配，它们必然要以掠夺自然资源为前提，生态环境的破坏不可避免。另外，资产阶级为销售市场和资源获取，积极对落后国家进行殖民掠夺，实施双重剥削，这进一步加速了生态问题的全球化。生态马克思主义认为，解决当前生态危机的关键是走向生态社会主义社会。在社会主义制度下，才能破除资本主义全球权力关系，才能改变资本对自然的控制和剥削，才能实现环境正义和价值观的双重变革。其次，生态马克思主义接力阐释生态危机产生的文化根源，认为全球性生态危机的产生，在于人类的文化系统出现了很大漏洞。所以，生态马克思主义主张要对人类当前的文化系统进行检视，找出解决生态危机的文化内容，建立符合人与自然和谐统一的绿色价值思维和文化观念。他们认为人类要克服现代生态危机，就要建立绿色文化，就要抛弃旧意识形态控制和影响，就要在思想上进行一场革命，这是成败的关键。

　　对于生态文明的本质，生态马克思主义认为，人类对黑色文明的超越，是一种新型的、充满光明前途的文明形态。那么，如何实现超越呢，他们设想的具体实践形式为：在哲学观上，用有机论哲学世界观代

---

① 徐春：《生态文明在人类文明中的地位》，《中国人民大学学报》2010 年第 2 期。

替工业文明所秉承的机械论哲学世界观；在发展方式上，用绿色、低碳的发展方式代替以工业化大生产为主体的黑色文明发展方式；在生存方式上，用创造性的劳动体验自由和幸福代替工业文明在异化消费中体验自由和幸福的生存方式。① 所以，绿色文明是通过各种形式对黑色文明的批判和超越，其最终目的是实现人与自然的和谐稳定可持续发展。

在生态价值观上，绝大部分生态马克思主义学者持"人类中心主义价值观"。它在对于人类中心主义的内涵上，"不是现行资本主义社会中流行的技术中心主义意义上的人类中心主义，这里所说的人类中心主义与马克思所说的人道主义同义"②。生态马克思主义在理论价值导向上，不是以追求资本主义的资本利润为目的，而是以满足广大人民群众的基本生活需要为宗旨。这种新型的人类中心主义价值观要求实现科技进步与应用、社会经济发展同人的自由全面发展相一致。

4. 生态现代化理论

生态现代化理论，这是源自西方社会反思并应对传统现代化带来的环境和生态危机而兴起的一种环境政治学说。马丁·耶内克和约瑟夫·胡勃，他们被视为这一理论的开创者，而格特·斯帕加仑、阿瑟·摩尔、马藤·哈杰尔、阿尔伯特·威尔、约瑟夫·墨菲等学者对这一理论进行了进一步发展。在30多年来的发展过程中，生态现代化理论经历了三个不同的发展阶段。第一阶段，20世纪80年代早期，学者们关注生产领域的技术创新，对市场作用的发挥抱有很大期待，对官僚化的国家持否定态度。第二阶段，从20世纪80年代末到90年代中期，研究空间由一国发展到整个欧洲。在学者关注的焦点上，他们集中于生态化转型中国家和市场、制度和文化的动态关系，以及人们的日常消费。第三阶段，从20世纪90年代中期以来，生态现代化研究从研究范围上走出了西欧，迈向全球；在研究方法上呈现更加宽广的全球视角；从研究内容上，他们更加关注消费转型、全球生态现代化过程。这一理论从学术概念走向具体实践，被许多国家和国际组织用来解释环境政策和现代

---

① 王雨辰：《生态学马克思主义的探索与中国生态文明理论研究》，《鄱阳湖学刊》2018年第4期。
② 陈学明：《"生态马克思主义"对于我们建设生态文明的启示》，《复旦学报》（社会科学版）2008年第4期。

化进程。①

"生态现代化"概念自20世纪80年代就被提出，但各个学科的不同学者，对这一概念的内涵都各有侧重，没有形成统一的认识。从狭义上去理解，可能会更好理解其实质内涵，即"生态现代化是指从经济技术视角理解的经济社会的'绿化'过程，强调一种超越末端治理的预防性环境技术和政策革新与扩散可以解决生产过程中出现的环境问题，从而达到环境和经济的双赢"②。生态现代化重点关注的领域，主要包括工业的生态现代化、市场的生态现代化、政策的生态现代化、社会的生态现代化、全球化的生态现代化等五个层面。

生态现代化理论的核心观点。一是经济增长和环境保护两者不是对立关系，而是彼此促进、相互支持的。"由于技术更新过程中包含着日益增加的环境目标考量，经济增长在数量上已经与过去有了很大不同。"③ 所以，经济发展、环境保护目标与工具使用的一致性，可以实现社会经济发展与生态保护共赢的理想效果。二是主张技术中心主义。生态现代化理论面对生态危机与经济发展之间的矛盾和冲突，认为利用技术工具可以实现两者的重构和共赢。该流派主张立足工业社会并集中于技术革新，并以此发展循环经济，实现可持续发展。三是关于国家和市场之间的关系。一方面要积极引导市场的力量，改变人们把市场及其主要经济行为体视为导致生态环境问题根源的观念，使之成为一种促进环境改善的重要力量；另一方面，为了回应国家失灵的声音，"主张改变国家环境管治的模式和方法，把过去那种官僚制的、等级式的、被动回应性的、控制和命令式的管治模式变为一种更加灵活的、分散化的、预防性的管治，运用各种方式和手段引导社会走向可持续发展的方向"④。四是主权国家在生态保护与促进技术革新过程中的作用不可忽视。有关环境治理新技术的研发、应用和推广，在很大程度上是源自国家政策的推动。所以，"政治现代化"是生态现代化一个重要的前提条件。

通过对"深绿"的深生态学，"红绿"意义上的生态马克思主义，

---

①　王聪聪：《生态现代化的理论内涵探析》，《鄱阳湖学刊》2014年第1期。

②　李慧明：《生态现代化理论的内涵与核心观点》，《鄱阳湖学刊》2013年第2期。

③　郇庆治：《生态现代化理论与绿色变革》，《马克思主义与现实》2006年第2期。

④　李慧明：《生态现代化理论的内涵与核心观点》，《鄱阳湖学刊》2013年第2期。

以及"浅绿"意义上的生态现代化理论等流派的简要介绍，可以从中窥探出西方现代绿色文化理论的主要内容和发展逻辑。西方绿色文化不同理论流派的发展有很多不同的观点，产生众多声名远扬的知名人物，但是，其理论背景都是源自全球性的生态危机威胁到人类的生存发展，而人类发展不能以牺牲环境为代价，必须加强环境保护，实现人与自然和谐发展。

二　中国绿色文化研究

中国自古就有爱护环境、保护自然的传统，"天人合一""道法自然"等绿色文化理念早已融入中国人的日常规范，成为中国传统文化的重要组成部分。随着现代生态危机在全球蔓延，中国也不能置身事外，独善其身，因此，学术界对绿色文化的研究也随之兴起，其中既有吸收西方绿色文化的内涵、要素等理论，又有根据中国实践进行独具中国特色的研究。经过30多年的发展，对绿色文化的研究积累了十分丰富的成果。

（一）绿色文化研究的起步阶段

20世纪80年代至90年代末，是中国绿色文化研究的起步阶段。这一阶段主要是对绿色文化内涵、特征和重要性等问题进行研究。中国最早提出绿色文化概念的学者是著名美学家郭因先生。郭教授一开始就以宏观的视角来认识绿色文化，认为生态危机引发的是人与自然、人与人、人与自身的矛盾和冲突，所以人与自然、人与人、人与自身三大和谐是绿色文化的核心要义，也是人类应有的根本追求。不同于农业文明和工业文明，在信息文明时代的文化，"必然是以人与自身和谐为动力、以人与人和谐为保证、以人与自然和谐为基础的、借助高新科技来实现的、高层次的'和天'的新的绿色文明"①。有些学者则从人与自然关系视角认识绿色文化，认为它是人与自然协调发展的文化。从狭义来看，绿色文化是人类适应环境而创造的一切以绿色植物为标志的文化。尽管对绿色文化没有形成一个统一的概念，但是，学者对绿色文化持续研究，基本形成了一定的框架和共识。在论述绿色文化的重要性方面，余谋昌教授的研究具有开创性。他认为绿色文化是人与自然关系新的价

① 郭因：《绿色文化断想（二则）》，《学术界》1995年第1期。

值取向，是一种新的文化形式。因为全球性生态问题，绿色文化受到瞩目，在政治领域、经济领域、科学教育领域，促使了相关生态学科的兴起，也推动了传统生态哲学变革。①

这一时期的研究，围绕绿色文化的概念和重要作用等问题展开，引导学术界关注和专家学者对文化生活进行反思，从而增强了人们对生态环境的保护意识。这反映在文化上，除了对于相关学科的创新提供了思想萌芽，还有对绿色文化未来发展的构建。当然，这一时期的绿色文化建设也存在一些问题。首先，绿色文化的研究成果总量比较少，研究主要涉及对内涵等相关框架性概念的论述，此时鲜有全面系统的研究著作。其次，从理论渊源上看，主要是吸收中国传统绿色文化哲学和马克思、恩格斯等经典作家的思想，对于国外绿色文化成果的介绍、流派梳理比较少，但是对绿色文化的后续研究奠定了基础。

（二）绿色文化研究的发展阶段

进入 21 世纪，绿色文化研究进入了一个新阶段。首先在学科体系建设中，开始从不同学科层面进行具体阐释和构建，围绕着生态学形成了植物生态学、动物生态学和进化生态学等学科，还出现生态心理学、环境伦理学、生态政治学等交叉学科，这使绿色文明理论基础更加坚实，实践模式也更加丰富。其次，西方绿色文化东进，增加了绿色文化研究素材，开拓了研究人员的视野。学术界郇庆治等人，详细介绍了西方绿色文化流派的发展、西方绿色运动的理念、生态与政治互动状况等，直接促进了西方绿色文化在中国传播，推动了绿色文化理论研究。再次，对于绿色文化的内涵理解更加丰富。如铁铮将绿色文化定义为："人类为适应环境而创造的以绿色植物为主体、以绿色理念为内涵、以绿色行为为表象的所有文化现象的总和。绿色文化分为以绿色植物为主体的文化现象、绿色植物文化衍生出来的相关文化、以可持续发展为内核的科学发展观文化。"② 当然，对于绿色文化内涵的理解的提升，还凸显在对绿色文化特征、内在属性的深化拓展上。

另外，进入新世纪，党中央从宏观政策上推出一系列规划和政策，对生态保护进行了规范和引导。特别是党的十七大报告明确提出："建

---

① 余谋昌：《生态文化问题》，《自然辩证法研究》1989 年第 4 期。
② 铁铮、孙晓东：《绿色文化的概念、构建与发展》，《绿色中国》2011 年第 4 期。

设生态文明，基本形成节约能源资源和保护生态环境的产业结构、增长方式、消费模式。"① 党和国家把生态环境和生态建设的地位提高到一个前所未有的新高度，"建设生态文明"在党的正式文献中第一次明确提出后，学者们掀起了研究绿色文化的热潮。绿色文化的研究，此后更多是从具体实践视角开展。学者们不论从学校教育，还是工业生产；不论是日常规范，还是法律制度的保障构建；不论是绿色文化发展与经济转型接轨密切关系，还是运用马克思主义自然观的前瞻性审视当前环境问题，都从理论与实践相结合研究上铺展开来。

（三）十八大以来的绿色文化研究新发展

党的十八以来，中国绿色文化建设进入全局性整体性推进阶段，学术界对绿色文化研究更加深入，理论视野也更加开阔，在绿色文化研究方面取得很大进展。首先，十八大以来习近平总书记特别重视生态保护，提出"绿水青山就是金山银山"重要论断，持续不断强调发展绿色文化，建设生态文明的重要性。在绿色文化研究领域，学者们围绕着习近平关于绿色文化重要论述，从内涵来源到绿色发展上形成了主题鲜明的文献研究群，研究成果在一系列高质量的期刊发表。如《习近平生态文明思想的整体性逻辑》②、《论习近平的生态文化观》③、《习近平绿色发展观的哲学底蕴》④ 等文章便是代表作。

其次，党中央新发展理念的提出促进了绿色文化研究的外延性拓展。除了具体促进绿色文化发展的法律措施外，在中国共产党第十八届中央委员会第五次全体会议上提出创新、协调、绿色、开放、共享"五大发展"理念，这样为绿色文化，以及绿色文明建设指明了方向，拓展了绿色文化的研究领域。如《"五大发展"理念下生态文明建设的思考》⑤，就是以新发展理念为视角，探寻绿色文化的发展道路，以及绿色文化在社会经济可持续发展中的重要作用的专题研究。由此，绿色文

---

① 胡锦涛：《高举中国特色社会主义伟大旗帜 为夺取全面建设小康社会新胜利奋斗》，人民出版社 2007 年版，第 20 页。
② 方世南、储萃：《习近平生态文明思想的整体性逻辑》，《学习论坛》2019 年第 3 期。
③ 王慧湘：《论习近平的生态文化观》，《贵州师范大学学报》（社会科学版）2016 年第 6 期。
④ 杨卫军：《习近平绿色发展观的哲学底蕴》，《学习论坛》2016 年第 9 期。
⑤ 黄娟：《"五大发展"理念下生态文明建设的思考》，《中国特色社会主义研究》2016 年第 5 期。

化从理论到实践的研究进一步深化，理论也更加系统化、体系化。

再次，十八大以来绿色文化的研究从全面开花，到更加专注绿色文化教育与绿色文化理论的系统反思。这一时期，很多学者关注绿色文化教育传承，尤其是绿色文化在学校的培养，建设大学校园绿色文化。在具体实施措施上，有学者认为大学校园绿色文化需要从物质、制度、精神和行为这四个方面来进行建设，需要以低碳理念来指导大学校园文化的建设，使大学师生在日常学习与生活中拥有低碳理念和践行低碳行为。绿色文化在中国的发展研究已有 30 多年的历史，经过这么长时间的发展，绿色文化研究不断深化。另外，随着时代发展，人们对绿色文化理论需要也不断改变、逐渐提升，这样就产生了系统梳理的浓厚学术氛围。如，《绿色文化的历史溯源及当代意蕴》①、《绿色文化的理论渊源及当代体系建构》② 等文章是其中的代表。

最后，不断强化绿色文化评价指标体系与边远地区、少数民族地区的绿色文化研究。绿色文化评价指标体系是一个涉及多部门多学科的复杂研究，主要涉及概念界定、指标取舍、数据采集等方面，其目的是对绿色文化发展状况进行监测和预测，从而为绿色文化建设提供决策服务。特别是最近几年，随着中国互联网技术的快速发展，在绿色文化评价指标体系的构建中，指标的选取充分借助互联网数据共享及搜索引擎的应用，结合频数法筛选出最具代表性的指标，最大限度地提高了研究结果的科学性。绿色文化与区域发展之间的关系、边疆偏远地区的绿色文化本身发展转型等问题，也一直是学术界关注的重点问题。唐鸣教授在《民族地区传统生态文化的现代困境与转化路径研究——基于黔东南苗族侗族自治州的调查分析》中，就谈到该地区面临无法应对生态新问题、传统生态实践技艺消退、制度惩戒措施乏力、传统民间信仰衰微等困境，探寻其原因，以实现黔东南民族地区传统生态文化的内涵重构与功能再造的目的。③

通过对中国绿色文化的文献分析与研究历史的梳理，中国的绿色文

---

① 张芬芳、李德栓：《绿色文化的历史溯源及当代意蕴》，《教育评论》2018 年第 5 期。

② 杨玉珍：《绿色文化的理论渊源及当代体系建构》，《河南师范大学学报》（哲学社会科学版）2018 年第 6 期。

③ 杨美勒、唐鸣：《民族地区传统生态文化的现代困境与转化路径研究——基于黔东南苗族侗族自治州的调查分析》，《贵州社会科学》2019 年第 3 期。

化研究具有以下几个特点。一是积极融合中国传统文化思想，对于绿色文化的内涵形成有益的丰富和补充。二是中国地域辽阔，少数民族众多，绿色文化保存比较完善，但因经济不发达，经济社会发展过程中绿色文化更脆弱，更容易遭到破坏，所以，在绿色文化研究中非常重视少数民族地区和边疆偏远地区的绿色文化探索。三是中国绿色文化研究在微观、广泛程度上与西方国家还有一定差距，因此，绿色文化研究的理论深度仍有待提升。

第三节　绿色文化的社会功能

从人类文明进程的角度看，不同于根据人与人之间的关系把社会分成奴隶社会、封建社会、资本主义社会、社会主义社会，由人与自然的关系把人类文明的进程分成"灰色文明、黑色文明、绿色文明"。[①] 相比于灰色文明与黑色文明，绿色文明所展示的是人与自然和谐共处，代表未来人与自然关系的发展走向，这是一种新的文明形态。绿色文明在文化领域展示的就是绿色文化与绿色意识。绿色文化尽管很早就蕴含在人们的日常生活之中，但由于生产力、人类认识能力所限，人们没能摆正应有位置。绿色文化在新世纪作为一种处在时代前沿的先进文化，需要人类认识绿色文化、宣传绿色文化、发展绿色文化，并充分发挥绿色文化的社会功能与实践价值。只有这样，才能实现人与自然的和谐发展。

一　绿色文化促进绿色发展

发展是人类社会永恒不变的主题。人类社会已经从刀耕火种的原始状态进入到绿色发展阶段。随着生态危机的加深，社会发展道路转型迫在眉睫，绿色发展成为当今世界发展潮流，各个国家都把绿色发展作为国家重要的发展战略。在党的十八届五中全会上，党中央提出绿色发展理念，既体现了党中央把不断实现好、维护好和发展好人民群众环境权益作为大国执政党重要的政治态度和政治责任，也说明党中央政策制定的科学性、前瞻性，顺应了时代发展要求。学术界尽管对绿色

---

① 张春霞：《绿色经济发展研究》，中国林业出版社 2002 年版，第 340 页。

发展没有形成统一概念，但基本认同绿色发展是"在生态环境容量和资源承载能力的制约下，通过保护自然环境实现可持续科学发展的新型发展模式和生态发展理念。它内含着绿色环境发展、绿色经济发展、绿色政治发展、绿色文化发展等既相互独立又相互依存、相互作用的诸多子系统"①。

当代生态社会主义者萨拉·萨卡认为，人类今天面临的巨大危机正是由于文化本身的疏忽和错误造成的。② 文化必须有助于维护生态、与生态本性相一致，这种"文化与生态共生"的思想是关于人与自然、人与社会、人与生态关系的新型思维方式，是人类寻求解决生态问题的文化路径。③ 绿色文化作为绿色发展的重要组成部分，又是绿色发展的灵魂，实现绿色发展离不开绿色价值观的作用，离不开符合人与自然和谐共生的绿色文化支撑。所以，绿色文化的形成、普及与提升，有助于拉近人与自然的关系，加深人对自然的感情，从而把环境保护的理念投入到实践中去。

当前，中国绿色发展存有很多发展困境，其中重要的因素是绿色文化观念欠缺，绿色文化共识没有在全社会、各行业形成，存在过度消费行为，为了经济发展破坏生态、污染环境等现象层出不穷、屡禁不止，充分说明绿色文化观念仍然没有深入人心。在推进绿色发展过程中，必须积极培育绿色文化，让绿色发展理念成为全社会共同的价值追求，充分发挥绿色文化对绿色发展的促进作用。绿色经济作为绿色发展的基础和重要指标，尤其要注重绿色文化促进经济转型的关键作用。绿色文化指导经济发展，构建市场导向的绿色技术创新体系，以节能环保、绿色清洁的新型产业模式代替产能效率低、环境污染高的传统产业模式已是大势所趋。我们要通过各种媒介宣传倡导简洁低碳的生活方式，避免过度消费与奢侈浪费，开展创建节约型机关、绿色家庭、绿色学校、绿色社区和绿色出行等行动，增强全社会建设绿色文明的自觉意识。④

---

① 王玲玲、张艳国：《"绿色发展"内涵探微》，《社会主义研究》2012 年第 5 期。

② ［印］萨拉·萨卡：《生态社会主义还是生态资本主义》，张淑兰等译，山东大学出版社 2008 年版，第 331 页。

③ 郑海友、蒋锦洪：《论实现"绿色发展"的四大支撑》，《求实》2016 年第 10 期。

④ 石文颖、彩虹：《让绿色文化成为社会发展的一抹亮色》，《人民论坛》2018 年第 31 期。

二 绿色文化促进社会变革

文化兴则国运兴，文化强则民族强。文化是国家进步民族发展的内核，具有引导变革的先导功能，变革观念同时主宰着现代经济和现代技术。马克斯·韦伯在其著作《新教伦理和资本主义精神》中提出，一个社会的价值思维决定了这个社会的发展模式和前进方向。①根据马克思主义唯物史观，经济基础决定上层建筑，上层建筑反作用于经济基础。文化作为社会的上层建筑，当文化最大限度地反映生产力的发展要求、最广大人民群众的根本利益以及整个社会的前进方向时，它就能够提供与实践要求相适应的价值观念，从而使整个社会增强文化认同、释放思想活力、推动社会变革，成为推动社会不断前进的强大力量。绿色文化作为符合时代发展需要的新文化，必然在社会变革中发挥不可替代的作用，这主要体现在绿色文化与制度、政治、经济等要素之间的关系上。

绿色文化促进社会制度的变革。绿色文明是在反思以工业化为代表的黑色文明的基础上演化而来。绿色文明所代表的价值追求是建设创新型国家，建设资源节约型、环境友好型社会，坚持可持续发展道路。制度是文化理念的一种外化形式，每一种制度规范都是维护统治阶级的利益，代表那个社会主流价值观念的体现。正如资产阶级的法律制度维护资产阶级利益，展现的是"人类中心主义"的价值观念。绿色文化一旦成为社会的共识，首先受到冲击的就是在原有的历史条件下形成的制度规范。人们借以改变原有制度法令来遏制人类面对的生态危机，也通过制度工具实现环境保护，实现人与自然可持续发展的目的。综观世界各国，绿色文化越盛行的国家和地区，节约资源和保护生态环境的法律和政策也越完善，如以色列。

绿色文化促进经济发展变革。绿色文化对经济发展变革的影响体现在多个方面。一是促进经济发展目标的调整。在"黑色文明"的价值观引导下，经济活动的唯一目标是获取更多财富，得到更高利润。正是这种价值思维，才有了人们对自然资源掠夺式开发，出现水土流失、生物多样性减少、土地沙化、全球气温升高等被动现象。随着绿色文化的

---

① 郑海友、蒋锦洪：《论实现"绿色发展"的四大支撑》，《求实》2016年第10期。

普及，人们认识到原有经济发展的弊端，极力修正原有经济发展模式和方法，形成"绿水青山就是金山银山"理念，走经济发展以环境保护为前提的可持续之路。二是促进经济结构的调整。"一方面，绿色文化促使人们摒弃非绿色经济发展，对高消耗、高污染的产业进行生态化改造；另一方面，绿色文化引导人们大力发展生态产业和提供绿色环保产品，促使经济绿色转型。"① 三是促进经济发展质量提升。经济发展从过去对量的片面追求到重视质的提升，是一场从理念、目标、制度到具体领域工作细节的全方位变革，既包括通常所说的提高产品和服务质量，也包括提高国民经济各领域、各层面的社会主体素质。这种需求，来自人民群众的发展需要和可持续发展的必然要求，它深受绿色文化普及程度的影响。

绿色文化促进文化发展变革。文化发展变革对社会的影响最深刻、最持久、最深远。当某一种文化成为那个时代的主流文化后，它前一阶段所谓的"主流文化"则退出舞台，要么销声匿迹，要么成为依附于它的小众文化。绿色文化的兴起、普及的过程，就是原有"黑色文化"退出历史的过程。绿色文化发展必然在整个文化领域掀起一场变革，激励人们日常思维、价值观念以环保为先导，以投身绿色事业、发展绿色产业为荣。

三 绿色文化促进绿色科技发展

绿色科技是以保护人体健康和人类赖以生存的环境，促进经济可持续发展为核心内容的所有科技活动的总称，作为一种人与自然双赢的科学技术，它是通向可持续发展的必由之路。绿色科技在内容上"主要包括绿色产品和绿色工艺的设计、开发和使用，绿色消费方式的改进以及环境理论、技术和管理水平的提高等环节"②。绿色科技是实现社会主义绿色文明的重要技术工具，它的产生与兴起，是源自对黑色文明观批判和反思基础之上的，是为解决人类生态危机而发展起来的科学技术。

---

① 郑海友、蒋锦洪：《理论·实践·价值：马克思总体性思想视阈下的绿色发展》，《广西社会科学》2017 年第 12 期。

② 冯留建：《科技革命与中国特色社会主义生态文明建设》，《当代世界与社会主义》2014 年第 2 期。

　　绿色科技的推广和应用，对生态保护和人类实现可持续发展意义重大。第一，绿色科技有利于自然资源的可持续发展。人类的衣食住行与发展实践依靠自然界提供的各种资源，像煤炭、石油、天然气等资源，它们是不可再生的资源，一旦过度开采，就会导致资源枯竭而产生一系列次生灾害。绿色科技发展的重要动力是减少资源浪费和生态破坏，并对生态环境进行循环利用。第二，绿色科技是调节自然、经济、社会的重要桥梁。首先，经济发展是人类生活的物质基础和前提，经济发展离不开自然资源开发利用，而绿色科技则是经济发展不超出大自然的承受能力。其次，绿色科技可以在自然系统和社会系统之间搭起桥梁，"为人类提供更适合社会生存发展的物质基础和生态环境，使人类的生活和消费方式朝着生态化方向发展"①。第三，科学技术是一把双刃剑，绿色科技的应用有利于对非绿色科技的遏制。绿色科技的广泛推广和普遍应用，促进更多绿色产品进入日常生活，使工业生产实现低碳、无污染，使蓝天、白云、清新的空气每天正常出现。新世纪建设环境友好型、资源节约型社会成为世界各国政府的发展目标，绿色科技在未来社会发展中前景广阔、大有作为。

　　尽管充分应用绿色科技意义重大，但是，从科技到绿色科技完美转变并非轻而易举或者在一夜之间完成。因为科技本身是自在之物，无所谓好坏之分，所以要使反绿色科技向绿色科技顺利转型，并充分发挥它在发展过程中的积极作用，离不开绿色文化的思想引领。一方面，绿色文化指明科技创新的方向，引导科技朝着绿色化方向发展。目标决定前进的方向，人们环保意识的崛起，绿色文化的普及，给整个社会发展铺设了前进的轨道；另一方面，绿色文化引领科技的绿色化使用，避免科技滥用造成生态危机。绿色文化使人们认识到绿色科技的价值和意义，绿色技术应用到清洁生产、污染治理等领域，会得到公民、社会、政府的支持；反之，与绿色文化不符的科技应用则会遭到公民、社会的反对，甚至是法律的制裁。这就说明，绿色文化对绿色科技的形成、发展起到了促进作用。

　　绿色科技作为人类科技发展的新形态、新样式、新趋势，如何在未

---

　　① 冯留建：《科技革命与中国特色社会主义生态文明建设》，《当代世界与社会主义》2014 年第 2 期。

来发展好、使用好、宣传好绿色科技，不仅关系到一个国家和一个地区的可持续发展，而且对全世界生态危机的解决都具有重大意义。所以，未来绿色科技发展要关注以下几点。一是政府部门要提高对绿色科技的认识和管理水平，做好宏观政策的引导和帮扶，利用法律、制度、政策、教育、财政、税收等手段提升全国的绿色科技水平。二是企业要积极承担发展绿色科技的责任担当，为人类永续发展谋福利。现代企业组织在推动社会现代化发展中发挥重要作用，在绿色科技的应用推广中企业的角色也不可或缺。企业除了要加强绿色科技的自主创新能力，研发新的绿色科技产品和技术之外，还要加强国际合作，增加绿色科技的研发速度，提高使用效率。三是构建绿色科技教育工程。一方面，学校要注重绿色科技的宣传，培养和提升学生绿色科技的责任感；另一方面，在国家实验室、大学、研究所、企业增设更多的绿色科技方面的硕士、博士点和博士后工作站，为绿色科技的发展提供更多的人才储备和更大的发展平台。①

四　绿色文化凝聚绿色力量

文化天然富含凝聚社会共识、保持社会认同、促进社会统一的功能。"文化的这种力量一旦形成，就会以它特殊的感染力影响着对于本民族文化有着天然亲切感和认同感的每一个成员，使它得以通过获得性遗传而不断延续。"② 绿色文化作为文化的一个分支与重要组成部分，有利于达成社会共识、凝聚社会力量，特别是能够凝聚促进绿色发展的绿色力量。

绿色文化的这种凝聚力，首先是有利于在全社会形成绿色发展、绿色行动的观念，并达成一致行动。一方面，绿色文化普及深化可以使人类改变甚至是消除一些不利于环境保护的思想观念和做法，对危害生态保护的社会机制作出改革与调整，从而回到人类社会既能满足个人享受，又能满足集体福利的正确发展轨道上来③；另一方面，绿色文化有利于致力于环境保护的人或组织，因为拥有共同价值理念和理想追求走

① 李鸣：《绿色科技：生态文明建设的技术支撑》，《前沿》2010 年第 19 期。
② 叶志坚：《文化功能论》，《中共福建省委党校学报》2003 年第 10 期。
③ 金光风：《营造绿色文化 建设生态文明》，《生态经济》2000 年第 8 期。

向联合，以此汇聚出环境保护的更大力量。另外，绿色力量的凝聚不仅仅是人的凝聚，而且还体现在绿色科技、绿色工具、绿色产品的生产、使用与推广上。没有绿色科技与相关产品的发明创造，就难以实现可持续发展的目标，它们是重要工具，是关键抓手。绿色文化打开了人们的视野，提供了未来社会的发展蓝图，激励了个人、组织投入精力与物力进行以"绿色"为核心的研发创造，由点成线，最终凝聚成具有强大力量的绿色体系。

自 1962 年蕾切尔·卡森发表《寂静的春天》以来，人们开始关注自然，走进自然，认识到保护自然的重要性，世界性的绿色运动和绿色力量的发展由此开始。但是，绿色力量发展并不均衡，特别是中国在一些方面和发达国家还存在一些差距。第一，缺乏有影响力的绿色组织和团体。绿色运动和绿色文化由西方开始发起，逐渐传入中国，尽管中国的绿色组织和团体有了很大发展，但相比于西方国家在制度规范、活跃度和影响力等方面还有不少差距。第二，民众的绿色意识、参与环保实践不足。改革开放以来，尤其近几年人们对环境保护认识的深度和广度逐渐提高，但是离我们的发展目标仍有距离。中国的垃圾分类仍然在起步阶段，大部分人认识到保护环境的重要性，却只是停留在意识阶段，缺少具体行动，还没有把环境保护当成自己生活的一部分，当成日常生活的一种自觉意识。第三，绿色理论、绿色制度、绿色教育等力量比较分散，尚需要大步追赶。绿色理论、绿色制度、绿色教育等是绿色发展的核心内容，这些要素是否能够既发挥自身特色，又能联动成为整体，的确是我们未来发展绿色事业成败的关键。

未来在经济社会发展过程中要充分发挥绿色文化凝聚作用，汇聚成绿色发展，成为实现人与自然和谐发展的强大力量。一是建设具有中国特色的影响世界的绿色团体和组织，充分发挥社会团体的能动性。绿色团体来自于民间，服务民间，既是绿色文化的践行者，又是坚定的播种人，具有其自身特色，发展潜力巨大。二是将绿色文化融入人们的日常生活。发挥绿色文化的凝聚力作用，把推进人与自然和谐共生作为核心要义，促进人们价值取向、思维方式、生产方式、生活方式的"绿色化"，使绿色观念深刻融入主流价值观，在全社会形成思想自觉和行动自觉。三是绿色力量的形成需要理论的指导，制度的保障，不断传承发展。对于绿色文化的研究、相关制度的完善，既要善于学习借鉴西方，又要勇于立足于自己的探索，敢于突破固有定式，开创具有中国特色的绿色文化发展新模式和话语体系。我们有理由相信，通过持续不断的努力和探索，中国的绿色文化一定会大放光彩，成为促进中国绿色发展新征程中的强大精神动力。

第二章　绿色文化发展演变

随着人类对人与自然关系的认知演变，绿色文化也随之发展演变。传统意义上的绿色文化一般指以绿色观念为核心，以绿色形态为象征，以绿色植物为标志的文化，例如环境文化、森林文化、林业文化、草原文化、水文化、花卉文化、园林文化等。伴随着人与自然的关系日益紧张，人地冲突日益严峻，环境危机愈演愈烈，生态文明建设成为全球发展趋势。在这一背景下，绿色文化的概念也从传统走向了现代，从以单一绿色物质存在形态为主，扩展到内含颜色价值的绿色意蕴，包含人与自然、人与人、人与自身和谐的文化形态的综合。例如，不以牺牲环境为代价的绿色产业、绿色生态、绿色工程、绿色模式等，而且还泛指具有绿色精神象征意义的绿色意识、绿色哲学、绿色伦理、绿色美学、绿色艺术、绿色教育等一切可以彰显人与自然、人与人、人与自我和谐发展的文化。现代意义的绿色文化相对于其他文化类别而言，是一种具有明显时代语境与背景的话语，但在中国文化传统中却早有价值雏形，并在当代得到继承发展。绿色文化具有传统继承性与未来发展性。因此，对绿色文化的探讨，需要阐释其在文化传统中的孕育形态及其当代和未来可能的理论愿景，需要深入到中国传统与当代实践中探寻其存在与发展。

第一节　中国绿色文化传统

绿色文化内涵包含三个层面的和谐：人与自然、人与人、人与自我的和谐，其中人与自然的和谐是贯穿绿色文化发展进程中的一条显性主线，人与人的关系以及人与自我的关系是贯穿绿色文化发展进程中的隐性主线。在中华民族五千年文明发展进程之中，人们对人与自然关系的认知及其认知模式下的实践具有阶段性变化，这种阶段性变化透视了人地矛盾、人类社会矛盾、人的自我矛盾之间的张力。随着人类对自然界的认知不断加深、对自然规律的掌握不断深化，人类改造自然的能力不断提高，人与自然紧张关系确实愈演愈烈。在原始文明社会，人类的居住环境与自然环境融为一体，完全依赖于自然环境而生存。这一时期，人类对自然充满了恐惧和敬畏，出现了崇拜自然、神化自然的心理。在农耕文明时期，随着劳动工具不断革新，人类开始在大自然环境中，开辟独立的农业生产环境和人居生活环境。独立的农业生产环境使人类能在某种程度上从完全自然依赖状态走向部分依赖状态，人能够发挥自我主观能动性以满足物质生产、生活资料所需。独立的人居环境为人类社会政治、经济、文化等繁荣发展提供独立的土壤。在漫长的农耕文明时期，人类经历了从与自然和谐共处到沉迷于对自然界的有限改造成就中，进而在征服自然的边缘屡试其能。在工业文明时期，随着生产力高度发展，自然要素成为促进生产力发展的有效资源，大工业促进生产发展规模日益扩大，人们不断对自然界提出更多的资源需求，自然界彻底从神坛跌落，在人类无节制地开发地球上有限的自然资源过程中，人与自然之间的关系异化不断加剧。这一时期，人与自然的关系进入空前紧张的阶段。

习近平总书记指出，"优秀传统文化是一个国家、一个民族传承和发展的根本，如果丢掉了，就割断了精神命脉。我们要善于把弘扬优秀传统文化和发展现实文化有机统一起来，紧密结合起来，在继承中发展，在发展中继承"[①]。从历史的角度去审视人与自然的关系，我们发现人与自然的关系直接影响人类文明发展的形态与进程。从历史的经验教训出发，当代文明的发展要以促进绿色文化发展为指向和遵循。绿色文化在中国有着深厚的传统文化根基，中国传统文化中蕴含着丰富的绿色理念、绿色价值、绿色智慧、绿色实践。中华民族传统文化是绿色文化发展的源头之一，新时代绿色发展理念是对中国传统绿色理念、绿色价值、绿色智慧的传承与创新。我们需要深耕传统文化的土壤，对其中

---

① 习近平：《在纪念孔子诞辰 2565 周年国际学术研讨会暨国际儒学联合会第五届会员大会开幕会上的讲话》，《人民日报》2014 年 9 月 25 日第 2 版。

的绿色文化价值、绿色文化理念和绿色文化实践加以挖掘和继承。儒家的"天人合一"天人和谐思想、道家的"道法自然"价值理念、佛家的"依正不二"内心和谐思想等都彰显着中国传统文化的绿色情结，蕴含着十分丰富的绿色文化智慧。尽管儒释道在具体思想观念上有很大的差异，但在处理人与自然的关系、人与人的关系、人与自我的关系上，都达成了和谐的共识，滋润和指导我国绿色文化发展。我国传统文化浩如烟海，绿色文化传统历来有之，概括起来，集中体现在以下几方面。

一 传统绿色文化价值取向

绿色文化展示了一种人与自然、人与人、人与自我的和谐相处、共生、共存的全新价值取向，这与中华和合文化一脉相承。

（一）儒家绿色文化智慧

中国儒家绿色文化智慧是以仁爱为出发点，以"天人合一"为基本精神，以人与自然、人与人、人与宇宙万物和谐共生为归宿的思想体系。儒家天人合一、和而不同，仁者爱人、仁民爱物，民胞物与等思想对中国绿色文化发展具有重要的价值启示。

（1）"仁者爱人，仁民爱物"蕴含绿色方法论

仁德思想是儒家思想的核心要义，但却常常被片面地理解为"仁者爱人"，认为儒家的仁德思想只是为处理人与人之间的关系提供价值要求。其实仁德思想内涵的大德境界是"仁民爱物"。孔子虽然没有直接提出"仁民爱物"的命题，但其思想话语表达中可寻到与这一思想的相通之处。孔子将"乐"作为人与自然山水的应然模式，而"仁"是通向这一应然模式的必要因素。孔子认为人是来自自然界的，而且自然界的山水与人的精神有相融相通之处。如孔子在《论语·雍也》中说道："知者乐水，仁者乐山。"仁之内涵为爱，爱之天性包罗万象，仁使"万物以成，百姓以飧"（《尚书大传》卷五）、"天地以成，群物以生，国家以平，品物以正"（《韩诗外传》卷三）。《论语·述而》篇中记载，"子钓而不纲，弋不射宿"，这反映了孔子深层次的"取之有度、节制不思、可持续共处"的绿色意识。孔子的绿色生态伦理思想包含两个层次：第一层直接表达仁者爱人思想，这是对每一个个体的人与他人相处提出了要求，先"仁"而后"爱"其他人，旨在处理人与人之间

的关系，在人类社会达成人与人之间的"和合"；第二层是内含仁民爱物价值，这是对"仁民"作为"类"所提出的更高标准的要求。仁的本质核心是爱，爱的内容包含了万物，因而，孔子之后的儒学家将"仁"所作用的对象推及人与物之间，把爱物纳入仁学的应有之义。

孟子是最先提出"仁民而爱物"思想的哲人，如《孟子·尽心上》记载："君子之于物也，爱之而弗仁；于民也，仁之而弗亲。亲亲而仁民，仁民而爱物。"孟子认为仁者对人民要仁爱，推及对万物也要有仁爱之心。对人民充满爱，对世界充满爱，对万物充满爱，整个人类社会与自然界共生相处，世界就会和谐统一，这体现了孟子生态伦理思想的价值追求。

汉代董仲舒将"仁民而爱物"思想进行了具体化阐释，将仁民爱物思想中的"物"具体到动物，他在《春秋繁露·仁义法》中指出："质于爱民以下，至于鸟兽昆虫莫不爱，不爱，奚足谓仁！仁者，爱人之名也。"人的首要和本质要求是以仁者之心爱人民，进而将爱推及到鸟兽昆虫。这种爱具有广博性，这种博爱让仁者爱人不只是形式，更是一种行为倡导和具体实践。董仲舒的这一思想在人与自然界的动物之间架起了绿色相处的桥梁，具有重要的绿色发展意识。

北宋张载对孟子"仁民而爱物"思想进行继承发展，提出"民胞物与"思想。张载在其著作《西铭》中指出"民吾同胞，物吾与（朋友）也"。普天之下所有的人民都是我的同胞，所有的生物都是我的朋友。从张载的这一思想中能看到人与人、人与万物之间的内在联系，并在矛盾中强调了人与人、人与万物的同一性，认为人与万物在某种程度上是相通，万物是一体的，这是绿色文化的重要理念来源。无独有偶，北宋"二程"与张载在"万物一体"思想上达成了共识。《二程集》记载："医书言手足痿痹为不仁，此言最善名状。仁者，以天地万物为一体，莫非己也。仁德为己，何所不至？若不有诸己，自不与己相干。如手足不仁，气已不贯，皆不属己。故'博施济众'，乃圣之功用。""二程"认为真正的仁德是认清人与万物的一体性，做到爱人爱物，如同爱己。

综上，儒家仁德情怀是绿色文化的重要思想源泉，为处理人与自然之间的关系提供了价值遵循，为当代绿色发展提供了文化滋养。

（2）"天人合一"蕴含整体绿色观

习近平总书记指出中华民族孕育了丰富的生态文明，其中"天人合一"思想强调把天、地、人联系起来，把人类文明与生态文明统一起来①。在中国儒释道三家思想中都内含"天人合一"思想，尤其是儒家明确提出了"天人合一"这一重要命题。儒家的"天人合一"思想是关于"天人关系"的学说，"究天人之际，通古今之变"是中国古代哲学思想家孜孜不倦、上下求索的核心命题。中国古代思想家在探索天人关系古今演变的历程中总体上形成了天人相类、天人相通、天人感应、天道人道相统一等思想。儒家的"天人合一"思想是中国古代思想家探索天人关系的总体认识，蕴含了十分丰富的绿色伦理思想。

儒家对"天"的理解具有多样性，概括起来主要包括神、天命、伦理、自然界、心性等。当代学者对于儒家"天人合一"思想中"天"与"人"的内涵展开了激烈讨论，讨论的核心围绕"天人合一"是否具有绿色生态性。如方克立先生指出："中国哲学中的天人关系包含着丰富、复杂的内容，但它的一个最基本的含义，就是指人与自然界的关系。也可以说这就是它的'本义'，其他各种含义都是由此引伸或演变而来的。"②季羡林先生认为："'天'就是大自然，而'人'就是人类。'天人合一'就是人与大自然的合一。"③张岱年先生曾指出："'天人合一'即肯定人与自然界的统一，亦即认为人与自然界不是敌对的关系，而具有不可割裂的联系。所谓'合一'指对立统一，即两方面相互依存的关系。"④李申先生则提出了不同的观点，他指出："今天不少人把'天'理解为自然界……但相关的例证，我们在《四库全书》里一条也没有找到。这些意义其实都是今人附加的，不是天人合一的本义。"⑤

尽管学术界对于"天人合一"思想中"天"是否仅仅指自然界尚存争议，但毋庸讳言，中国传统思想文化中的天人合一思想，其"天"具有自然之天的含义，这与绿色文化所倡导的思想理念是相通的。"天人合一"观念最早出现在《易经》之中，如《易经》中说"观乎天文，以察时变；观乎人文，以化成天下"，指的是观察天地变化规律，来确

① 习近平：《推动我国生态文明建设迈上新台阶》，《求是》2019 年第 3 期。
② 方克立：《"天人合一"与中国古代的生态智慧》，《当代潮》2003 年第 4 期。
③ 季羡林：《"天人合一"方能拯救人类》，《哲学动态》1994 年第 2 期。
④ 张岱年：《中国哲学大纲》，中国社会科学出版社 1982 年版，第 60—61 页。
⑤ 李申：《"天人合一"不是人与自然合一》，《历史教学》2005 年第 1 期。

定节气变更；注重伦理道德，使人们的行为合乎文明礼仪。《易经》中说："天地交，泰。后以财成天地之道，辅相天地之宜，以左右民。"意即观察天地相交相宜之道，以裁制施政的方法，使民得以用天时地利。《论语·阳货》中说："天何言哉？四时行焉，百物生焉，天何言哉？"孔子将"天"看成是人类社会与自然界背后的主宰力量，强调人要顺应天时，即顺应自然规律。《孟子·梁惠王上》中说："不违农时，谷不可胜食也；数罟不入洿池，鱼鳖不可胜食也；斧斤以时入山林，材木不可胜用也。"孟子对孔子思想继承并发展，强调了在天人关系中，人的主体地位，蕴涵以人为本而后知天的思想。《孟子·尽心上》中"尽其心者，知其性也，知其性，则知天矣"。荀子在《荀子·天论》进一步指出："天行有常，不为尧存，不为桀亡。应之以治则吉，应之以乱则凶。强本而节用，则天不能贫；养备而动时，则天不能病；循道而不二，则天不能祸。""圣人亲其天君，正其天官，备其天养，顺其天正，养其天晴，以全其天功。"荀子认为自然界有规律，人应该在尊重自然规律的基础上发挥主观能动性，从而使万物为我所用。张载认为天地万物是一体的，他明确提出"天人合一"的命题。《正蒙》中说："儒者则因明致诚，因诚致明，故天人合一，致学而可以成圣，得天而未始遗人。"后来的儒学思想家在这一基础上不断丰富和发展"天人合一"思想的内涵和外延。

儒家"天人合一"思想虽然在探讨人与自然关系上，并没有形成成熟而独立的思想体系，但其中蕴涵的绿色文化发展理念对于当代生态文明发展，具有重要的价值意义，正如钱穆先生所指出："'天人合一'思想不但为创新绿色发展提供了智慧源泉，也为在中国率先实现绿色发展理念提供了丰厚的历史文化土壤，同时也将成为中国在 21 世纪为人类做出巨大贡献的传统思想来源。"①

（二）佛家绿色文化智慧

佛教思想作为一种外来文化，自西汉末年从印度传入中国以来，受到中国本土文化如儒家和道家思想的影响，形成了与中国本土文化相融通的佛教思想。在佛教思想中，包含丰富的绿色文化智慧，其绿色文化智慧概括起来主要有以下四个方面的内容：众生平等的绿色生命观、佛

---

① 钱穆：《中国文化对人类未来可有的贡献》，《中国文化》1991 年第 1 期。

国净土的绿色生态蓝图、依正不二的绿色价值观、因果报应的绿色责任观。

（1）"众生平等"蕴含绿色生命观

佛教思想对待生命的态度是众生平等，并在这一价值认知基础上提出对万物怀有"慈悲之心""不杀生"的生命观实践。佛教思想中"众生"的概念有广义和狭义之分。狭义的"众生"指有情众生。广义的"众生"既包含有情众生，也包含无情众生，如花草树木、山川河流乃至宇宙万物。佛教把人分析为"五蕴"（色、受、想、行、识），人在佛教中无高低主次之分，都是平等的。佛教所讲众生平等思想包含以下几个层次：人与人是平等的，有情众生之间平等，有情众生与无情众生之间平等。人类作为存在的万物之一，没有高下贵贱之分，更没有地位等级之分。人与其他万物的平等意味着人没有支配动物、植物和其他非生命物质的权利，它们和人类一样应该享有生命权、生存权。基于此认知，佛教提倡慈悲之心，要求对万物怀有普度众生的慈悲心肠。《大智度论》中说："一切佛法中，慈悲为大""大慈与一切众生乐，大悲拔一切众生苦"。① 在佛教看来，慈是"与乐"、悲是"拔苦"，慈悲之心是人对众生产生爱并从内心肯定万物价值的基础和前提，只有心怀慈悲，才能感受万物众生的美好，也是人与自然万物相处的重要前提。

在"众生平等"的思想指引下，佛教有很多绿色实践探索。例如佛教将"不杀生"作为佛教徒的第一大戒，同时佛教有悠久的放生传统。唐代义净西游印度归来介绍："观虫滤水是出家之要仪，见危存护乃悲中之拯急。既知有虫，律文令作放生器者，但为西国久行。"② 在中国民间，放生成为一种善行。佛门建筑如寺庙会建"放生池"。佛教还有专门放生的法会，叫"放生会"。《梵网经》卷下说：佛子应以慈悲心怀行放生之业，因为六道众生都是我的父母。《杂宝藏经》（卷五）记载有一个小沙弥因为救起水中的蚁虫，而获得长寿的果报。

佛教"众生平等"的理念虽然带有一定的唯心主义色彩，但基于这一思想之上的价值观和生活方式，极大地影响传统中国人处理人与万物之间的关系。佛教"众生平等"的思想，与今天人们努力探索的绿色

---

① 《大正藏》第25卷，新文丰出版公司1983年版，第256页。
② 《大正藏》第45卷，新文丰出版公司1983年版，第902页。

发展理念有着十分近似的思维方式和终极目标。因此，佛教"众生平等"观成为当代发展绿色文化的重要思想资源。

（2）"佛国净土"蕴含绿色生态蓝图

佛国净土是佛教追求的彼岸世界，蕴含着珍爱生命、热爱自然的价值要素，体现佛教对绿色生态"众生和谐、其乐融融、活泼生动"蓝图的向往，这为当今绿色文化的发展提供珍贵的思想依据。

佛教认为，人类生存的婆娑世界污秽不净，八苦交煎。而佛国净土则是一个清净庄严的世界，如《大乘义章》卷十九曰："经中或时名佛刹，或称佛界，或云佛国，或云佛土，或复说为净刹、净首、净国、净土。"① 在佛教思想体系中，净土的类别多样，如《阿朋佛国经》中所描绘的妙喜世界、《无量寿经》中所描绘的极乐世界、《观弥勒菩萨上生兜率天经》和《佛说弥勒下生经》中所描绘的弥勒兜率天净土和未来人间净土等，这些佛教文本为我们呈现了一个较为全面的佛国净土图景。《观弥勒菩萨上生兜率天经》中记载："一一渠中有八味水，八色具足，其水上涌游梁栋间……一一器中天诸甘露自然盈满。"② 反映了弥勒兜率天净土水资源十分丰富。《佛说弥勒下生经》描述道："名华软草遍覆其地。种种树木华果茂盛，其树悉皆高三十里。""众鸟和集，鹅、鸭、鸳鸯、孔雀、翡翠、鹦鹉、舍利、鸠那罗、耆婆等。诸妙音鸟常在其中，复有异类妙音之鸟，不可称数。果树香树充满国内，尔时阎浮提中常有好香。"③ 从佛教文本对不同类别的净土描述中，透露出一个共同点：佛国净土里的自然环境优美、卫生洁净、生活宜居，在佛国净土里生活安静有序，生态和谐与共。故太虚大师指出："各佛经对人生最重香、色、音乐，感动人处，改变人性，每靠音乐树及花鸟说法，可谓改造环境最圆满了。"④ 佛国净土展现了一派绿意盎然，草木葱郁，生物类别多样，水质良好，万物和谐融洽的绿色生态图景。佛教对佛国净土生态理想境地的描述寄予了突出的绿色发展憧憬，为现世生态发展绿色蓝图提供了启发，也为当代绿色文化提供了借鉴。

---

① 《大乘义章》卷十九，第834页。

② ［日］高楠顺次郎：《大正新修大藏经》第14册，大正一切经刊行会1979年版，第418—421页。

③ ［日］高楠顺次郎：《大正新修大藏经》第14册，第423—426页。

④ 《太虚大师全书》第25册，宗教文化出版社2005年版，第287页。

（3）"依正不二"蕴含绿色价值观

"依正不二"是佛教的重要思想之一。"依"乃依报，可以理解为众生赖以生存的环境；"正"乃正报，可以理解为众生的生命主体与心性。《三藏法数》（卷27）中说："正由业力，感报此身，故名正报。既有能依之身，即有所依之土，故国土亦名报也。"[①] "二"有矛盾、对立之意。佛家"二"的寓意与马克思主义哲学矛盾观有相同之处，意指矛盾双方的对立同一性。"不二"可以理解为不矛盾。《大乘义章》（卷一）解释说："言不二者，无异之谓也。即是经中一实义也。一实之理，妙理寂相，如如平等，亡于彼此。故云不二。"佛教的"不二"思想消解了人与其生存的自然环境之间的二元对立，同时也是对"人类中心主义"生态价值观的反动。"依正不二"是佛教处理主观世界与客观世界关系、人与自然关系的基本立场。佛教"依正不二"思想实质上是将生命主体同生存环境视作有机整体，并用联系的观点加以看待，认为它们彼此皆互相关联，互相依赖。在佛教中，也给出了"依正不二"价值观的方法论，如《维摩经》中说："随其心净，则佛土净。"就是说，人类身心和谐，则能促成自然环境的和谐；反之，人心不善、浮躁不安、制造恶业，必然造成环境恶劣、灾害不断。佛教"依正不二"的绿色价值理念，对于人们尊重生命，尊重自然，引导众生认清自然的内在价值，摆正自我与自然之间的关系是有借鉴意义的。

（4）"因果报应"蕴含绿色道德责任观

"因果报应"论是佛教基本思想之一，他的理论起点是佛教的"缘起"论，《杂阿含经》卷二中说"有因有缘集世间，有因有缘世间集，有因有缘灭世间，有因有缘世间灭"，这是缘起论的基本解释。"十二因缘"、"六道轮回"和"人生三世"等构成因果报应论的基本体系。在佛教思想里，"因果"联系观将万物本身及其变化进行联结，宇宙万事万物都受到因果关系的支配，每个人的善恶行为也必定会为自身带来善果或恶果。佛教强调"因果报应"，蕴含人的道德主体性，它与"宿命"论不同，人的道德和自我责任是联结因与果之间的重要纽带，道德责任是佛教因果思想的精神指向。因此，在佛教"因果报应"论中，人的主体自觉性体现在佛教思想影响下，人的自我道德约束，并在道德

① 《实用佛学词典》（上），金陵刻经处1986年版，第624页。

自觉基础上形成自我责任意识，而且其作用的对象不仅是生命主体，还包含生存环境等。"因果报应"思想，深刻影响了这种道德责任的长久性与稳定性。

佛教"因果报应"旨在劝导人们多积善业，摒弃恶行。佛教所提倡的善包含与万事万物、有情无情众生为善，用佛教话说即十善、八正道，它不仅倡导人类社会向善向好，也提倡保护生命、爱护环境，这些都与我们今天提倡的绿色文化发展是相通的。尽管佛家的"因果报应"论带有一定的朴素唯心主义色彩，但从佛教"因果报应"论出发，正视人的行为对生态环境带来的影响，对我们在内心深处确立绿色生态责任意识，具有重要的启迪意义。

佛教思想试图对人与自然关系以及如何处理人与自然关系的问题给出解答，虽然其过于强调生命个体及其自身修行的重要性，但佛教思想中所包含的绿色文化资源，有利于帮助人们认识人与自然万物的关系，促进人们树立尊重生命、关爱生命的伦理观念。

（三）道家绿色文化智慧

道家文化博大精深，它蕴含丰富的绿色生态伦理智慧，正如美国著名物理学家卡普拉说："在诸伟大传统中，据我看来，道家提供了最深刻并且最完善的生态智慧。"① 道家思想是建立在以"道"为核心概念之上的思想体系。道家主张以"道法自然"为对待万物的伦理准则，以"无为自然"为处理人与万物关系的方法论。道家在人与万物关系上提出"天人同体"的观点，认为人并不是特殊存在的，人与天、人与地、人与万物是一个统一的整体，人要认识"道"的规律，并顺应"道"的规律，与宇宙万物和谐共处。道家所提倡的生态伦理观蕴含丰富的绿色文化情怀，在"黑色发展"严重威胁人类生存环境的当下，能够给予人们深刻的哲学思考。

（1）"道法自然"蕴含绿色生态原则

"道法自然"思想的提出可以追溯到老子。老子认为，"道"是天地万物的本源，正如《道德经》第二十五章所说："有物混成，先天地生。寂兮寥兮，独立而不改周行而不殆，可以为天地母。吾不知道其名，字之曰道，强为之名曰大。大曰逝，逝曰远，远曰反，故道大、天

---

① 转引自王泽应《道莫盛于趋时》，光明日报出版社 2003 年版，第 366 页。

大、地大，人亦大。域中有四大，而人居其一焉。人法地，地法天，天法道，道法自然。"天地万物自然产生于"道"，而"道"本身也有自然而然之义。老子"道法自然"思想中的"自然"并不是指我们今天所说的大自然，而是道的最高准则。学术界对"自然"之义的解读认为："天地以万物为体，而万物必以自然为正。自然者，不为而自然也。"[①] 用现代意义的话语表达，"自然"有规律之义，"道法自然"就是遵循万物的规律。道家在处理"道"与"人""天""地"关系中提出"四大"即"道大、天大、地大、人大"。在老子看来"四大"皆"法自然"，"自然"是"四大"共同遵循的规律。从"道法自然"思想出发，道家构建了人与自然之间的一个理想图景，正如《庄子·马蹄篇》描述："故至德之世……山无蹊隧，泽无舟梁；万物群生，连属其乡；禽兽成群，草木遂长。是故禽兽可系羁而游，鸟鹊之巢可攀援而窥。夫至德之世，同与禽兽居，族与万物并。"庄子所描述的理想生态环境是万物自然生长，人与万物和谐共生的"至德之世"。

道家将"道"视为天地万物之先，同时肯定"道"和天地万物都是以"自然"为其根本法则和运行规律，人类应该在充分认识这一基本法则和运行规律的基础上，尊重自然，顺应自然。"道法自然"思想是道家一系列生态伦理思想产生的根源，以其为基本内核，道家还提出了"物无贵贱""物我唯一""知常知和""知足知止"等具体的绿色伦理观，成为当代绿色文化发展的重要思想资源。

（2）"自然无为"蕴含绿色实践方法

"自然无为"思想是在"道法自然"思想基础上形成的方法论。如果把"道法自然"思想理解为道家探索形而上的"天道"而形成的思想结晶，那么"自然无为"思想则是道家在探索"人道"行为准则中而探索出的方法论。"自然无为"中的"自然"与"道法自然"中的"自然"同意，指的是"道、天、地、人"自然而然，自身的运行法则和规律。道家思想认为"德"是通往"道"的桥梁，而"无为"是通往"德"的道路。"自然无为"是指人类在顺应自然万物规律基础上所采取的恰当行为。理解道家"无为"思想要把握以下几个层次：一是

---

① 任俊华、刘晓华：《环境伦理的文化阐释——中国古代生态智慧探考》，湖南师范大学出版社 2004 年版，第 217 页。

不刻意妄为，二是循道而为，三是和谐而为。《道德经》第五章说："天地不仁，以万物为刍狗。"它指出万物有其自身的运行规律，人类应该自觉地遵循事物的客观规律，而不要妄自非为。"无为"的第二个层次是循道而为。如《庄子·应帝王》中的记载："南海之帝为倏，北海之帝为忽，中央之帝为混沌。倏与忽时相与遇于混沌之地，混沌待之甚善。倏与忽谋报混沌之德，曰：'人皆有七窍，以视听食息，此独无有，尝试凿之。'日凿一窍，七日而混沌死。"故事中的混沌代表的是"道"，"道"本来是浑然一体的，可是逆"道"而开之，只能导致七窍开而混沌死的惨烈结局。"无为"的第三个层次是和谐而为。和谐而为指的是，在不影响无为其他层次前提下而为之。道家认为"道大，天大，地大，人亦大"，万物平等，因此人不能破坏"四大"原则而进行利己的行为。"见素抱朴，少私寡欲""复归于朴"的思想就是和谐而为的道家境界。在人与自然关系演变的历史进程中，人类一度将自身作为万物的主宰，不断助燃人类向大自然无尽索取的欲望之火，从而导致人地矛盾尖锐，生态系统失衡。"自然无为"所提倡的和谐而为思想是促进万物和谐共存，绿色永续发展的重要方法论。

道家思想包含十分丰富的思想内涵，就其绿色文化意蕴而言，主要集中在"道法自然""自然无为"等理念中，它要求人类应该遵循自然之道，知足知止，实现人与自然和谐相处的"至德之世"。其深刻的绿色文化意蕴对当代中国绿色文化发展具有重要的理论价值，对于建设生态文明也具有重要的现实借鉴意义。

二　绿色文化传统对当代绿色实践的启示

在中国绿色传统文化的深刻影响下，充满智慧的中国人探索了一系列的绿色生态实践，上至国家律令、机构设置，下至民间生态治理案例，都对当代绿色文化发展提供了实践启示。

（一）颁布绿色法令

中国古代帝王在治理国家中非常重视保护自然环境，而且形成了国家层面保护自然环境的法律体系，例如颁发并执行生态保护相关的律令、制定严禁污染环境的法令等。以律令的形式保护生态环境的实践最早可以追溯到夏朝时期。

2019 年 7 月上海率先实行了垃圾分类政策。其实，在我国唐朝时，对垃圾处理进行过严格的律令管控。据《唐律疏议》载："其穿垣出秽污者，杖六十；出水者，勿论。主司不禁，与同罪。疏议曰：具有穿穴垣墙，以出秽污之物于街巷，杖六十。直出水者，无罪，主司不禁，与同罪。谓'侵巷街'以下，主司合并禁约，不禁者与犯人同坐。"

2020年，突如其来的新冠肺炎疫情给我们带来警醒，从国家到地方，从立法到执法、司法，各方面各环节一齐发力，依法保护野生动物、严厉打击野生动物及其制品违规交易、严厉打击破坏野生动物资源违法犯罪活动的呼声，空前响亮。在中国历史上，保留着保护野生动、植物立法的优良传统，例如《周书·大聚篇》记载夏禹所下禁令："春三月，山林不登斧斤，以成草木之长；夏三月，川泽不入网罟，以成鱼鳖之长。"西周时期颁布《崇伐令》《野禁》《四时之禁》等律令来保护自然资源。秦王朝制定《田律》规定："春二月，毋敢伐材木山林及雍堤水。不夏月，毋敢夜草为灰，取生荔麛卵谷，毋毒鱼鳖，置井罔，到七月而纵之。唯不幸死而伐棺椁者，是不用时。邑之近皂及它禁苑者，麛时毋敢将犬以之田。"汉宣帝为了保护鸟类，维持生态平衡，规定"毋得以春夏摘巢探卵，弹射飞鸟"。北元时期《阿拉坦汗法典》明确记载了七项伤害野生动物处罚规定，如：若杀野骡、野马，则以马为首罚五；若是黄羊、公母狍子，以绵羊为首罚五；若是公鹿母鹿、公野猪，以牛为首罚五；等等。明清时期对于人为占用或破坏自然资源的行为有详细的法律规定，如《大明律》规定："凡侵占街巷道路而起盖为园圃者，杖六十，各令（拆毁）复旧。其（所居自己房屋）穿墙而出秽污之物于街巷者，笞四十。出水者，勿论。"清朝《大清律例·工律·河防》记载："凡侵占街巷通路，而起盖房屋及为园圃者，杖六十，各令（拆毁）复旧。其（所居自己房屋）穿墙而出秽污之物于街巷者，笞四十。"

在中国古代，人们认识到山火对于生态系统的破坏力极强，因此，颁布相应的律令禁止放火。《周礼·夏官》上记载："季春出火，民皆从之，季秋内火，民亦如之。时则施火令。"《秦律·田律》中也规定："不夏月，毋敢夜草为灰。"

（二）设置绿色行政机构

中国古代除了采用立法的方式促进绿色发展，还专门设置了相应的机构和部门，对相应的生态资源和农事进行督管。据《周礼》记载："土方氏"的官员"以辨土宜土化之法"，"草人""掌土化之法，以物地，相其宜而为之种"，"山师"掌管林业划分、鉴定森林各类产物利害关系，"川师"掌管河流湖泊等。另外，"大司徒""稻人""山虞""司稼"等官员的岗位职责也是维护生态平衡。古代天子要亲自宣布农事，带头仔细地勘察地势，就丘陇、山坡、平原和湿地，叫农民播种适宜谷物。这一过程，其中涉及一些生态方面的问题。宋朝时，都城汴梁的人口已达百万之多，人口压力导致物质生活资料的极大消耗，产生了大量的生产生活垃圾。为此，宋朝设立了"街道司"，对城市的环境卫生进行管理。

（三）探索绿色行动

中国经历了漫长的农耕文明时期，依靠"天时、地利"的农业生产特点让勤劳智慧的中国人探索出一系列有关观天象、预报天气、安排生产活动的经验。上古时期，大禹治水，顺应水的运行规律，用"导"的方式，挖掘沟渠，将洪水分散，使之不能为害。"大禹治水"的故事不仅开启了中华文明的先河，也开启了人类绿色实践的探索之路。《礼记·月令》中说，春季"修利堤防，道达沟渎"的主要目的，是为了灌溉农田，而秋季"完堤防，谨壅塞，以备水潦"，是为了防止堵塞，为大雨、大水的来到做准备。这种遵循时节进行资源保护利用的实践，与绿色发展理念所倡导的内核是一致的。《史记·殷本纪》中说："汤出，见野张网四面，祝曰：'自天下四方，皆入吾网。'汤曰：'嘻，尽之矣！'乃去其三面。"商汤"网开三面"典故是"仁及草木""恩被鸟兽"仁爱境界的具体实践。《论语》中说："子钓而不纲，弋不射宿。"孔子用竹竿钓鱼，而不用网捕鱼；射飞着的鸟，不射夜宿的鸟。这是儒家"取之有度"绿色发展观的具体实践。《礼记·月令》中说"善相丘陵阪险原隰，土地所宜，五谷所殖"，依循土地的特点，因地制宜进行种植；"可以粪田畴，可以美土疆"，探索传统绿色循环发展模式，生态养护与利用并举；为了保护土地，夏季"不动土功"，冬季"无作土事"。古人在绿色智慧指导下的绿色实践不胜枚举，为中华文明的永续发展做出了不可磨灭的贡献。

第二节　现代绿色文化兴起

现代绿色文化的兴起，是深刻的，是全球范围的。顺应现代绿色文化发展大势，把握当代绿色文化发展规律，意义重大。

一　绿色文化在全球兴起的背景

绿色文化凝结了人类认识自然、改造自然的辛勤汗水与思想智慧，它已经成为当代文化发展的独特标识。当今时代的主题是和平与发展，绿色文化蕴含和平价值，指向发展之需，它已经成为关系国家与民族发展存亡的重要因素。从世界来看，18 世纪英国率先进行工业革命，随即欧洲各国开启手工业大生产模式，人类进入了工业文明时代。工业生产在生态领域所产生的巨大破坏力，从最初的"雾都"英国伦敦扩散到全球的生态危机，这一切给沉迷于工业大生产所带来物欲满足的人类敲响了警钟。时至今日，生态危机愈演愈烈，已经成为威胁人类发展的核心因素。推崇绿色文化发展是对传统发展观、义利观和价值观进行批判反思，其本质是通过倡导绿色理念、绿色发展、绿色生活、绿色审美等探索，推动人们守护人类文明永续发展的文化密码，彰显了对人类文明的终极关怀。

（一）黑色文明倒逼绿色方案

18 世纪 60 年代，蒸汽机的发明将人类带入工业文明。工业革命使人类的物质需求得到极大满足，人类的生产生活方式发生了巨大的变化，仅仅数百年间，人类物质财富创造比历史上的任何一个时期都要丰富，马克思主义经典作家曾指出："资产阶级在它的不到一百年的阶级统治中所创造的生产力，比过去一切时代创造的全部生产力还要多，还要大。自然力的征服，机器的采用，化学在工业和农业中的运用，轮船的行驶，铁路的通行，电报的使用，整个大陆的开垦，河川的通航，仿佛用法术从地下呼唤出来的大量人口——过去哪一个世纪料想到在社会劳动力中蕴藏有这样的生产力呢？"[①] 从唯物辩证法的角度来分析，我们惊叹于生产力变革所带来的璀璨工业文明时，也应该看到辉煌的工业

---

① 《马克思恩格斯选集》第 1 卷，人民出版社 2012 年版，第 405 页。

化大生产所遮蔽的"黑色"文明正在摧毁生态系统。工业文明时期，人类的生产模式是建立在资源的大量消耗基础上的。随着生产力的进步，人类对自然的攫取越发无所节制，"人类中心主义"的思想将人与自然的关系彻底推向对立面，"鼓舞"着人类向大自然宣战。人类对自然的破坏所引起的生态系统破坏问题给人类狠狠一击：臭氧层破坏、空气污染、全球变暖、资源枯竭、生物多样性锐减等环境问题全面威胁人类的生存环境。恩格斯在《英国工人阶级状况》中记录了当时伦敦的环境状况："呼吸和燃烧所产生的碳酸气，由于本身比重大，都滞留在街道上，而大气的主流只从屋顶掠过。居民的肺得不到足够的氧气，结果肢体疲劳，精神萎靡，生命力减退。大城市工人区的垃圾和死水洼对公共卫生造成最恶劣的后果，因为正是这些东西散发出制造疾病的毒气；至于被污染的河流，也散发出同样的气体。"① 这种葬送资源环境为发展代价的文明发展模式，我们称为黑色文明。

　　黑色文明以破坏人与自然良性关系为代价，人与人的利益关系成为了关注的重心，而人与自然的关系则被忽视。随着黑色文明的持续发展，环境问题的世界性和世代性越来越突出，目前人类仍面临着十大全球环境问题：全球气候变暖，海平面上升；土壤流失严重，耕地面积减少，土地荒漠化的危害日渐加大；森林锐减，地球的绿色屏障严重毁坏，资源日益减少，生态环境遭到破坏；水资源不足和水污染，制约经济发展，影响人类生活；大气污染严重；臭氧层破坏，威胁地球生命；生物物种快速灭绝，生物资源急剧减少；人口高速增长、城市无序发展，危及自然生态；有害物质转移，残留物质严重污染；酸雨问题。在黑色危机蔓延甚至威胁人类生存的情况下，人们意识到绿色文化是人类文明永续发展的源泉。绿色文化倡导人与环境和谐共生、人与自然相宜共存，力求实现可持续发展，无疑是拯救绿色星球摆脱黑色文明困境的最佳出路。作为一种文化现象，绿色文化与强调环保、注重生态、珍视生命等价值取向密切相关，以绿色行为为表征，体现为人与自然共生共荣共发展的生活方式、行为规范、思维方式以及价值观念。绿色文化发展要求人们重视人与人、人与自然、人与自身关系的协调发展。绿色文化摆脱了"以人类为中心"的文化发展观，在人与自然关系上实现对

———————

① 《马克思恩格斯文集》第 1 卷，人民出版社 2009 年版，第 410 页。

以往包括"黄色文明""黑色文明"等在内的一切文明的超越。绿色文化的发展要求人类站在可持续发展的高度，实现人与自然、人与人、人与自身的和谐发展。大力倡导绿色文化，让绿色价值观内化于心、外化于行，对于在全球范围内推进绿色发展、保护美丽地球具有重大的现实意义。

（二）生态文明倡导绿色文化发展

工业文明的价值观，它在本质上是发展至上的工业价值观。在这一价值观的指引下，人类生产力不断发展，依托科技创新，创造了巨大的物质财富，但在这一过程中，自然却走向人的对立面，生态危机日益严峻，制约人类可持续发展。虽然人类在对生态危机进行反思的过程中，提出了诸多具体的实践举措，但从短期的生态恢复效能看，它们并不是最有效、最根本的方案。我们当下所面临的这场生态危机不仅仅是经济、政治、生态系统内部的危机，它更是人类进入现代社会之后，在物质财富不断增长的条件下，人类精神文化出现危机的体现。美国环境史学家唐纳德·沃斯特教授指出："全球性生态危机原因在于文化系统，而非生态系统本身。要度过生态危机，必须清楚、正确地理解文化对自然的影响。"① 从文化学的角度看，人与自然关系的紧张而导致的生态危机，本质上是文化的危机。化解这一危机，要依靠文化内在的引领力、批判力、整合力和传承力来完成。关注生态文明建设是绿色文化发展的主线，绿色文化发展始终将人与自然关系的优化作为一个重要内容，人与自然和谐共生是绿色文化的价值追求之一，因此，在促进生态文明建设过程中，应该吸收绿色文化的价值内核，确立绿色价值观和绿色发展观，并在这一价值观的指导下发展绿色生产力和绿色科学技术，以绿色文化引领绿色变革，推动人类生产生活方式绿色化，建构人与自然之间绿色的物质转换关系，使生态环境资源可以永续利用，从而实现人类世世代代可持续发展。绿色文化陶冶人的情操，塑造人的品格，净化人的心灵，规范人的行动，推动生态文明建设发展取得良好成效。生态文明本身就凝结了绿色文化智慧，绿色自然力、绿色生产力、绿色消费、绿色科技、绿色政治文化以及绿色文化所衍生的绿色行动，推动生

---

① ［美］唐纳德·沃斯特：《地球的终结：关于现代环境史的一些观点》，商务印书馆1998年版，第98页。

态文明向前发展。

二　绿色意识在全球的觉醒

绿色象征生命活力，蕴含着深刻的生态学内涵和文化内涵。绿色文化虽然是一个具有现代性的概念，但在马克思、恩格斯的自然观中包含丰富的绿色意识。马克思、恩格斯毕生致力于关怀全人类的命运问题，早在19世纪中叶，马克思、恩格斯就对人与自然的问题高度关注。马克思在《1844年经济学哲学手稿》、恩格斯在《自然辩证法》和《劳动在从猿到人的转变过程中的作用》等文章中就预见到工业文明的发展必然导致人与自然关系紧张，恩格斯更是直白地指出："我们不要过分陶醉于我们人类对自然界的胜利，对于每一次的胜利，自然界都对我们进行报复。"[①] 在经历了黑色文明所带来的自然报复之后，人类对传统黑色工业文明不断进行反思。美国海洋生物学家蕾切尔·卡森于1962年出版《寂静的春天》，该书开启了当代社会对于环境保护这一生死攸关问题的关注，而且做出了生态哲学的最初思考。1976年英国历史学家阿诺德·约瑟夫·汤因比创作《人类与大地母亲》一书，该书以历史的视角展示了人类与其生存环境的相互关系，描述了人类文明的起源、发展、相互交往和彼此融合的全过程，具有很高的绿色文化发展参考价值。1966年，美国经济学家肯尼思·埃瓦特·博尔丁在《即将到来的宇宙飞船地球经济学》一文中，以宇宙飞船作比喻，分析地球经济的发展，最先提出了循环经济概念。1972年，联合国人类环境会议在瑞典首都斯德哥尔摩召开。这是一次载入史册的会议，来自全球100多个国家的政府代表团、科学家和各界代表共1000多名人士会聚一堂，共商人类面临的环境危机与挑战，会议通过了《人类环境宣言》，成为人类环境保护历程中第一块重要的里程碑。1987年世界环境与发展委员会（WCED）发表了报告《我们共同的未来》，首次提出了可持续发展概念。1992年，在巴西里约热内卢召开联合国环境与发展大会，会上正式通过了《里约热内卢环境与发展宣言》和《21世纪议程》，为各国在绿色发展方面提供了行动蓝图，标志人类发展模式实现了一次历史性飞跃，由此，继农业文明、工业文明之后，一个新文明时代拉开序

---

① 《马克思恩格斯选集》第4卷，人民出版社1995年版，第838页。

幕。2002 年，在南非约翰内斯堡举行可持续发展世界首脑会议，会上商议了进一步实现全球范围内的可持续发展的阶段方案。2008 年，联合国在全球范围内推广绿色新政，世界经济与环境大会（World Economic and Environmental Conference，简写 WEC）在这一背景下创建。世界经济与环境大会作为发起于中国的全球专业性峰会进行定位，构建气候变化、可持续发展与经济增长，互利双赢的政府与企业交流合作平台，主导世界各国向绿色生态发展模式转变，共同应对全球面临的人类活动与经济发展过程中，持续恶化的环境问题。自 2008 年起，大会每年举办一届，每届大会均包括举办十场次专题论坛和行业会议，并已成功连续举办了七届大会与四届年会。在全球金融危机爆发、世界经济结构转型、气候变化及环境与能源问题突出的严峻形势下，大会议题不仅在"应对金融危机，推动绿色转变"和"决胜绿色经济时代，共创全球循环经济财富点"方面为世界经济转型及可持续发展提供了经验，还为中国在"经济转型与发展中的低碳使命"、"应对气候变化策略，低碳经济与中国可持续发展战略"和"引领市场经济的绿色繁荣"方面开辟了新道路和与世界合作的新模式，取得了辉煌成就。

在当代，中国绿色文化在汲取西方经验的基础上实现了创新发展。2007 年在党的十七大报告中明确提出要建设生态文明，从此生态文明得到广泛重视。2012 年，党的十八大将生态文明纳入了社会主义事业五位一体总体布局。党的十八届五中全会提出五大发展理念，即绿色发展、创新发展、协调发展、开放发展、共享发展，并强调"绿色是永续发展的必要条件和人民对美好生活追求的重要体现"[1]。2013 年，习近平总书记在哈萨克斯坦纳扎尔巴耶夫大学发表演讲并回答学生们提出的问题，在谈到环境保护问题时，他指出："我们既要绿水青山，也要金山银山。宁要绿水青山，不要金山银山，而且绿水青山就是金山银山。"[2] 2013 年，习近平总书记在致生态文明贵阳国际论坛年会的贺信中指出："中国将按照尊重自然、顺应自然、保护自然的理念，贯彻节约资源和保护环境的基本国策，更加自觉地推动绿色发展、循环发展、

----

① 《〈中共中央关于制定国民经济和社会发展第十三个五年规划的建议〉辅导读本》，人民出版社 2015 年版，第 11 页。

② 习近平：《弘扬人民友谊　共创美好未来——纳扎尔巴耶夫大学的演讲》，《人民日报》2013 年 9 月 8 日第 3 版。

低碳发展，把生态文明建设融入经济建设、政治建设、文化建设、社会建设各方面和全过程，形成节约资源、保护环境的空间格局、产业结构、生产方式、生活方式，为子孙后代留下天蓝、地绿、水清的生产生活环境。"① 2017 年，党的十九大报告指出，"加快生态文明体制改革，建设美丽中国"②，首先需要推进绿色发展。绿色发展既是理念，更是行动；绿色文化则是从绿色理念出发，通往绿色实践的桥梁。

三　绿色行动在全球的兴起

随着生态危机愈演愈烈，绿色意识在全球得到觉醒，人们开始关注生态危机在人化自然中的表现，将目光从自然界转向社会领域，并开始探索在社会领域实现自觉地对生态环境进行保护的模式，在这一背景下，人们在全球范围内掀起了绿色运动。

（一）民众绿色运动

20 世纪 30 年代至 60 年代，由于现代工业的兴起与发展，工业生产产生的废水、废气和固体废弃物大量排入大自然，导致环境污染和生态系统失衡，人类为此付出惨痛代价。比如，1930 年 12 月，比利时发生马斯河谷烟雾事件；1948 年 10 月，美国发生多诺拉镇烟雾事件；1952 年 12 月，伦敦发生烟雾事件；第二次世界大战后，每年 5—10 月，美国洛杉矶发生光化学烟雾事件；1952—1972 年，日本间断发生水俣病事件；1931—1972 年，日本富山间断发生骨痛病事件；1961—1970 年，日本四日市间断发生的气喘病事件；1968 年 3—8 月，日本发生米糠油事件。以上这"八大公害事件"让世界各国民众饱受环境污染所带来的折磨与苦痛；同时，也让民众意识到绿色文化发展的重要性，于是欧美发达国家民众率先自发地掀起了绿色运动。早期的绿色运动是以民众街头游行示威为主要形式，将世界各地的绿色运动者组织起来，反对和阻止政府、企业或个人破坏生态的行为。同时舆论媒体的加入为这场自发的绿色运动增添了轰轰烈烈的气势。

（二）政党绿色行动

随着环境问题日益成为阻碍各国发展的主要因素，同时也随着民间

---

① 《习近平谈治国理政》，外文出版社 2014 年版，第 211—212 页。
② 习近平：《决胜全面建成小康社会　夺取新时代中国特色社会主义伟大胜利——在中国共产党第十九次全国代表大会上的报告》，人民出版社 2017 年版，第 50 页。

自发绿色运动的兴起，世界各国在国家政治层面随之做出相应的绿色回应。绿色政治的兴起，以绿党作为独立的政治力量登上历史舞台为标志。1972 年，新西兰价值党成为世界上第一个绿党；紧随其后，欧洲大陆上各个国家的绿党纷纷成立。1973 年，英国人民党成立，成为欧洲大陆最早的绿党，它于 1985 年改名为英国绿党；1979 年，德国绿党成立；1984 年 1 月，西欧国家绿党联合组织——欧洲绿党成立；1993 年，欧洲绿党发布纲领性文件：《欧洲绿党联盟指导性原则》，正式提出了绿党的政治主张，即建立生态发展、共同安全机制和新的民主观的社会。各国绿党在这一价值主张下，积极采取行动推动绿色文化发展。例如在经济上，绿党采取严格的环保措施，主张优化经济发展结构，按需生产等；在政治上，绿党保护更广泛的民主权利，主张男女平等，关注和保障移民权利等；在外交上，绿党坚持和平外交，主张非暴力。

第三节　当代绿色文化传播

绿色文化是生态文化的核心，也是生态意识的最高表现形式。绿色文化既不是自发形成的，也不是从异质文化中直接移植或复制而来的，而是人类通过将人与自然相处的智慧融入不同时期的文明发展之中，被世代所强有力地继承和传播，从而由最初的个别绿色意识到群体的绿色自觉与绿色行动，再到世界性的绿色文化实践与追求。在这一过程中绿色文化的内涵不断得到丰富并赢得当代人类认同。

一　绿色文化传播的原则

为了能够在人类进入生态文明发展时期将传播绿色文化这一目标落到实处，建构起关乎人类命运的绿色文化发展体系，保证绿色文化在实现"三大和谐"中发挥作用，使绿色文化从理论到实践，成为生态文明建设的价值导向与行为遵循，真正实现人与自然、人与人、人与社会和谐共生、良性循环、全面发展、持续繁荣，我们应在建构当代绿色文化体系，传播绿色文化的过程中，注意准确把握绿色文化的内涵要义，遵循"三大和谐"发展规律，正确处理以下几种关系，掌握传播绿色文化的指导原则，促进绿色文化纵横传播，将绿色文化融入人们的思想和实践深处。

（一）传统性与时代性统一原则

绿色文化既是一种有着历史积累和沉淀的文化，又是一种随着时代发展而不断丰富的文化。传播绿色文化必须坚持传统与现代、传承与创新相结合。中国传统文化中蕴含十分丰富的绿色文化智慧，随着人与自然关系在当代的演变，人们对绿色文化的发展又提出了新的要求。弘扬绿色文化传统与赋予绿色文化时代性是有机统一的，尤其在生态文明发展时期，更是如此。弘扬绿色文化传统，就是要对已有的绿色文化采取恰当理性的态度选择吸收，既反对全盘否定中国传统文化中的绿色智慧，又反对盲目照搬绿色传统的做法。当前，有些人主张在生态文明建设方面全面回归中国古代的绿色生态观；也有人基于当下的思想观念审视传统，全盘否定古代人的绿色文化智慧。实际上，传统文化中所蕴含的绿色智慧能够为当代绿色文化发展提供深厚的历史底蕴。当然也要明白，在中国绿色文化传统中，遗留了不少不合时宜的内容，因此，我们要在绿色文化传播中，批判地吸收绿色传统中有益成分或内容。赋予绿色文化时代性，就需要立足当前，确立绿色文化发展的时代特点，在时代的深刻实践中认识绿色文化，并自觉倡导绿色文化，使绿色文化发挥其应对"三大危机"的积极作用。

（二）民族性与世界性统一原则

在全球环境问题日益突出，人类生存环境日益恶化的背景下，传播绿色文化应增强人们对中华民族五千年来绿色文化传统的认同感，同时也要加强文化互鉴。无论是在历史时期，还是在当代，中华民族在绿色文化发展方面积累了丰硕成果。中国作为世界上人口最多、历史文明最悠久的国家，同时也作为经济快速发展影响力日益扩大的发展中国家，率先提出建设"生态文明"，提出"两山理论"，发动绿色革命，引领绿色文明潮流，探索一条中国特色的绿色文化发展道路。我们应该发扬本民族绿色文化优秀传统，同时吸收其他国家绿色文化的优秀成果。其实，绿色文化发展是时代所趋，也是全球所需，它本身就是一种开放的、包容的文化。中国只有在传承自身绿色文化精神的基础上，广泛开展对外交流，才能迎来新的发展机会，使绿色文化焕发新的生机与活力。当今世界，人与人、人与自然、人与社会的冲突所带来的影响经常波及全球，在全球性生态危机面前，世界各国在政策、制度等方面，共商对策，相互协同，积极应对，这实际上是一种推进文化交融，有效保卫人类共同家园的路径，也有助于促进绿色文化的世界性传播。

（三）理论性与实践性相统一原则

传播绿色文化，必须把深厚的绿色情结与务实的实践行动结合起来。绿色文化显示着人与自然和谐共处、相融相生的精神价值，展示着人类在处理诸多关系中的至高智慧。中国绿色文化发展根植于民族文化土壤，且只有其文化精神延伸为生态文明发展的实际行动时，绿色文化传播的理想目标才能得以实现。绿色文化是人们认识和改造自然、社会实践中的精神结晶，它贯穿于中华民族历史进程之中。古人已为我们探索了诸多人与自然和谐共处的理论模式，我们要深刻理解和把握民族历史中形成的绿色实践与文化精神，同时，还要把握新时代践行绿色文化的要求与趋势，从实际出发，将绿色文化理论内化于心，外化于行。

二 绿色文化传播的路径

传播绿色文化是一项社会工程，其关键点是立足于生态文明建设，科学有效地将绿色文化贯穿于各个环节、采用多种形式有效地传播绿色价值理念，形成绿色文化的行动自觉，为我们探索科学的绿色文化传播提供有效途径。

（一）在价值层面：促进绿色价值观传播

绿色文化本质上是化解人类发展进程中诸多危机的文化方案，它是建立在人与人、人与自然、人与自身和谐的基础之上的。人的因素始终贯穿绿色文化发展的全方位、全过程之中，因此，传播绿色文化要坚持从"人"出发，以人为本。全球性生态危机的出现，提醒人们在宏观层面发展绿色经济、绿色政治、绿色文化，在微观层面实现民众的绿色思想观念和绿色生活方式转换，让整个社会在绿色文化引领下，朝着有利于人类的方向发展。在这一系列举措中，使绿色文化价值观入脑、入心、入行，这是根本的保障。树立价值观是文化传播的核心目标，也是整个社会能够顺利进步的核心。树立绿色价值观，立足于生态文明建设和美丽中国建设，这是实现中华民族永续发展要求的时代课题。当下，面对澳大利亚山火带来的生态威胁，新型冠状肺炎疫情所带来的生态反思等情况，绿色价值观的培育与传播恰逢其时。绿色价值观是以尊重自然和保护自然为理念，以生存价值观、发展价值观、生态价值观为基础，以人类社会的科学发展、和谐发展、永续发展为目标，在使人们的思维和行为方式向绿色转变的同时，促使整个社会绿色文化蓬勃发展。建设生态文明和"美丽中国"，首先需要在全社会范围内普及绿色文化，让绿色出行、绿色消费、绿色生活成为社会风尚，让绿色生产、绿色科技、绿色经济成为生产力发展的新型动力，实现人的价值观和社会生产双向绿色转型升级。实现绿色文化价值观的传播可以从以下几方面着力。首先，在政策制定层面，要在中国顶层设计理念中注入绿色文化价值元素。面对全球性生态危机所带来的世界范围内思想文化的相互激荡，我们应该站在维护生态文明建设成果，激发绿色文化活力的角度，高度重视传播中国绿色文化，将绿色文化价值观融入整个国家发展战略的整体规划中，既是从国家层面对中国绿色文化发展提出规范和目标，也是对促进中国生态文明建设提供政策上的导向。其次，在宣传层面，要使绿色价值观成为全社会的共识。绿色文化的传播方式和手段要适应时代发展要求，注重方式多样化和实效性。通过宣讲、教育等方式，让绿色价值观进校园、进社区、进家庭、进乡村等，让绿色价值理念真正深入到民众的思想当中，促进整个社会以绿色价值观为引领，形成绿色社会风尚。最后，在国际交流上，促进绿色跨文化传播。文化是在交流互鉴中实现传播与创新发展的，我们应该在探索建立具有中国话语的绿色文化价值观的同时，积极促进绿色文化走出去，使其同国际倡导的绿色观念相互结合，始终站在时代前列。

（二）在实践层面：注重绿色文化传播实效

马克思主义实践观认为，实践是认识的起点，也是认识的归属，是全部认识的基础。当前，大众思想中的绿色价值观已经从初步萌芽发展到自觉推进阶段。传播绿色文化，既依赖于从国家宏观战略和微观主体两方面强化大众认识，又注重通过实践将绿色文化认知转化为国家行动、人民行动、社会行动。在全社会全方位展开绿色文化的实践，这既是促进绿色文化传播的起点，也是落脚点。

首先，在社会生产领域，促进绿色生产转型升级。绿色生产方式既是绿色文化在经济领域形态优化的最基础环节，也是促进世界范围内经济转型升级的革命性转变，更是中国乃至世界各国在发展中所要倡导的方向。绿色生产是将绿色理念贯穿于生产全过程，将生态化作为生产实践的内容与目标，它包含绿色生产资料、绿色生产形式、绿色生产过程、绿色产品产出等要素。绿色生产要素是从源头上促进经济发展绿色化的重要举措，将绿色科技引入绿色生产是实现经济发展绿色化的重要保障。

其次，在人们生活领域，倡导绿色生活风尚。纵观人类生活方式的演变史，从色彩意蕴的角度，我们可以将之归类为：黄色、黑色、绿色，其中，绿色生活方式是化解人与人、人与社会、人与自然矛盾的重要途径。绿色生活方式包括绿色出行、绿色消费、绿色互动等，其中，最主要的是绿色消费。"所谓绿色消费，是购买时至少一部分从环境、社会的角度进行的购买或非购买的行为。"① 绿色生活是在倡导人们在基本物质需求得到满足的前提下，更多地关注精神文明领域的获得，例如积极参与绿色行动、践行低碳生活、建设和谐人际关系等。这种绿色生活方式的转变，将会减少人们对生态环境资源的索取，促使人们的注意力转向非物质领域，这是满足人们对美好生活愿望的绿色文化价值意蕴。

最后，在文化建设领域，构建绿色文化体系。中国绿色文化发展历史底蕴深厚，但却未形成完备的文化体系，作为社会主义先进文化的一部分，绿色文化不仅代表着先进生产力的发展方向，更是昭示人类文明的走向。建构绿色文化体系，是新时代传播绿色文化的重要使命。首先，要以研助传，加大绿色文化的科研支持，在挖掘中国传统绿色文化的同时，加强绿色文化当代创新发展研究。其次，以研助产，推进绿色文化产学研结合。绿色文化体系建设成果要运用于绿色经济建设实践中，使经济生产与科研相结合，促使绿色文化渗透在绿色发展方式的始终，形成完善的绿色文化科学研究与开发体系。最后，以研立德，树立绿色伦理道德。研究构建绿色文化体系并与社会主义核心价值观培育相结合，以绿色文化涵养公民道德建设，结合多形式的绿色文化宣传与教育，使公众树立绿色伦理道德，最终推进整个国家的绿色文化事业发展。

---

① ［德］汉斯·彼得·马丁、哈拉尔特·舒曼：《全球化陷阱》，张世鹏等译，中央编译出版社 1998 年版，第 43 页。

第三章　江西绿色文化历史

江西素有"物华天宝，人杰地灵"的美誉，自然资源禀赋优异，人文底蕴深厚，积淀了丰富的绿色文化。自古以来，祖祖辈辈的江西人在与自然和谐相处过程中，形成了敬畏自然、节制欲望、珍惜资源的绿色文化传统。

第一节　江西绿色风俗传承

远古时期，人类处在社会发展的初级阶段，对自然环境的认识还不充分，敬畏自然、神话自然成为远古人类社会文化发展的主旋律；同时原始的生态环境保护思想也开始萌芽。美国人类学家罗伯特·F. 莫菲曾说过："当代原始社会是过去人类环境绝对的样本，在他们的文化中完全保持着人类早期阶段的习俗。"① 原始的中国古代生态环境保护思想是我们祖先在漫长的历史进化过程中不自觉地对人与自然关系逐渐认识的集中体现。在远古时期，人类一方面要努力摆脱大自然的压迫和束缚；另一方面，却由于人类自身力量及生产力水平的限制而不得不依靠大自然的恩赐，这种状况使得人类对自然环境产生一种敬畏，再发展到崇拜，其表现形式就是认为自然界的万物都具有自身的灵魂，"由于人类对自然之不理解和对自然克服之无力，于是便发生了一种歪曲的幻想，即包围于他们周围的自然物及自然现象，都是一些暗藏着幽灵的象

---

① ［美］罗伯特·F. 莫菲：《文化和社会人类学》，吴玫中译，中国文联出版公司1988年版，第153页。

征，于是一切万物都是神灵"①。在这种观念的支配下，古人逐渐确立了爱护自然和生命的行为准则，这就在一定程度上起到了保护生态的客观作用。随着社会的发展，古人对自然界的征服能力有所加强，对环境的认知逐步深化，于是万物有灵思想发展成为图腾崇拜。作为人类社会普遍存在的一种原始文化，图腾文化广泛存在于中国大地，图腾禁忌是图腾崇拜显著的表现形式，其中就蕴含着早期的生态环境保护思想。②如收藏在民间的南方部落首领蚩尤的画像，他面如牛首，背生双翅，就体现了牛图腾和鸟图腾的结合，体现了蚩尤部落对耕牛和鸟的敬畏和保护。

进入文明社会以后，农业生产已经有了很大发展，社会分工日益细密，人类可占有的生活资料储备日益充足，对生态环境的保护也日益引起人类的重视。中国古代对生态环境保护的记载肇端于西周，盛行于春秋战国。③ 在先秦时期，人们对生态环境的保护主要集中在以下四个方面：一是严禁破坏生态环境，禁止滥捕滥伐。《吕氏春秋·义赏》曰："竭泽而渔，岂不获得，而明年无鱼；焚薮为田，岂不获得，而明年无兽。"④《周礼·雍氏》载："禁山之为苑，泽之沉者。"注引郑司农云："不得擅为苑囿于山也，泽之沉者谓毒鱼及水虫之不属。"⑤ 人们严禁对生态环境进行超负荷的开采，倡导保护环境，可持续发展。二是节制对生物资源的利用。春秋战国时期，随着人口的日益增多，人类对自然环境的破坏不可避免，而且日益加剧，这就要求时人根据生物资源的特性与时序变迁，合理取用自然资源。《周礼·大司马》引郑注云："春田为蒐，夏田为苗，择取不孕任者，若治苗去不秀实者。"《礼记·月令》曰："季春之月，田猎罝罘罗罔毕翳，餧兽之药，毋出九门。孟夏之月，继长增高。毋有坏堕，毋起土功，毋发大众，毋伐大树。仲夏之月，令民毋艾蓝以染，毋烧灰，毋暴布。"又曰："树木方盛，乃命虞人，入山行木，毋有斩伐不可以兴土功。"⑥ 国家禁令都集中在春、夏两季实

---

① 翦伯赞：《先秦史》，北京大学出版社 1988 年版，第 52 页。

② 李金玉：《周秦时代生态环境保护的思想与实践研究》，博士学位论文，郑州大学，2006 年，第 19 页。

③ 郭仁成：《先秦时期的生态环境保护》，《求索》1990 年第 5 期。

④ 庄适选注，余炳毛校订：《吕氏春秋》，商务印书馆 2018 年版，第 54 页。

⑤ 徐正英、常佩雨译注：《周礼》，中华书局 2018 年版，第 78 页。

⑥ 胡平生、张萌译注：《礼记》，中华书局 2017 年版，第 763 页。

行，目的就是为了不妨害动植物的生长。《周礼·地官·山虞》曰："仲冬斩阳木。仲夏斩阴木。"引郑玄注云："阳木生山南者，阴木生山北者。"这说明当时已开始注意根据产地和木质的不同来决定开采森林资源的先后了。三是加强对野生物的管理。先秦很多国家都设有专门的官吏、出台专门的法规来强化对生态环境的保护。如鲁国设有"水虞"和"兽虞"两个官职，他们分管水陆野生动物。此外还有"林衡"（掌巡林麓之禁令）、"川衡"（掌巡川泽之禁令）、"泽虞"（掌国泽之政令）、"迹人"（掌邦田之地政）等均为该时期野生物的专职管理官吏。四是进行爱护自然生态的教育。人类出于利用自然环境的需要，逐渐产生爱护自然的心理和感情，久而久之，形成一种风俗习惯，自觉地对后代进行教育。这主要包括两个方面：其一，植树艺花，培育自然景观。如《诗经·小雅》载："荏染柔木，君子树之。"①《管子·权修》曰："十年之计，莫如树木。"②《楚辞·招魂》云："兰薄户树，琼木篱些。"③ 这样既能增加与自然环境的沟通，防止人类对自然的破坏，亦可美化居住环境，愉悦心情。其二，养鸟驯兽，爱护野生动物。人类对鸟兽的感情，由来已久，早在图腾崇拜之前，人类已经把野生动物视为良师益友，故《左传·昭公十七年》载，少皞氏以鸟名官④；《史记·五帝本纪》亦载黄帝"教熊罴貔貅貙虎，以与炎帝战于阪泉之野"。注引张守节正义云："言教士卒习战，以猛兽之名名之，用威敌也。"⑤ 我们从上述多种环保措施可以看到，先秦时期人们对自然界的认识，已经相当深刻，他们总结了许多可以有效保护生态环境、维持生态平衡的经验和措施，能够很好地保护自然，保护环境，促进人与自然和谐发展。

秦汉时期伴随着铁工具、牛耕的进一步普及和大一统封建帝国的建立，社会经济获得空前发展，出现了传统农业经济发展的第一个高峰，同时也不可避免地存在对生态环境造成破坏的问题。秦汉时期的环境问题，促使人们的环境意识不断加强，这成为当时注重保护环境的重要推力。另外，这也是统治者出于巩固统治、维护经济利益和追求享乐而采

---

① 王秀梅译注：《诗经》，中华书局2016年版，第154页。
② 黎翔凤：《管子校注》，中华书局2018年版，第375页。
③ 沈德鸿选注，瞿林江校订：《楚辞》，商务印书馆2018年版，第65页。
④ （春秋）左丘明撰，郭丹译注：《左传》，中华书局2016年版，第214页。
⑤ （汉）司马迁：《史记》卷1《五帝本纪》，中华书局1959年版，第156页。

取的某些措施。在土地资源保护方面，因地制宜，合理规划、安排土地用项，最大限度地发挥土地生产潜力。《商君书·算地篇》云："故为国任地者，山林居什一，薮泽居什一，溪谷流水居什一，都邑蹊道居什四。"汉代一些学者也极力主张因地制宜，合理安排土地用项。如《淮南子·齐俗训》云："水处者渔，山处者木，谷处者牧，陆处者农。"又云："肥硗高下，各因其宜，丘陵阪险，不生五谷者，以树竹木。"《论衡·量知篇》也说："地性生草，山性生木。如地种葵韭，山树枣栗，名曰美园茂林。"他们都主张按照土地本身的属性和特点科学地确立土地用途，宜农则农，宜林则林，宜牧则牧，宜渔则渔，合理使用土地。同时注意节约土地资源，严禁荒废耕地；精耕细作，保护耕地。在水资源保护方面，秦汉统治者对保护水资源也非常重视，设立职官进行管理。如《后汉书·百官志》云："凡郡县……有水池及鱼利多者置水官，主平水收渔税。"首先，禁止人为破坏水源。秦汉时期人们非常重视维护天然水域。如《吕氏春秋·仲春纪》云："无竭川泽，无漉陂池。"其次，积极开展治水活动，除害兴利。秦灭六国后，一方面"决通川防，夷去险阻"，打通战国时代各国以邻为壑的不合理堤防，使水资源得以合理利用；另一方面制定相关法律，规定："毋致……雍（壅）堤水。"最后，加强用水管理，防止水资源浪费。如西汉倪宽任左内史，为关中六辅渠"定水令，以广溉田"等。在森林保护方面，制定了保护林木的法规，各级统治者三令五申保护林木，在利用山林时非常重视"时禁"，以求林木资源能够长期利用。早在商鞅变法时，秦就提出"壹山林"，宣布国家对山林专管，封山育林。秦统一前，又订立了保护林木的专门法律。"春二月，毋敢伐材木山林……不夏月，毋敢夜草为灰，取生荔……到七月而纵之。"历史上不少最高统治者也一再强调坚持四时之禁。如西汉元帝黄龙三年，诏"有事勉之，毋犯四时之禁"[1]；光武帝刘秀也多次强调"吏民毋犯四时之禁"等。在野生动物保护方面，推行"时禁"，严禁捕杀幼小野生动物。如秦代《田律》规定："不夏月，毋敢……麛（卵）鷇，置（网），到七月而纵之。"也就是说，不到夏季，不得妄取鸟卵和捕杀幼鸟。反对滥捕野生动物，尤其是益鸟。东汉南方多虎，不少地方官吏坚决反对对它滥捕。如法雄为

---

① （汉）班固：《汉书》卷9《元帝纪》，中华书局1962年版，第238页。

南郡太守时提出"凡虎狼之在山林，犹人之居城市"。下令"其毁坏槛阱，不得妄捕山林"，结果人虎相安，老虎得到保护。在帝王的禁苑、陵园和名山胜迹等特殊资源保护方面，秦汉统治者也制定了相应的措施。如对苑囿园池实行严格封禁制度，不准毁坏其中一草一兽。如秦律规定："邑之纡（近）皂及它禁苑者，时毋敢将犬以之田。百姓犬入禁苑中而不追兽及捕兽者，勿敢杀；其追兽及捕兽者，杀之。"①帝王陵园作为重要的人文历史遗迹，当时也受到特别保护。如汉高祖十二年十二月，"诏曰：秦皇帝、楚隐王、魏安王、齐愍王、赵悼襄王，皆绝亡后。其与秦始皇帝守冢二十家，楚、魏、齐各十家，赵及魏公子亡忌各五家，令视其冢"②，对前代帝王及名人陵墓进行维护。在环境污染防治方面，秦汉政府也采取了许多积极有效的措施。如革新灶具，消除柴烟污染；洒水降尘，减轻道路灰尘；植树种草，净化空气；建立排污染系统，防止污染地下水源；重视垃圾清扫，严禁丢弃货物；开展灭虫除害，积极预防传染病；强调饮食卫生，反对食用不洁和变质的食物等。③

魏晋南北朝时期政局动荡不安，朝代更迭频繁，长期的战争使黄河流域的经济文化遭到严重破坏，生产凋敝，州郡萧条，城市成为丘墟，同时也导致生态的破坏和环境质量的下降；南方虽然相对较为安定，经济得到开发，然而在开发和发展的背后，由于历史的局限，特别是当时人们对自然改造认识不足，也不可避免地产生了生态破坏、大气污染等环境问题，所以当时各政权统治者都比较注意生态环境保护。因地制宜，合理规划安排土地用项，最大限度地发挥土地生产潜力，这一土地资源保护思想在魏晋南北朝时期得到进一步发展，当时的劳动人民在长期生产实践中总结出多样化的农作制就是合理利用土地的见证。《齐民要术》中记载了多种间、混作方式：林、粮间作有桑苗下"种绿豆、小豆"，"绕树散芜菁子"；蔬菜间作有"葱中亦种胡荽"等。水利灌溉事业是农业经济的命脉，直接影响农业收成，并且是农业生产力进步与否的重要标志之一。魏晋南北朝时期，由于农业生产发展的需要，这一时期水利资源的开发与保护受到重视，其特点：一是灌溉与漕运相结

---

① 睡虎地秦墓竹简整理小组编：《睡虎地秦墓竹简》，文物出版社1978年版，第112页。
② （汉）班固：《汉书》卷1下《高祖纪》，中华书局1962年版，第35页。
③ 倪根金：《秦汉环境保护初探》，《中国史研究》1996年第2期。

合；二是注意整顿治理故田及小型陂塘水利工程；三是重视水利设施的管理。如晋代刘颂为河内太守时，"郡界多公主水碓，遏塞流水，转为浸害，颂表罢之，百姓获其便利"①。与此同时，也有不少有识之士及统治者提出植树和保护森林的法令与措施。曹魏文帝时，郑浑为山阳、魏郡太守，"以郡下百姓苦乏木材，乃课榆为篱，并益种五果；榆皆成藩，五果丰实，入魏郡界，村落齐整如一，民得财足用饶"②。这种植树的效益既有经济的"民得财足用饶"，又有环境的"村落齐整如一"。《齐民要术》中还特别记述了种植酸枣、柳树和榆树作园篱的办法。魏晋南北朝时期对野生动物的保护也是很重视的。在皇帝的诏令中就有一些是关于禁止滥捕野生动物的内容。例如，北魏高宗和平四年八月诏曰："朕顺时畋猎，而从官杀获过度，既殚禽兽，乖不合围之义。其敕从官与典卫将校自今以后，不听滥杀。其畋获皮肉，别自颁赉。"③ 除上述自然环境保护的一些措施外，魏晋南北朝时期对因环境污染和破坏所引起的危害人们健康和生活的公害也采取了一些防治措施。④ 如病毒传染防治。这时对传染病、侵袭病已知道采取隔离、消毒等措施加以预防。当时宫中还建立了有关制度，《晋书·王彪之传》记载："永和末，多疾疫。旧制，朝臣家有时疾，染易三人以上者，身虽无病，百日不得入宫。至是，百官多列家疾，不入。"再据《肘后方》记载："赵瞿病癞，历年不差，家乃赍粮送于山空中。"这是将传染病人送往山中隔离的事例。这些隔离的做法，对阻止传染病蔓延起到一定作用，故为后世袭用。这一时期的生态学知识，也获得了进一步发展，人们就环境对动植物生长和发展的影响及生物之间的复杂关系，进行了深入的观察和研究。⑤

隋朝短祚，对生态环境的开发与保护记载不多。至唐代，进入中国传统社会的黄金时代。唐朝统治者吸取隋朝灭亡的历史教训，采取轻徭薄赋、以民为本、奖励农耕等政策，不仅出现了政治、经济上的繁荣盛世，而且在环境保护、植树造林、生物资源和水利资源利用、开发等方

① （唐）房玄龄等编：《晋书》卷46《刘颂传》，中华书局1974年版，第1542页。
② （西晋）陈寿：《三国志》卷16《魏书·郑浑传》，中华书局1959年版，第964页。
③ （北齐）魏收：《魏书》卷5《高宗文成帝纪》，中华书局1997年版，第547页。
④ 李丙寅：《略论魏晋南北朝时代的环境保护》，《史学月刊》1992年第1期。
⑤ 刘春香：《魏晋南北朝时期环境问题及环境保护》，《许昌师专学报》2002年第1期。

面也取得了很大成就。唐高祖李渊在公元 618 年建立唐朝后，即设虞部，隶属工部。其职贵"掌京城街巷种植山泽苑囿，草木薪炭，供顿田猎之事。凡采捕渔猎，必以其时。凡京兆、河南二都，其近为四郊，三百里皆不得弋猎采捕"①。唐朝在自然环境保护上，除采取上述措施外，还用法律保证其贯彻执行。《唐律疏议》规定："私马牛而杀者徒二年半。"为保护山林不受侵犯，在《杂律》里同时规定："诸占固山野破湖之利者杖六十""诸于山陵兆域内失火者徒二年，延烧林木者流二千里"。对于不按时烧野火者，施以"笞五十"的处罚。唐朝统治者除用法律保护山林、禽、兽、川泽、堤防水利、城市环境外，还特颁诏令保护自然环境，以补充法律的不足。如唐高宗咸亨四年五月诏令"禁作捕鱼、营圈取兽"②，唐玄宗开元三年二月令"禁断天下采捕鲤鱼"等。③唐代皇帝还颁布了植树绿化城市、保护城市环境的诏令。如唐玄宗开元十九年六月颁令："京、洛两都是维帝宅、街衢坊市固须修筑，城内不得穿掘为窑，烧造砖瓦，其有公私修造不得于街巷穿坑取土"④；开元二十八年春正月十三日，"令两京道路并种树"⑤ 等。唐前期由于建宫室、寺院、驿站，建造车船、置备用具等砍伐了大量树木，大有"木荒"之感，所以植树造林，保护森林资源引起朝野上下重视，并采取各种措施，如扩大庄园林木培育、宅旁庭院植树、山地育林、植行道树、修护岸林、建苑囿园林等。在生物资源利用与开发方面，唐代劳动人民在生产实践中认识到了生物间的食物链和天敌关系，并已应用到农业生产中，总结出了立体农业、生物治虫等经验，重视对引进动物的驯化和植物的培育，同时，大力兴修水利工程，从事水利资源开发、利用与保护。⑥ 在南昌地区，唐代的南昌人也注意到了对生态环境不良性状的改造和生态保护。如水土改造方面，唐代南昌一些地方官非常注意疏水排涝工作，进行水土改造。元和二年（807）江西观察使韦丹，"筑堤捍江长十二里，疏为斗门以走潦水，老幼泣而思之"⑦。南昌唐人还注意

① （后晋）刘昫：《旧唐书》志第 23《职官志》，中华书局 1975 年版，第 2378 页。
② （北宋）欧阳修等撰：《新唐书》卷 3《高宗纪》，中华书局 1975 年版，第 107 页。
③ （后晋）刘昫：《旧唐书》卷 8《玄宗纪》，中华书局 1975 年版，第 178 页。
④ （北宋）王溥：《唐会要》，中华书局 1955 年版，第 1458 页。
⑤ （北宋）王溥：《唐会要》，第 1460 页。
⑥ 刘华：《我国唐代环境保护情况述论》，《河北师范大学学报》1993 年第 2 期。
⑦ （唐）韩愈著，严昌校点：《韩愈集》，岳麓书社 2000 年版，第 46 页。

在湖边堤岸植树，据考证，东湖沿岸曾遍植垂柳，名曰万柳堤。在孺子亭下还建有放生池，池水数丈，对促进动物保护有一定的积极意义。①

两宋时，中国的生态环境一方面较前代有所改变；另一方面，宋人对生态环境的认识在前人的基础上又有更多的探索和拓展。宋代人对与人生哲学相关的生态问题，不仅有更广泛、系统的生态意识，而且提出了许多具体的保护生物资源的措施。宋人认为，"天人一体"不仅仅是一种认识，而且也是一种感受，是一种责任，是一种道德规范，人们应顺应、关心和保护天地万物，从而使人的自然生态意识与伦理道德观念合而为一。张载指出："乾称父而坤母；予兹藐焉，乃混然中处。故天地之塞吾其体；天地之帅吾其性。民吾同胞；物吾与也。"② 意思是说，天可称父，地可称母，天地是万物和人的父母，人是天地间万物之一员，天、地、人三者混然共处于宇宙之中。天地万物与人的本性都是一致的，故天地之性，就是人之性，所以人类是我的同胞，万物是我的朋友。在他看来，人的生命活动不仅有调整人与人之间相互关系的道德意义，而且有调整人与自然界之间关系的超道德意义，故人生的最高理想应是双重的："为天地立心，为生民立命，为往世继绝学，为万世开太平。"很明显，它包含了人与自然之间、人与人之间的双重和谐与平衡的内容。从而也反映出张载主张顺应自然，遵循"天道"，使人与自然之间始终处于和谐平衡的状态；同时顺应并遵循"四时行，百物生"的万物自我生育、荣枯，以及循环发生、发展与生生不息的客观规律。宋代社会的生产发展和富国富民的时代要求，使宋代统治者在关心农业生产、组织合理经营、保护生态平衡等方面，较其他朝代具有明显的进步。宋太祖很重视水土保持，建隆二年（961）"遣使度民田，课民种树，每县定民为五等，第一等种杂树百，每等减二十为差，桑枣半之。男女十岁以上，种韭一畦，阔一步长十步，乏井者邻伍共凿之"③，鼓励种树，并按财产多寡规定种植数额，按今天的话讲就是"绿化运动"，这对于副业生产和水土保持有积极作用。宋政府还用重刑法来保障这种"绿化运动"，规定"民伐桑枣为薪者罪之，剥桑三工以上，为

---

① 王福昌：《唐代南昌的生态环境》，《古今农业》2001 年第 3 期。
② （元）脱脱等撰：《宋史》卷 427《张载传》，中华书局 1977 年版，第 12724 页。
③ （元）脱脱等撰：《宋史》志第 126《食货志》，中华书局 1977 年版，第 4238 页。

首者死，从者流三千里；不满三工者减死配役，从者徒三年"①。这在当时是很重的处罚了。在保护自然资源与生态环境方面，宋真宗也是比较注重的，如他在大中祥符四年（1011）下诏："火田之禁，著在礼经。山林之间，合顺时令，其或昆虫未蛰，草木犹蕃，辄纵燎原，则伤生类。式遵旧制，以著常科，诸路州县舍田，并如乡土旧例外，自余焚烧野草，并须十月后方得纵火，并行路野宿人，所在检校无使延燔。"②这道诏令是要求人们不要在"昆虫未蛰，草木犹蕃的时候放火烧草，以免'伤生类'"。到十月以后，百木凋零，虫类冬眠方可放火，并应当注意放火时不要使之延燔。这是一道比较典型的保护生态环境的诏令。

元代设立了多种机构来对这些自然资源加以利用，通过课税的形式征收各地生产的土产品。由于长期采伐使得一些地区资源出现枯竭的现象，元代政府采取了禁止滥砍滥伐的政策和措施，对于一些可捕获的野生动物资源，特别规定了禁止捕猎的时间和区域，这在一定程度上起到了保护的作用。蒙古族对放牧草地的利用和保护十分关心，其对放牧地的选择是与自然的变化紧密联系在一起的，"迁就水草无常"，本质是出于草地利用的经济选择，但也正是其善于随环境变化而作调整的最好说明，可以让牲畜在不同季节皆能得到适宜的环境资源。传统的蒙古人对所生活草原中的草地形状、性质、草的长势、水利等都具有敏锐的观察力，长期的游牧生活让蒙古人与草原生态之间有了良好的互动，对于保护草原生态发挥了重要的作用。在 13 世纪初，铁木真统一了蒙古草原后，颁布了"大扎撒"这一蒙古族的第一部成文法，其中对于草原的保护规定相当严格，"保护草原，草绿后挖坑致使草原被损坏的，失火致使草原被烧的，对全家处死刑"。这是基于蒙古族对草原的依赖和其萨满教的信仰基础之上的，而类似的规定在入主中原后依然有所体现。除了保护草原之外，蒙古人在草原上进行的狩猎同样体现了其生态观念，对共处同一生态环境中的动物资源实行持续利用。在成吉思汗颁布的大扎撒中，规定"狩猎结束后，要对伤残的、幼小的和雌性的动物进行放生"③。在矿产资源保护方面，江西瑞州的蒙山银矿，南宋时已

① （元）脱脱等撰：《宋史》志第 126《食货志》，中华书局 1977 年版，第 4254 页。
② 《宋大诏令集》卷 182，中华书局 1962 年版，第 372 页。
③ 内蒙古典章法学与社会学研究所编：《〈成吉思汗法典〉及原论》，商务印书馆 2007 年版，第 5 页。

经开采五十余年，入元之后则继续开采，到至大年间已显枯竭之象，并且为了取得冶炼所需木炭，当地林木被大规模伐取，对当地环境产生恶劣的影响。忽必烈即位之后，"大新制作，立朝仪，造都邑，遂命刘秉忠、许衡酌古今之宜，定内外之官"①。相关的管理机构才逐渐建立起来，矿产资源开发也慢慢得到保护。在动物资源保护方面，元代不仅规定了禁猎期，还对狩猎的区域有所限制。蒙古高原上草原广布，野生动物繁多，为蒙古人的狩猎活动提供了充分的空间，包括成吉思汗在内的众多统治者曾经在这里驰骋打围。在可供采取的资源方面，朝廷同样有所限制，至元十三年（1276）江南归附之后，曾下令"所在州郡山林、河泊出产，除巨木、花果外，奸鱼、菱巧、柴薪等物，权免征税，许令贫民从便采取，货卖赈济"②。至大二年，开禁"除天鹅、鸂鶒外，听从民便采捕。"③ 此外，天鹅、鸂鶒等飞禽在正常情况下也在禁止打捕、买卖的范围内，违者会受到严重处罚。

明清民国时期，闽粤赣三边地区人民也在生产生活中产生并积累了颇为丰富的生态意识，并在实践中采取措施对环境加以保护。一是制定乡规民约，竖碑禁止。闽粤赣三边地区较早的乡规民约大约出现在明代。王阳明著名的"南赣乡约"就是在明中叶推行的。本地区生态保护的乡规民约大概也是出现在这一时期。据载，明嘉靖年间（1522—1566）粤东北大埔县何氏曾二次深入该县湖寮砍伐水源林，第一次是"伐木抄纸"，第二次是"招商伐木，煽炉专利"，结果是"山就童而泽缘涸，田粮荒害，民命不堪"，故而"士民黄裳、廖钦事、蓝田学、丘万古、廖见一、蓝继芬、罗宗铱、梁国器、蓝绪、张仕龙、蓝裳、罗文脯、梁国撰、罗子鹏、罗尚清等凡百令人，深惟此惧，具呈郡邑署"，最后，在官府的干预下比较圆满地解决了此事。④ 这就是大埔县历史上著名的"湖寮田山事件"。从历朝编修的地方志记载来看，清和民国时期各县都有一些生态保护的乡规民约和碑刻。赣东南，《安远县志》

---

① （明）宋濂等撰：《元史》志第 35《百官志》，中华书局 2000 年版，第 1365 页。
② 陈高华等点校：《元典章》卷 3《圣政卷之二·赈饥篇》，中华书局 2011 年版，第 101 页。
③ 《元典章》卷 3《圣政卷之二·赈饥篇》，第 103 页。
④ 参见肖文评《明末清初粤东北的山林开发与环境保护——以大埔县〈湖寮田山记〉研究为中心》，《古今农业》2005 年第 1 期。

载，乾隆九年（1744），长沙堡乡民联名镌立《严禁梓桐碑》一块，规定"一禁毋许桐梓山内强检桐梓树枝，一禁毋许横砍松杉竹木等物"。清末，上镰坊乌队孔、雷、吴、萧、钟、陈、刘、赖、孙、李集资成立禁山会，管理当地森林。民国时期，凡有山林的乡、村均成立宗族或自然村禁山会，订立封禁山林的乡规民约，管护其族、村所有的水源林、护岸林、"后龙树"、"水口树"和桐梓。① 生态保护乡规民约以及碑刻的内容主要是对山林的保护，包括一般的森林和水源林、行道树、风水林、坟山林、寺庙林。其生态效益比较好，如大埔县何氏一族至乾隆十七年（1752），"一抔之土，茂林修竹，蔚然深秀，一望无际"，主要就是何氏家族利用乡规民约进行规范管理。② 又如兴宁县四履千山屏列，其间或叠壁嶙峋处皆"林木青茜"，这也是因为民间"樵苏有禁"才得以保存的。民间性乡规民约甚至到现在都还有很大的约束力，如赣南的风水林，按照当地的乡规民约，谁都不能染指，若有人砍伐，民众便会群起而制止。这也是为什么闽粤赣三边地区部分森林尚能保存完好的一个重要原因。二是植树造林，防止水土流失。森林能够涵养水源，保持水土，调节气候，它是山地丘陵地区生态系统的中心。明清民国时期闽粤赣三边地区人们对此已颇有认识，如光绪《嘉应州志》卷4《山川》载："柯树塘，在李坑堡，一连五口，四面皆山，树木愈盛茂则泉虽早年不竭。"可知赣东南瑞金县人们将当地柯树塘水源不竭的现象归之为树木盛茂。明清以来，闽粤赣三边地区经济开发的力度一步一步升级，对生态环境的破坏亦一步一步加剧。有意思的是，闽粤赣三边地区人们对生态环境的保护也一步一步地得到加强，这体现在环境保护的力量上，即参与者的面不断扩大，地方官府、乡族势力和民间宗教组织都参与进来，相互配合。

民国时期，随着国家权力的扩张和对基层社会的渗透，政府在植树造林和封山育林中发挥的作用更大。国民政府设有专门的林业部门管理林业，"凡国内山林，除已属民有者，由民间自营，并责成地方官监督保护外，均定为国有，由部直接管理，仍仰各该地方官，就近保护，严

① 安远县志编撰委员会：《安远县志》，新华出版社1993年版，第292—294、588页。
② 肖文评：《明末清初粤东北的山林开发与环境保护——以大埔县〈湖寮田山记〉研究为中心》，《古今农业》2005年第1期。

禁私伐"①，并令各省道尹，设立道苗圃一所，专司育苗。在这一背景下，闽粤赣三边地区各县普遍设立了苗圃。民国三十五年（1946），安远县政府颁布《禁山会准则》，翌年公布《乡镇森林保护协会模范章程》；民国三十七年（1949）颁布《禁山会组织章程草案》等。②

新中国成立后，江西绿色经济以鄱阳湖流域为中心，积极推进经济与环境保护的可持续发展，通过科学综合考察、成立流域综合管理机构、制定和实施流域管理规划、建立和完善鄱阳湖流域管理的法律与法规、探索发展模式和开发人力资源等手段，实现鄱阳湖流域可持续管理，保护鄱阳湖"一湖清水"。1983—1988年，江西省人民政府组织省内科技人员，进行"鄱阳湖区综合科学考察"、"赣江流域自然资源综合科学考察"和"赣南山区农业自然资源综合考察"三次大规模跨学科、跨部门、跨地区的综合科学考察。综合科学考察查清了鄱阳湖及其流域国土资源及生态环境状况，解决了一些长期争论不休的问题，形成了鄱阳湖流域开发整治的基本共识，为合理开发、利用、治理、保护鄱阳湖流域提供了科学依据。针对鄱阳湖流域的生态环境变化与资源开发中存在的问题，江西省根据国家有关环境保护和资源开发政策法规，加大了建章立制力度，先后制定了一系列适合本地区特点的地方性法规与条例，如《江西省公民义务植树条例》《矿产资源开采管理条例》《矿产资源补偿费征收管理办法》《江西省鄱阳湖自然保护区候鸟保护规定》《江西省渔业许可证、渔船牌照实施办法》《关于制止酷渔滥捕、保护增殖鄱阳湖渔业资源的命令》《江西省环境污染防治条例》《江西省征收排污费办法》《江西省建设项目环境保护条例》和《江西省鄱阳湖湿地保护条例》等，确保鄱阳湖流域资源开发和生态环境保护有法可依。③

江西实施可持续、绿色发展战略离不开环境保护；否则，可持续发展就是空谈。首先，环境与发展密不可分。环境问题产生于经济活动过程之中，同时又解决于经济活动过程之中。近年来，江西在发展经济的

① 转引自杜正贞《晚清民国山林所有权的获得与证明——浙江龙泉县与建德县的比较研究》，《近代史研究》2017年第4期。
② 安远县志编撰委员会：《安远县志》，新华出版社1993年版，第294页。
③ 鄢帮有、严玉平：《新中国60年来鄱阳湖的生态环境变迁与生态经济区可持续发展探析》，《鄱阳湖学刊》2009年第2期。

同时所带来的环境问题有目共睹，比如，城市的发展也带来了汽车尾气、噪声污染和垃圾围城等现象；乡镇企业的兴起导致流域水环境污染加剧等。要解决这些环境问题，就必须建立在发展经济基础之上，依靠经济实力来治理污染，这是一个相辅相成的关系。其次，环境保护的目的是保证发展。经济发展要以保护环境为条件，自然环境系统的物流、能流是经济系统的物流、能流的来源，环境系统的生产力是社会劳动生产率和价值增值的基础，只有环境系统源源不断地为经济系统提供物质和能量，才能使经济增长成为可能。最后，环保投资，效益是长远的。治理污染，保护环境，确实要占用本来就紧缺的资金，但这些资金绝不是被浪费，它对经济的不利影响是暂时的，收益却是长远的。环境的改善既可以提高生活质量，又有利于生产力的提高。江西经济的腾飞必须建立在良好的环境基础之上，江西绿色文化的构建也必须以自古以来所保持的优良环保意识为前提，最终实现经济效益、社会效益和环境效益三者的和谐统一。①

第二节　江西绿色理念创新

党的十八届五中全会提出实现"十三五"时期发展目标，破解发展难题，厚植发展优势，必须牢固树立创新、协调、绿色、开放、共享的发展理念。坚持绿色发展理念，引领中国走向永续发展、文明发展新道路。应该看到，生态环境问题已成为中国全面建成小康社会进程中必须解决的问题。党和国家高度重视生态问题，绿色发展理念标志着我们党对经济社会发展规律的认识达到一个新高度。2005 年，习近平总书记正式提出"绿水青山就是金山银山"（下称"两山论"）这一重要论断，此后在党的十八大、十九大等重要会议上多次提到"两山论"。②"两山论"对中国生态文明理论与实践具有重要的指导作用。作为生态文明试验区之一的江西省具有良好的自然禀赋和生态要素。2016 年 2 月，习近平总书记在江西视察时指出，绿色生态是江西最大财富、最大优势和

---

① 张莉、崔新平：《江西环境保护与可持续发展》，《环境与开发》1999 年第 4 期。

② 虞新胜：《习近平绿色发展思想在江西的实践研究》，《东华理工大学学报》（哲学社会科学版）2019 年第 4 期。

最大品牌。习近平总书记在讲话中充分肯定了党的十八大以来江西各项工作取得的成绩，深刻阐述了事关江西全局和长远发展的一系列重大问题，对江西工作提出新的希望和"四个坚持"的更高要求。总书记的重要讲话，全面体现了五大发展理念，为江西努力走向绿色发展新路提供了总方针和总遵循。

习近平总书记指出，绿色生态是江西最大财富、最大优势、最大品牌，一定要保护好，做好治山理水、显山露水的文章，走出一条经济发展和生态文明水平提高相辅相成、相得益彰的路子。习近平总书记提出打造生态文明建设的"江西样板"，进一步提出打造美丽中国的"江西样板"，赋予江西更大的责任、更高的期许。我们要坚决落实习近平总书记提出的打造美丽中国"江西样板"的更高要求，推动生态文明建设与经济发展协同共进，生态文明建设与产业转型协同共进，生态文明建设与新型城镇化新农村建设协同共进，生态文明建设与民生幸福协同共进，生态文明建设与提高社会治理体系和治理能力现代化协同共进，保持定力、持之以恒，深入推进生态文明先行示范区建设，在保护生态环境、发展绿色产业、完善绿色制度、弘扬绿色文化上打造样板，努力为建设美丽中国做出更大贡献。[①]

在习近平总书记"绿色发展"理念指导下，江西省第十四次党代会报告提出，要充分发挥绿色生态这个最大优势，打造美丽中国"江西样板"，加快绿色崛起。江西绿色崛起方针的提出，延续了"科学发展——绿色发展——绿色崛起"的脉络，绿色崛起既遵循了"绿色发展"的理念，又契合了江西新时期发展的历史机遇。在绿色崛起的进程中，江西取得了一系列成绩，但是由于发展基础的差异，江西在绿色崛起中依然存在短板：在绿色实践上，行动还滞后于理念；在发展导向上，面临经济平稳增长压力；在生态保护上，环境容量压力持续加大；在产业层次上，绿色产业比重不高；在生态机制上，探索创新主动性不够。省委主要领导强调："当前及今后一个时期是我省绿色发展的关键时期，绿色崛起进入了由量变到质变的新阶段。"[②] 在这个新阶段，江

① 朱虹：《以新发展理念引领绿色发展新路——学习习近平总书记视察江西重要讲话精神的体会》，《江西社会科学》2016 年第 5 期。
② 鄢玫、王金海、姚文滨：《新时代江西如何推进绿色发展》，《江西日报》2017 年 12 月 27 日第 B2 版。

西应在生态质量得到提升、生态优势加快转化、生态机制更加完善的基础上，发挥现代财政在促进绿色发展中的治理功能，加快我省绿色崛起。

一是以保护自然力为主，坚持"节约优先、保护优先、自然恢复优先"的保护理念。首先，坚持规划先行。2016 年，江西省政府制定《江西省生态空间保护红线区划》，将全省生态空间保护区别为水源涵养区、土壤保护区、生物多样性保护区和洪水调蓄区。通过生态空间保护红线划定，形成了满足生产、生活和生态空间基本需要的生态空间保护红线分布格局，确保自然资源的保护。其次，以山水林田湖草为共同体，进行综合性治理。江西人民按照习近平总书记"人的命脉在田，田的命脉在水，水的命脉在山，山的命脉在土，土的命脉在树"① 的理念，践行山水林田湖草生命共同体理念，坚持"立足生态、着眼经济、系统开发、综合治理"的方针，探索出大湖流域生态、经济、社会协调发展新模式。突出生命共同体的完整性，综合运用经济、技术和行政等多种手段，对山上山下、陆地水面以及流域上下游进行整体保护、系统修复、综合治理，提升生态功能。在尊重不同地域的生态禀赋，尊重各地自然特征基础上进行多样化保护。如赣南脐橙产业保护不同于赣东蜜桔产业保护，山上的发展模式不同于山下的发展模式，湖面保护不同于河流上游保护，等等。这就要求人们因地制宜，寻找适宜当地环境保护和利用的方式。不少地方通过"砍树"变"看树"，"林区"变"景区"，发展旅游经济，搞绿色种养，找到一条建设生态文明和发展经济相得益彰的致富路子。

二是大力发展绿色产业，做好自然力的转换。首先，坚持"减量化、再利用、资源化"，实现新旧动能转换。江西以新旧动能转换为抓手，发展新能源，减少化石能源的使用。在节能降耗上做"减法"，在绿色动能上做"加法"，优化产业结构，大力发展循环经济，低碳产业，实现以新能源、新材料为主的动能转换。其次，以环境容量和承载能力为依据，重点加快经济结构的转型。江西在依赖生态要素促进发展方面取得了较好的成绩。在农业方面，紧紧抓住生态有机农业和生态旅

---

① 中共中央文献研究室：《习近平关于社会主义生态文明建设论述摘编》，中央文献出版社 2017 年版，第 47 页。

游不放松，进一步夯实优势特色农业和生态旅游服务业。最后，加强绿色技术支撑，发展循环经济。江西在绿色技术方面具有先进性，突出体现为农业生产重视"猪—沼—果"综合利用技术，采用"开挖竹节水平沟"技术，推广生物防虫灭虫技术，加强"山顶戴帽，预留隔离带"的果树防病虫技术。在农村，农民采用稻田套养模式，做到有机肥替代化肥和水产养殖污染无害化循环利用等。在土地污染治理中，采取吸附、解吸等化学—生物办法进行迁移转化，使得土地重金属成分重回到安全阈值，等等。在工业区内，逐步形成企业小循环、园中中循环、社会大循环三个层次的循环经济发展方式，这都充分体现了生态保护过程中的绿色技术取向。

江西旅游资源丰富，特别是习近平总书记多次对江西生态环境和自然美景给予高度肯定。2019 年 5 月，习近平总书记在视察江西的讲话中又引用了多位诗人赞美江西的绝句，吟诵了毛主席的多篇诗词，还讲了"庐山天下悠、三清天下秀、龙虎天下绝"①，亲自为江西旅游做了最大的广告。2020 年，江西省旅发委发布信息，春节期间，江西旅游总收入、接待游客人数同比增长 44.75%、38.62%，增幅均居全国第一位。我们一定要珍惜习近平总书记给江西旅游业发展带来的宝贵机遇，进一步丰富"江西风景独好"品牌，提升江西旅游吸引力和整体品质，打造全国领先、国际知名的旅游目的地。

三是坚持制度规范先行，为绿水青山转化"保驾护航"。首先要做到的就是创新考核评价机制，树立正确的政绩观。江西在考核评价和责任追究制度上大胆先行先试。2017 年制定《江西省党政领导干部生态环境损害责任追究实施细则（试行）》和《江西省生态文明建设目标考核办法（试行）》，对领导干部每年进行一次绿色发展指标评价，每两年进行一次生态文明建设考核，对领导干部试行生态环境损害责任终身追究制。对于生态环境保护方面失职渎职者进行问责和查处。通过领导干部自然资源资产离任审计以及领导干部环境损害责任追究制度，进一步树立"绿色政绩观"。在保护与治理制度体系方面，构建严格的环境

---

① 《新闻办就江西省"感恩奋进再出发　描绘江西新画卷"有关情况举行发布会》，中央人民政府网，http://www.gov.cn/xinwen/2019－08/19/contont_ 5422329.htm。

保护监管体系，铁腕守护绿水青山。2017年江西省人民政府办公厅出台《江西省生态环境监测网络建设实施方案》，通过"生态云"大数据平台，构建统一规范、布局合理、覆盖全面的生态环境监测网络，为环境保护与检测提供技术支持。在生态产品价值实现中，江西注重发挥市场体制机制作用，使其为自然资源配置保驾护航。江西省制定《江西省编制自然资源资产负债表试点方案》，对土地资源、林木资源和水资源进行核算试点，开展编制自然资源资产负债表的试点工作。同时，开展林权制度改革试点，引导社会资本进入生态保护领域，加快培育生态市场主体。建立覆盖所有重点流域的生态补偿机制，形成能体现生态环境保护价值的制度体系。

2018—2020年，江西抓住全境列入国家生态文明先行示范区建设的重大契机，积极探索生态环境保护的长效机制，构建生态文明制度体系。2016年，江西在全国率先实现了覆盖全境的流域生态补偿，建立了覆盖"五河一湖"和长江江西段县（市、区）级以上三级"河长制"，启动了生态、水资源、耕地等"三条线"划定工作，推动了环境污染强制责任保险改革，等等。下一步，要继续在生态文明制度体系上进行完善，加强重点生态功能区建设，严守生态红线，建立多元化生态补偿机制，健全科学化的考核评价机制，编制自然资源资产负债表，建立健全领导干部任期生态文明责任制度、自然资源资产和环境责任离任审计和生态环境损害责任终身追究制，建立覆盖全省的"河长制"①。

牢固树立绿色发展理念，建设生态文明，这既是江西当前发展的根本要求，更是江西未来发展的必由之路。我们要深入学习贯彻习近平总书记重要讲话和十八届五中全会精神，当好全国生态文明排头兵、绿色发展先行者，以改革创新的精神，以攻坚克难的勇气，以实干兴赣的作风，深入推进生态文明先行示范区建设，加快绿色崛起步伐，走出一条具有江西特色的绿色发展之路②。

---

① 以上三点参见朱虹《以新发展理念引领绿色发展新路——学习习近平总书记视察江西重要讲话精神的体会》，《江西社会科学》2016年第5期；虞新胜：《习近平绿色发展思想在江西的实践研究》，《东华理工大学学报》（哲学社会科学版）2019年第4期。

② 刘兵：《绿色发展理念助力江西绿色崛起》，《鄱阳湖学刊》2015年第6期。

第三节　江西绿色发展实践

　　江西山清水秀，风景独好。改革开放以来，江西历届省委、省政府始终坚持"既要金山银山，更要绿水青山"的绿色发展理念，积极探索经济发展与生态保护协调统一、人与自然和谐相处的发展道路，先后实施了一系列重大战略和举措，取得了令人瞩目的发展成就。20 世纪80 年代始，江西就大力实施"山江湖"工程，提出"治湖必先治江、治江必先治山、治山必先治贫"的思路，拉开了新时期全省生态建设的大幕。1983 年初，针对全省出现的乱砍滥伐、毁林种粮、水土流失等严重生态环境问题，江西省在国家计委、国家科委等部委的大力支持下，启动了"鄱阳湖综合考察与治理研究"项目，旨在对以鄱阳湖为"中心"的全省生态环境问题进行综合考察和调查研究。1985 年初，江西省委、省政府决定启动"江西山江湖开发治理工程"（简称"山江湖"工程），明确了"治湖必须治江、治江必须治山""坚持流域综合治理、系统开发""治山治水必须治穷脱贫，经济发展与环境保护协调统一"的流域综合开发治理基本原则，编制了《江西省山江湖开发治理总体规划纲要》。1991 年 12 月 18 日，经江西省人大常委会审议并通过《江西省山江湖开发治理总体规划纲要》。1996 年 2 月，"山江湖"工程成为《江西省经济社会发展"九五"计划和 2010 年远景目标纲要》的重要组成部分，是江西省委、省政府关于生态建设重大决策的现实依据。1997 年 6 月，国家科委和国家计委联合在江西召开"山江湖"工程经验交流会，向全国推介"山江湖"的做法和经验。1998 年以后，江西省委、省政府又提出生态经济发展战略，把发展重点放在"以生态农业为主的现代农业，以有机食品为主的食品工业，以生态旅游为主的旅游业"上面。2001 年 2 月，江西省委、省政府进一步提出"生态经济战略是江西 21 世纪发展的必然选择"。2003 年 3 月，江西省委、省政府强调江西"既要金山银山，更要绿水青山"。2005 年 12 月 17 日，中共江西省委十一届十次全体会议审议通过了《中共江西省委关于制定全省国民经济和社会发展第十一个五年规划的建议》和《中共江西省委常委会 2005 年度工作报告》，会议首次明确提出"绿色生态江西"是江西今后发展的重要目标之一。2006 年 12 月，召开江西省第十二次党代会，确立"生态立省、绿色发展"战略。2009年12月12日，国务院正式批复《鄱阳湖生态经济区规划》。2012年11月8日召开的党的十八大，做出了"推进生态文明、建设美丽中国"的重大战略部署。2013年7月22日，在中共江西省委十三届七次全会上，省委书记强卫指出，"当前和今后一个时期，全省发展，奋力迈出'发展升级、小康提速、绿色崛起、实干兴赣'"的"十六字方针"，全力推进生态文明建设。2014年11月21日，国家发改委、财政部、国土资源部、水利部、农业部、国家林业局等六部委批复《江西省生态文明先行示范区建设实施方案》。2015年1月31日，江西省十二届人大四次会议通过《关于全力推进生态文明先行示范区建设的决议》。2015年3月6日，习近平总书记充分肯定并勉励江西省委、省政府按照国家对江西生态文明先行示范区建设的总体要求，走出一条经济发展和生态文明相辅相成、相得益彰的路子，打造生态文明建设的江西样板。近年来，全省着力推进生态与经济不断融合，绿色发展成效显著，发展基础进一步得到夯实。

2019年4月19日，江西省人民政府关于印发《新时代江西省非公有制经济五年发展规划（2019—2023年）》的通知，强调坚持绿色发展。文件指出，坚持打好污染防治攻坚战，积极引导非公有制企业节能、降耗和减排，引导非公有制企业提高资源能源利用效率、提升清洁生产水平，构建绿色生产长效机制，实现高效、清洁、低碳、循环发展；鼓励非公有制企业自主研发、采用新技术、新设备、新工艺、新材料、新标准等，提高质量、增加品种、降低消耗、提升效益；加快非公有制企业转型升级，大力发展生态农业、旅游、新能源、高端服务业等产业。文件要求，加快实施"绿色＋"工程[1]：一是科学构建绿色产业体系[2]，推进非公有制资本在绿色产业领域的投资布局，着力培育发展生态环保、大数据、电子信息、人工智能等绿色新兴产业和生态旅游、健康养老等绿色服务业；加大非公有制经济在有色、钢铁、电力、化工、建材等传统产业绿色化、循环化改造投入，加快传统产业绿色转型

---

① 汪晓莺等：《江西绿色文化发展方向研究》，《特区经济》2020年第10期。

② 戴星照等：《生态文明视阈下江西绿色崛起的路径思考》，《鄱阳湖学刊》2014年第5期。

发展；着力打造一批绿色产业投资运营平台和龙头企业，健全绿色产业服务体系，为绿色产业发展提供良好的外部环境；探索绿色服务业发展模式创新，加快制定鼓励绿色服务业的政策措施。二是完善绿色标准体系①，提高重点排放行业的标准水平，扩大实行节能减排降耗标准的行业范围，制定资源节约和循环利用的标准、能源资源综合利用效率和最终排放标准，动态调整行业绿色发展标准；将绿色产业研发投入纳入"绿色＋"标准体系，积极引导非公有制企业领导者和管理者树立绿色发展意识，将企业创新资源或要素融入到企业管理系统中，更加有效地实现绿色生产。三是推动清洁生产技术改造。② 这就要加强生产全周期管理，大力推广使用清洁能源和原料，从生产和服务的源头减少污染物的产生和排放；重点抓好高耗能、重污染行业及重大工程、项目的污染预防，逐步实现由末端治理向污染预防的转变；推动企业开发绿色产品、创建绿色工厂和矿山、建设绿色供应链，实现整体清洁生产和绿色发展；广泛开展建设"花园工厂"行动，重点推进建设绿色工厂，形成推进非公有制企业清洁生产的带动效应。四是提升资源循环利用水平，以减量化、再利用、资源化为原则，以资源节约、综合利用为重点，建立全面节约和高效利用的长效机制，大幅减少资源消耗、降低废物排放；加快推进节能减排、资源循环利用等绿色技术研发、咨询和技术推广，完善资源回收利用管理、能效管理、碳资产管理等；推动企业开展以生态设计、环境设计为核心的绿色设计，统筹考虑产品原材料选用、生产、销售、使用、回收、处理等各环节对资源环境的影响；运用工业互联网优化企业内部循环流程和生产流程，扎实推进一批重大循环经济项目建设，实现产品对能源资源消耗最低化、生态环境影响最小化、可再生率最大化。

一 绿色工业发展

绿色工业是指按照资源禀赋在最大范围内合理布局区域产业，充分运用科学技术，特别是新一代电子信息、自动化技术加快传统产业绿色

① 黄青：《让绿色标准成为建设"两型社会"的强大助推器》，《中国标准化》2009 年第6 期。
② 林建新：《清洁生产是实现节能减排的必然选择》，《中国经贸导刊》2007 年第 15 期。

改造升级，培育发展高端化、生态化的现代新兴产业，努力构建低碳循环的绿色工业体系，强化产品全生命周期绿色管理，推动工业经济效益最大化、工业发展环境代价最小化、工业资源消耗最合理化的一种新型工业发展模式。[①]

2014年3月，江西省出台《关于进一步加强协同创新提升企业创新能力的实施意见》（赣府发〔2014〕11号），就提升传统产业的技术水平和创新能力做出具体安排，提出政府相关部门要通过采取以奖代补、贷款贴息、创业投资引导等多种方式，来支持传统企业承接和采用新技术、新产品、新工艺。为促进企业迈向中高端，《关于进一步加强协同创新提升企业创新能力的实施意见》提出要选择重点培育对象一对一开展高新技术企业培育服务。2014年9月，江西省发改委、能源局等多部门联合出台《江西省能源行业加强大气污染防治工作方案》，明确将加强能源消费总量控制、逐步降低煤炭消费比重、提高清洁能源供应、转变能源发展方式等作为江西空气质量的重点任务。2014年5月，江西省专门出台《加快产业集群发展促进工业园区发展升级的意见》（赣府发〔2014〕9号），就加快江西产业集群发展提出"明确产业链延伸方向和发展重点，加快产业延链、补链、壮链，增强集群竞争优势，提高集群企业间配套率"，提出重点培育60个重点工业产业集群的发展任务和目标。2013年6月，江西省出台《深入实施工业强省战略加快推进新型工业化的意见》（赣府发〔2013〕15号），提出大力创建生态试点工业区，加快推进循环经济园区和污水处理厂建设。

在一系列绿色工业发展政策推动下，江西绿色工业发展取得了显著成效：首先，工业"三废"减排成效显著。2013年，江西工业废水排放总量为6.82亿吨，比2011年降低4.21%；2013年，江西工业废气排放总量15574亿立方米，比2011年减少528亿立方米；同年，江西一般工业固体废物综合利用率为55.72%，较2010年提升近10个百分点，综合利用水平提升明显。其次，工业资源综合利用水平大幅提升。2014年，江西省规模以上工业实现增加值6833.7亿元，比上年增长11.8%，万元增加值能耗0.75吨标准煤，比上年下降9.9%，降幅比

----

① 苏利阳等：《中国省级工业绿色发展评估》，《中国人口·资源与环境》2013年第8期。

上年扩大 4.6 个百分点。同年,江西省重点监测的 61 项单位产品能耗指标中,35 项同比下降,优化率为 57.4%。① 最后,工业能源消费持续走低。2019 年,火力发电量 1095.0 亿千瓦时,增长 2.4%;水力发电量 80.5 亿千瓦时,上升 20.7%;风力、太阳能、垃圾焚烧等新能源发电量 77.0 亿千瓦时,增长 12.4%。②

在推进江西绿色工业发展的举措方面,江西省委、省政府制定了一系列措施推动工业产业结构优化,提升工业绿色发展。

一是实施"一产一策",促进工业产业加快发展。制定和实施产业发展措施,出台相关规划意见,推动光伏、医药、电子信息、船舶、机器人及智能制造装备、节能环保、食品、烟草、信息消费等产业发展,积极推进区域工业资源整合。同时,积极推动产业对接合作,加强产业研究和行业管理,开展智能装备、LED、集成电路等高成长性产业研究,推动光伏、新能源汽车、钢铁、机械、轻工、化工、食品、建材、纺织等行业通过国家行业准入,完成工业企业淘汰落后产能任务,推动相关行业规范发展。

二是积极引导金融资源向战略性新兴产业配置,推动工业产业结构优化。措施要求采取投资与管理相分离的有限合伙方式,成立战略新兴产业发展引导基金;按照"政府引导、市场运作、科学决策、防范风险"原则进行管理,利用基金的杠杆作用,撬动更多的社会资本参与投资先进制造业、高新技术产业、现代服务业等,通过直接股权投资、设立子基金、投资其他新兴业态及成长型小微项目,支持战略性新兴产业发展。2018 年 4 月 2 日,省绿色金融改革创新工作领导小组召开第一次会议,省委常委、常务副省长、省绿色金融改革创新工作领导小组组长毛伟明主持会议并讲话。毛伟明指出,去年 6 月赣江新区绿色金融改革创新试验区获批以来,各地、各有关部门抢抓机遇、开拓创新,试验区建设取得了阶段性成效。顶层设计逐步完善,形成了远中近期结合和金融、财税、产业融合的绿色金融政策框架体系;金融机构加速集聚,已

---

① 姜玮、梁勇主编:《奋力打造生态文明建设的江西样板 绿色崛起干部读本》,江西人民出版社 2015 年版,第 23—26 页。

② 《江西生态环境质量稳居全国前列》,人民网,http://jx.people.com.cn/n2/2020/0606/c190181 - 34067508.html。

入驻银行业金融机构 12 家，各类分支机构和网点 76 个；金融市场快速发展，截至 2017 年末全省绿色贷款余额 1724 亿元，比上年增长 38.4%。省政府领导强调，发展绿色金融是推动我省科学发展、绿色发展的重要力量，要增强使命感、紧迫感，坚持目标导向、问题导向，着力深化绿色金融改革创新，努力形成可复制可推广的经验模式。要大力发展绿色信贷、绿色债券、绿色直接融资，培育壮大绿色金融市场；积极支持绿色生产和绿色消费，助力产业转型升级；加强人才队伍建设，切实防范金融风险，夯实绿色金融发展基础，确保我省绿色金融改革创新工作有特色、有亮点、有成效，为全国绿色金融改革创新提供"江西经验"①。

二　绿色农业发展

江西省围绕绿色农业发展出台了系列措施，保障农业生态发展、健康发展。《江西省绿色农业发展规划（2013—2020）》提出，各地要加大公共财政对绿色农业的支持力度，鼓励和引导各类社会资本规范有序进入绿色农业建设。同时，要加大绿色农业经营主体扶持力度，进一步落实《江西省绿色食品产业发展配套政策》的各项支持措施，重点扶持绿色农产品生产基地和加工企业的发展。围绕健全支撑体系，加快农业标准制修订进程，建立既有江西特点，又与国内外先进标准接轨的绿色农业标准化体系。同时，要探索政府、企业、科研机构协同创新的发展模式，研究开发适应市场需求的新技术、新产品，不断提高绿色农业的科技含量。围绕强化监督管理，提出要切实加强"三品一标"证后监管，按照"从农田到餐桌"全程质量控制的要求，强化产地环境、生产过程、投入品使用、质量检测的全程监管，加强农业投入品监督管理，严格生产过程管理，推动企业建立生产经营档案，强化对"三品一标"产品的监督抽查，严厉打击假冒、伪造、套用农产品认证标志行为。为保护生态环境，《江西省绿色农业发展规划（2013—2020 年）》提出，各地要把保护和改善生态环境作为发展绿色农业的基础工程，深入推进农业标准化、清洁化生产，防止造成农业面源污染，提高绿色农

① 张武明：《深化绿色金融改革创新 毛伟明主持领导小组会议》，凤凰网，https://jx.ifeng.com/a/20180404/6479767_0.shtml，2018 年 4 月 4 日。

业附加值。①

近年来江西绿色农业飞速发展，主要表现在以下三个方面。

一是绿色农业发展迅速。截至 2014 年底，江西绿色食品环境监测的绿色农业面积达到 941.02 万亩，位居全国第 9 位；绿色食品标准生产基地和面积分别为 41 个和 791.6 万亩，分别位居全国第 8 位和第 4 位；江西省共有 8 个国家有机食品生产基地，截至 2014 年 7 月初，江西省有机农产品认证产品有效数量为 265 个，均位居全国前 10。绿色农业企业规模迅速扩大。截至 2014 年底，江西省有效使用绿色食品标志农业企业总数达到 203 家，同比增长 11.54%。绿色农业产品数量迅速增加。截至 2014 年 12 月 15 日，江西省"三品一标"产品总数 2416 个（其中无公害农产品 1401 个、绿色食品 527 个、有机食品 423 个、农产品地理标志 65 个），净增 316 个，同比增长 15%。② 江西省不断创新绿色农业发展模式，形成了赣南"猪—沼—果（鱼、蔬等）"、高安"精品农业 + 产业群"、南昌县"生态休闲农业"等模式。

2020 年 5 月 13 日，省政府副省长胡强在省政府副秘书长宋雷鸣、省农业农村厅厅长胡汉平等陪同下，专程赴九江市调研小龙虾食品产业链和产业集群发展情况，并主持召开推进绿色食品产业链发展调研座谈会。胡强强调，各地、各有关部门要深入贯彻习近平总书记重要讲话精神，以实施产业链链长制为契机，加快发展绿色食品产业链，不断做大做强农业产业，推动农业高质量发展。要深刻认识发展绿色食品产业链的重要意义，在全球供应链中找准江西位置，把江西山清水秀的绿色生态优势，转化为经济发展的后发优势；通过绿色食品产业链，对接科技创新资源，着力与周边重要省市形成交通互联、产业互补、要素互融、成果共享的协作关系；依托绿色食品产业链为平台，全面梳理和掌握特色优势农产品产业链的重点企业、重点项目等情况，全方位做好"建链、补链、强链、延链"工作，全力提升我省绿色食品的国际国内竞争力。胡强要求，要明确绿色食品产业链的推进路径，按照"先易后难、轻重缓急"原则，分类梳理绿色食品产业链中的子产业链；要分步推

---

① 姜玮、梁勇主编：《奋力打造生态文明建设的江西样板 绿色崛起干部读本》，江西人民出版社 2015 年版，第 63—84 页。

② 参见江西省人民政府网站：http://www.jiangxi.gov.cn/col/col386/index.html。

进、循序渐进，以有限的资源支持易见效、快成长的产业发展；要分块实施，根据资源禀赋、产业基础，精准施策，逐步全面推进。要把握绿色食品产业链的关键环节，聚焦生产端、加工端、市场端和服务端，加快建设一批优质绿色有机农产品生产基地，建设一批农产品加工技术集成基地和精深加工示范基地，加快打造一批大型冷链物流企业，加快打造一批具有全国乃至世界影响力的区域公用品牌。要做大做强小龙虾产业，抓住当前有利时机，扬优乘势，通过做大规模、做优品质、做强产业，进一步唱响江西小龙虾品牌。①

二是绿色农业政策保障更加完善。近年来，江西省以实施农业标准化战略为主线，以提升农产品质量安全水平为目标，以发展绿色生态高效农业为抓手，大力发展绿色有机农产品，出台了一系列政策和措施。2014年，江西省首次以文件形式把"三品一标"作为农业项目申报条件，将获得"三品一标"认证产品作为申报农业产业化省级龙头企业、农民合作社省级示范社的必备条件，并在安排农业项目、资金时给予优先扶持。同年，江西省政府首次向设区市政府和省直管试点县（市）下达了《农产品质量安全责任书》，并将农产品质量安全纳入市县政府科学发展综合考核，首次明确领导责任追究制，对出现重大农产品质量安全事件的，倒查追究领导责任。江西省有关部门组织修订了40项农业地方标准，基本实现了各类大宗农产品规范生产和质量监管有标可依。省有关部门建立了农产品监管对象数据库，将2万多家一定规模以上的农民合作社、投入品经营单位纳入重点监管范围；建立覆盖省、市、县和生产企业（农民合作社、家庭农场）各层级的农产品质量安全追溯信息系统，确保广大群众"舌尖上的安全"②。正是有以上诸多政策和措施，从而保障了江西绿色农业平稳发展。

三是绿色农业发展人才不断壮大。为切实加强"三品一标"技术体系建设，充分发挥专家在"三品一标"工作中的作用，提高"三品一标"的公信力，由江西省农业厅主导、成立于2010年的江西省绿色食品发展中心，在2014年迅速组建了种植业组、畜牧业组、渔业组、综

---

① 参见九江市政府门户网站：https://www.jiujiang.gov.cn/zwzx/jrjj/202005/t20200517_3849795.html。

② 参见江西省农业农村厅网站：http://nync.jiangxi.gov.cn/art/2015/1/19/art_27774_1039662.html。

合组等 4 个专业组共 101 人的"三品一标"专家库,组织制定了《江西省"三品一标"专家库管理办法》。全年组织"三品一标"专家评审会 5 次,评审无公害农产品产地 519 个,初审绿色食品材料 40 个。同时,加强了绿色农业发展人才队伍的培训。仅 2014 年,该中心先后举办无公害农产品检查员培训班 4 期,共培训 1455 次。其中,培训省市县工作机构检查员、监管员 307 人,无公害企业内检员 985 人、绿色食品企业内检员 166 人;注册无公害检查员 219 人,换证 16 人,再注册有机食品检查员 7 人。①

三 绿色服务业发展

中共江西省委十三届十一次全会提出,要构建集约高效的绿色服务业体系,将现代服务业打造成为江西绿色崛起的新引擎。绿色服务业被喻为经济发展的"绿色引擎",具有投资少、消耗低、污染小、效益高等特征。江西已经到了引爆绿色服务业的好时机。加快江西现代服务业绿色发展,推进资源利用节约化,坚持发展过程中经济效益和环境保护并重有利于推动三次产业融合发展,催生新技术、新工艺、新产品,形成江西现代服务业新的竞争优势。江西应紧紧抓住时机,切实推进绿色服务业。②

2013 年 10 月,《中共江西省委江西省人民政府关于推进旅游强省建设的意见》(赣府发〔2013〕1 号)提出了推进旅游转型升级、实现旅游跨越发展、建成重要旅游目的地的目标任务,并强调应从以下方面采取措施促进旅游业发展:推进旅游综合改革、强化旅游规划引导、优化旅游产业布局、加大旅游投融资力度、完善旅游交通网络、改善旅游配套功能、培育多元旅游业态、做大做强旅游企业、规范旅游市场监管、强化旅游形象推广和加强旅游队伍建设。在此基础上,提出应以加大政府导向投入、完善土地利用政策、加大金融财政扶持、落实税费优惠政策、实施消费鼓励政策和加强统筹协调为政策保障。2014 年 5 月,江西省人民政府出台《关于加快发展养老服务业的实施意见》(赣府发

---

① 参见姜玮、梁勇主编《奋力打造生态文明建设的江西样板 绿色崛起干部读本》,江西人民出版社 2015 年版,第 63—84 页。
② 参见姜玮、梁勇主编《奋力打造生态文明建设的江西样板 绿色崛起干部读本》,第 91—112 页。

〔2014〕15 号），从目标任务、扶持政策、组织领导三大方面列举了 21
条具体举措，力争到 2020 年，全面建成以居家为基础、社区为依托、
机构为支撑，功能完善、规模适度、覆盖城乡的养老服务体系，确保基
本养老服务人人享有、多样性的需求基本得到满足。为了充分发挥社会
力量的主体作用，意见提出江西将积极采取"公建民营""民办公助"
"购买服务""合同外包"等模式将养老服务交由市场和社会组织运营
和管理；引导企事业单位、群众团体、社会组织、个人等社会力量，以
独资、合资、合作、联营等形式，兴办运营不同规模、不同层次的养老
服务设施和机构。2014 年 11 月，江西省人民政府出台《关于促进健康
服务业发展的实施意见》（赣府发〔2014〕40 号），提出到 2020 年，
江西省基本建成覆盖全生命周期、内涵丰富、结构合理的健康服务业体
系，提高健康服务业占 GDP 的比重。意见还明确了江西省促进健康服
务业发展的七项重点任务，并针对健康服务业面临的问题，从市场准
入、用地、税收价格、投融资、人才保障、健康服务信息化、保障健康
消费、行业监管等八个方面提出了支持健康服务业发展的政策措施。
2015 年 2 月，中共江西省委、省政府出台《关于建设生态文明先行示
范区的实施意见》，要求构建生态文明建设的"六大体系"之一就是构
建环境友好的绿色产业体系。在现代服务业方面，要扶持一批现代服务
业集聚区，重点培育 35 个旅游产业集群、16 个现代物流产业集群。同
时，加大现代服务业龙头企业培育扶持力度，打造一批优强工业企业、
销售收入超亿元的绿色食品企业和省级服务业龙头企业。2015 年 3 月，
江西省人民政府出台《关于加快发展现代保险服务业的实施意见》（赣
府发〔2015〕7 号），指出要积极推进具有资质的商业保险机构开展各
类养老、医疗保险经办服务，支持各级政府通过多种方式购买保险服
务。根据江西农业大省的现状，争取把水稻等农产品价格保险逐步纳入
国家试点，同时开展地方特色农产品和支柱农产品保险试点。探索建立
从农田到餐桌、全程可控和可追溯的食品安全保险链。2015 年 5 月，
《江西省人民政府关于印发服务业发展提速三年行动计划（2015—2017
年）的通知》（赣府发〔2015〕17 号）明确提出，到 2017 年江西省要
构建"一核七带、百点支撑"的服务业发展格局，使之成为全省经济
增长的重要支撑、就业增长的重要渠道、税收增长的重要来源。通过优
化服务业空间布局，加快建设南昌都市型高端服务业核心集聚区，大力

培育昌九走廊现代化新兴服务业、赣南原中央苏区资源生态型服务业等七大产业带，力争省级现代服务业集聚区增加到 100 个。在财政资金、用地保障、金融等方面给予倾斜，大力实施重大项目推进、优势企业培育、服务平台支撑等六大工程，推动江西省服务业提速升级。突出发展重点，加快发展金融、物流、电子商务等生产性服务业和旅游、文化、养老服务等生活性服务业，努力构建具有江西特色的服务业产业体系。[1]

近年来，江西出台了多项政策促进现代服务业发展，服务业增加值和固定资产投资增速明显，省级现代服务业集聚区和服务业龙头企业数量增加较快，现代服务业招商引资力度加大，现代服务业绿色发展提速。2014 年，江西共实现服务业增加值 5636.6 亿元，同比增长 8.8%，占同期全省 GDP 总量的 35.9%。2014 年，江西完成服务业固定资产投资 6361.5 亿元，同比增长 28.1%，占同期全社会固定资产投资总额的 43.3%。截至 2014 年底，已认定省级现代服务业集聚区 54 个、服务业龙头企业 100 家，54 个现代服务业集聚区共实现主营业务收入 2395 亿元，同比增长 21%。现代服务业招商引资和投资情况良好，2014 年全年赣港经贸合作活动签约项目总金额的 2/3 来源于现代服务业。江西现代服务业绿色发展离不开良好的基础设施建设。目前，江西能源、水利、交通、信息、社区、物流等基础设施建设水平不高，限制了现代服务业的绿色发展。比如，能源供应过度依靠传统的火电，风电、水电、太阳能等清洁能源项目建设不足；城市排水管道建设不完善，遇到暴雨经常出现城市内涝，严重影响城市功能的发挥和人们的日常生活；航班数量偏少，南昌等重点城市密集度不足；信息化建设较为落后；居民社区物业管理水平亟待提高，休闲娱乐设施欠缺。[2]

四 推进绿色生态文明建设

绿色生态是江西最大财富、最大优势、最大品牌。江西历届省委、省政府都非常重视生态环境的保护与建设。20 世纪 80 年代，省委、省政府就提出了"治湖必先治江、治江必先治山、治山必先治穷"的科

① 参见江西省发展和改革委员会网站：http://drc.jiangxi.gov.cn/art/2017/1/13/art_14590_606819.html。
② 参见姜玮、梁勇主编《奋力打造生态文明建设的江西样板 绿色崛起干部读本》，江西人民出版社 2015 年版，第 91—112 页。

学发展理念，启动"山江湖"工程。进入 21 世纪，省委省政府又先后
提出了"既要金山银山，更要绿水青山"的发展思路，要求加倍珍惜
环境和资源，正确处理发展与合理利用资源，保护生态环境的关系；确
立了建设"创新创业江西、绿色生态江西、和谐平安江西""三个江
西"的战略目标；明确了"生态立省、绿色发展"战略，先后实施了
"五河两岸一湖一江"生态环境综合治理、造林绿化、城镇污水处理、
生态园区建设、农村垃圾无害化处理等重大生态建设和环境保护工程。
党的十八大以后，省委、省政府按照"五位一体"总布局要求，积极
探索经济与生态协调发展，人与自然和谐相处的发展新路子，提出了建
设秀美江西的具体目标。2013 年，江西省委十三届七次全体（扩大）
会议明确提出要坚持生态立省，积极保护和发挥江西的生态优势，努力
把江西建设成为全国生态文明示范省。2014 年 11 月，国家发改委会同
国家林业局等五个部门正式批复《江西省生态文明先行示范区建设实施
方案》，把江西全境列入生态文明先行示范区建设，标志着江西建设生
态文明先行示范区上升为国家战略。江西要做生态文明建设的探寻者，
美丽中国建设的先行者。[①] 2016 年 8 月，江西获批成为国家生态文明试
验区，承担起了先行先试、探索新路的历史重任。同年 11 月，省第十
四次党代会确立了"深入贯彻新发展理念，大力弘扬井冈山精神，决胜
全面建成小康社会，建设富裕美丽幸福江西"奋斗目标，把"美丽"
"富裕"和"幸福"一起列为三大努力方向与着力目标。提出了江西生
态文明建设的路线图，推进国家生态文明试验区建设取得重大进展，环
境保护和生态建设持续加强，生态环境质量领先全国，绿色经济率先发
展，资源节约利用水平大幅提高，形成一批可复制可推广的生态文明建
设制度成果，成为生态文明建设领跑者。2017 年 2 月，江西省委提出
"创新引领、绿色崛起、担当实干、兴赣富民"工作方针，明确江西新
一轮发展的着力点，部署了江西迈向发展新境界的新方略。同年 6 月，
中央深改组第三十六次会议审议通过《国家生态文明试验区（江西）
实施方案》，目前，江西正加快推进实施方案六大制度体系 24 项重点任

---

① 姜玮、梁勇主编：《奋力打造生态文明建设的江西样板 绿色崛起干部读本》，江西人
民出版社 2015 年版，第 123—155 页。

务，确保按时间节点形成制度成果，总结形成江西经验。纵观江西生态文明建设历程，从"治山、治水、治贫""既要金山银山，更要绿水青山"，到如今全力打造美丽中国"江西样板"，加快建设富裕美丽幸福江西，充分体现了历届江西省委、省政府认识生态保护在经济社会发展总体战略中的极端重要性，体现了与时俱进的时代精神，体现了始终坚持科学发展、生态优先、绿色崛起的发展思路。[①]

江西生态环境质量连续数年稳居全国前列，具体表现在以下几点。一是天蓝。2016 年，全省设区市环境空气质量达标（优良）天数比例平均为 86.4%，高于全国平均水平 7.6 个百分点。11 个设区市达标天数比例范围为 73.5%—92.6%。2016 年，江西主要污染物排放进一步减少，化学需氧量排放量、氨氮排放量、二氧化硫排放量和氮氧化物排放量分别比上年下降 0.9%、0.8%、3.65% 和 3.78%，四项指标均超额完成国家下达的年度减排目标任务。二是地绿。2016 年，全省森林覆盖率稳定在 63.1%，居全国第 2 位，活立木总蓄积量达到 4.45 亿立方米，居全国第 9 位；截至 2016 年底，全省纳入保护体系的湿地面积 91.01 万公顷，湿地保护率达 38.8%，比上年提高 0.8 个百分点。三是水清。2016 年，江西主要河流 I—III 类水质断面比例为 88.6%，其中，长江、抚河、修河和东江水质总体为优；赣江、信江、饶河、袁水、萍水河和环鄱阳湖区河流水质总体为良好。此外，江西对 11 个设区市 141 个集中式饮用水水源地环境状况进行了评估，其中，32 个地级及以上城市集中式饮用水水源地水质达标率为 100%，109 个地级以下城市集中式饮用水水源地水质达标率为 94.6%，57 个典型农村饮用水水源地水质达标率为 97.2%。四是自然保护区多。2016 年，全省确定的自然保护区 159 个，数量名列全国第八，自然保护区面积 106.34 万公顷，占全省总面积的 6.4%，占比名列华东地区第一。其中，国家级 15 个，省级 37 个，市县级 107 处。五是物种丰富。江西生物资源种类位于全国前列，已知的野生高等植物有 5000 余种，占全国总数的 17%，珍稀树种种类占全国总数的 19.7%，珍稀植物种类占全国总数的 19.2%。国家一级重点保护陆生野生动物 19 种和二级保护野生动物 68 种，分别

---

① 《江西生态环境质量稳居全国前列》，人民网，http://jx.people.com.cn/n2/2020/0606/c190181-34067508.html。

占全国总数的 22.4% 和 50%。①

　　2017 年 6 月 26 日，中央深改组第三十六次会议审议通过《国家生态文明试验区（江西）实施方案》，明确了国家生态文明试验区建设的战略定位、主要目标和重点任务。建设国家生态文明试验区，这是以习近平同志为核心的党中央全面深化改革的重大决策，是党中央、国务院赋予江西的重大使命，也是江西推进创新发展、绿色崛起的重大机遇。省第十四次党代会明确把建设国家生态文明试验区、打造美丽中国"江西样板"作为未来发展的总体要求。江西从六大领域推进生态文明先行示范区建设，一是以绿色规划为统领，加强生态文明建设引导。《江西省"十三五"规划纲要》把绿色发展贯穿始终，强化目标导向，在 40 个"十三五"发展具体目标中，关于生态文明的指标占 18 项，大部分是约束性指标。二是以提升生态功能为重点，筑牢生态安全屏障。牢固树立山水林田湖是一个生命共同体的理念，突出抓好水流、森林、湿地生态修复与保护。构建省、市、县、乡四级联动水生态文明建设体系。三是以绿色产业为支撑，促进生态与经济协调发展。按照"生态 +"的产业发展理念，加快建设环境友好的绿色工业体系、生态有机的绿色农业体系、集约高效的绿色服务业体系。四是以环境工程为抓手，巩固提升生态环境质量。把与人民群众密切相关的环境问题作为突破口，抓好"三净"行动，确保环境质量不下降。五是以改革创新为路径，构建科学长效的制度体系。把体制机制创新作为生态文明先行示范区的核心任务，重点推进了生态文明考评、自然资源资产产权管理、生态补偿、市场化、环境保护管理五大领域 35 项制度创新，并明确了责任部门和实施范围。六是以生态文化为载体，营造生态文明建设的良好社会环境。把培育普及生态文化、提高生态文明意识、倡导绿色生活方式作为生态文明建设的重要内容。江西从 2014 年列为国家生态文明先行示范区②到 2016 年列为国家生态文明试验区③，这两年间，在制定绿色规

---

① 《江西生态环境质量稳居全国前列》，人民网：http：//jx. people. com. cn/n2/2020/0606/c190181 - 34067508. html，2020 年 6 月 6 日。

② 参见《关于生态文明先行示范区建设名单（第一批）的公示》，中央政府门户网站：http：//www. gov. cn/xinwen/2014 - 06/05/content_ 2694273. htm，2014 年 6 月 5 日。

③ 参见中共中央办公厅、国务院办公厅印发《关于设立统一规范的国家生态文明试验区的意见》及《国家生态文明试验区（福建）实施方案》，中央人民政府网站，http：//www. gov. cn/hom/2016 - 08/22/content - 51010608. htm。

划、发展绿色产业、实施绿色工程、完善绿色制度、打造绿色品牌、培育绿色文化，做好治山理水等方面作了大量探索，初步探索出一条经济发展与生态环境相协调的发展新路，为江西全面建设生态文明积累了先行经验，同时，也为全国提供可复制、可推广的生态文明制度成果。

多年来，江西坚持经济发展与生态环境保护协同推进，不断推动产业转型升级，发展绿色生态产业，提高经济发展质量和水平。一是生态农业建设扎实推进。江西在推进农业供给侧结构性改革过程中，围绕"生态鄱阳湖、绿色农产品"，重点打造"四绿一红"茶叶、"地方鸡"以及"鄱阳湖"水产品等一批绿色生态品牌，绿色生态农业初具规模，现有"三品一标"产品3657个，其中无公害农产品1969个、绿色食品590个、有机产品1024个、农产品地理标志74个。创建11个国家级、66个省级现代农业示范区，以及121个示范核心园。[①] 二是生态工业发展势头良好。2016年，江西战略性新兴产业实现增加值1165.95亿元，同比增长10.7%，高于全国工业平均增速1.7个百分点，占全省规模以上工业比重为14.9%，同比提高1.9个百分点。江西高新技术企业实现工业增加值2346.5亿元，占规模以上工业比重为30.1%，其主营业务收入突破9000亿元，实现利润726.51亿元，占规模以上工业的比重分别同比提高3.9和4.0个百分点。[②] 三是现代服务业快速发展。2016年，全省服务业增加值7427.8亿元，同比增长11.0%，占GDP比重40.4%，首次持平工业增加值比重，对经济增长的贡献率47.8%，首次超过二产的贡献率。[③]

江西始终坚持把节能降耗、低碳发展作为推进生态文明建设，转变发展方式的重要抓手。近年来，资源利用效率的不断提高进一步表明江西生态文明建设取得新成效。一是单位GDP能耗降幅超额完成。2016年，万元生产总值能耗（按2015年可比价）为0.480吨标准煤，比上年下降4.9%，超额完成年度计划目标（同比下降2.5%），完成"十

---

① 胡汉军：《践行新发展理念深入推进农业供给侧结构性改革　加速从传统农业大省向现代农业强省迈进》，《江西农业》2017年第2期。

② 贾健、张朝洋、陈宇：《江西高质量发展的现状、问题及建议》，《金融与经济》2019年第4期。

③ 康冬明、杨幸丽：《砥砺奋进40年——改革开放40年江西经济社会发展综述》，《当代江西》2018年第12期。

三五"总目标任务的 29.0%。① 二是资源利用率稳步提高。一方面，单位产品能耗水平降低。2017 年，江西重点监测的 60 项单位产品能耗指标中，41 项低于上年同期，优化率为 68.3%，比上年提高 10 个百分点②；另一方面，资源回收利用率明显提升。2016 年，江西规模以上工业回收利用能源 602.88 万吨标准煤，比上年增长 0.8%，占规模以上工业能耗的比重达 11.5%。③ 三是产业循环体系初步形成。江西已初步形成以新余为代表的国家"城市矿产"示范基地、以鹰潭（贵溪）为代表的铜产业循环经济基地、以丰城为代表的资源循环利用产业基地、以萍乡经开区和宜黄为代表的塑料资源再生利用产业基地的循环体系。④ 此外，2016 年，南昌经开区列入国家园区循环化改造试点，吉安、丰城、樟树列为国家循环经济示范城市；2017 年，省发改委确定了南昌小蓝经济技术开发区等 10 个园区为省级园区循环化改造试点园区；2018 年，南昌高新区列为国家循环化改造示范试点园区；2019 年，江西省又从全省 103 个开发区中，选择了 15 个工业园区作为园区循环化改造试点；到 2020 年，全部国家级园区、50% 以上的省级园区实施循环化改造，真正使"企业小循环、产业中循环、园区大循环"的循环体系不断向纵深推进。⑤

---

① 朱叶：《江西探索出一条经济发展与生态环境相协调的发展新路》，《新法制报》2017 年 12 月 25 日第 3 版。

② 谢宗博：《江西提前完成钢铁去产能"十三五"目标》，《中国财经报》2017 年 5 月 4 日第 2 版。

③ 谭玲：《节能降耗成效突出，绿色发展步伐稳健》，江西省统计局网站，http://tjj. jiangxi. gov. cn/art/2017/10/19/art－39445_2335540. html。

④ 《践行生态文明建设 助力经济可持续发展》，江西省人民政府网站，http://www. jiangxi. gov. cn/art/2014/12/5/art_398_150474. html。

⑤ 参见吴晓军《关于江西省生态文明建设和生态环境状况的报告——2017 年 1 月 18 日在江西省第十二届人民代表大会第七次会议上》，江西省人民政府网站，http://www. jiangxi. gov. cn/art/2017/2/16/art_396_137500. html。

第四章　江西依法治绿护绿

治绿护绿，是建设社会主义及造福子孙后代的伟大事业，是治理山河及维护和改善生态环境的一项重大战略措施。江西历来高度重视依法治绿护绿与政治、经济、文化、社会建设融合发展，严格落实国家主体功能区规划，坚持资源节约利用，不断加大治绿护绿力度，积极探索治绿护绿法律制度体系建设和体制机制创新，大力推进绿色循环低碳发展，治绿护绿取得显著成效。

第一节　立法的时代背景依据

习近平总书记强调："我们既要绿水青山，也要金山银山。宁要绿水青山，不要金山银山，而且绿水青山就是金山银山。我们绝不能以牺牲生态环境为代价换取经济的一时发展。"[①] 绿色生态是江西最大的优势、最亮的品牌。不过，江西并未完全理顺经济发展与环境保护之间的关系。目前，江西产业层次不高、产业结构调整难度较大，社会事业发展相对滞后，基本公共服务水平不高，城乡居民收入水平偏低，欠发达的省情尚未根本改变，与全国同步建成小康社会的任务十分艰巨。由于这一客观情势存在，从具象上看，随着经济发展和城镇化进程的推进，江西某些地区的空气污染、水污染、农业面源污染等问题日益突出。在人与自然和谐共生的要求下，在中央日益重视环境整治与生态文明建设的大背景下，基于发展现实需要，江西亦逐渐重视治绿护绿的法制建

---

① 中共中央宣传部：《习近平总书记系列重要讲话读本》，学习出版社2016年版，第230页。

设，努力将生态资源优势转化为经济发展优势，实现在保护中发展，在发展中促进保护。

一　人与自然和谐共生的要求

马克思主义理论经典作家指出，"人靠自然界生活。这就是说，自然界是人为了不致死亡而必须与之不断交往的"①"没有自然界，没有感性的外部世界，工人就什么也不能创造。它是工人用来实现自己的劳动、在其中展开劳动活动、由其中生产出和借以生产出自己产品的材料"②。据此可知，人是自然界的一部分，人与自然界不是相互对立的；人亦不是自然界的主人，不要妄图征服、统治自然界。若人类无止境地向自然界索取，终将会使人类失去生存的凭借和依靠。因此，习近平总书记在十九大报告中指出："人与自然是生命共同体，人类必须尊重自然、顺应自然、保护自然。"③ 马克思主义经典作家对人与自然的研究源于其对人与动物异同的反思。马克思指出："人作为自然的、肉体的、感性的、对象性的存在物……是受动的、受制约的和受限制的存在物。"④ 从马克思的这一论断可知，人确实是自然界的产物，这进一步说明了"人与自然界必须和谐共生"观点的正确性。因此，人类在实现自身生存发展的过程中，亦应时刻关心、关爱自然界的变化。虽然人与动物植物的生存发展都依赖自然界，但人类毕竟具有主观能动性，其可以处理自然界的能量转化，而这一点则是动植物所不具备的。据此可知，人类能否根据自然规律，科学地处理其与自然的关系，成为人类现代社会所面临并亟须解决的问题，亦是人类出现以来所要面对和回答的根本性问题。换言之，人类对自然界保持什么样的态度，亦是对自身所展现出什么样的态度。

从本质上看，"人因自然而生，人与自然是一种共生关系"⑤。因此，恩格斯曾告诫我们"切勿陶醉于对自然界的胜利，因为每次这样的

---

① 《马克思恩格斯全集》第42卷，人民出版社1979年版，第95页。
② 《马克思恩格斯全集》第42卷，第92页。
③ 习近平：《决胜全面建成小康社会　夺取新时代中国特色社会主义伟大胜利——在中国共产党第十九次全国代表大会上的报告》，人民出版社2017年版，第50页。
④ 马克思：《1844年经济学哲学手稿》，人民出版社2000年版，第105页。
⑤ 《习近平谈治国理政》第2卷，外文出版社2017年版，第209页。

胜利,自然界都报复了我们"①。所以,人类需要去认识自然、尊重自然,必须追求人与自然的和谐共生、和谐相处。但遗憾的是,人类往往忘记马克思主义经典作家的谆谆告诫,陶醉于对自然界的胜利中。随之而来的是,自然界亦重重惩罚了人类的那些无知无畏的行为。回溯历史,以全球视域看,世界范围内曾经发生了十起影响深远的环境污染事件:比利时马斯河谷烟雾事件、洛杉矶光化学烟雾事件、美国多诺拉烟雾事件、伦敦烟雾事件、日本水俣病事件、日本骨痛病事件、日本米糠油事件、印度博帕尔事件、切尔诺贝利核泄漏事件、瑞士剧毒物污染莱茵河事件。② 这些环境污染事件直接导致人类的生命健康遭到损害,亦严重破坏了全球生态系统并对生物物种带来危害。比如,在瑞士剧毒污染莱茵河污染事件中,由于大量的有毒物质被倾泻莱茵河内,导致整个流域内的生态系统遭到严重破坏,并污染了莱茵河附近的环境;又如在马斯河谷烟雾事件中,工厂有毒气体被集中排放到了当地一个区域,导致这个局部的生态系统遭到破坏,进而影响局部的生存状态。这些污染事件看似是人类在利用自然界的过程中不可避免的结果,但从根本上来看,这些事件的出现却是人类未能将经济活动、人的行为限制在自然资源和生态环境能够承载的限度内所造成的。马克思曾指出,自然是客观存在的,其有自己的发展规律,不以人的意志为转移;人类改造自然必须以尊重自然的客观规律作为前提。自工业革命以来,在人与自然的关系中,人类已处于主动地位,在改造自然、利用自然的同时,人类破坏了自然生态平衡,受到自然规律惩罚,前述十大环境污染事件即是例证。恩格斯亦指出,人类"不仅迁移动植物,而且也改变了他们的居住地的面貌、气候,甚至还改变了动植物本身,以致他们活动的结果只能和地球的普遍灭亡一起消失"③。对此,习近平总书记强调:"只有尊重自然规律,才能有效防止在开发利用自然上走弯路。"④

由于破坏环境的行为日益增多,严重威胁到了人类的切身利益和生

① 《马克思恩格斯文集》第9卷,人民出版社2009年版,第559页。
② 关于"世界十大环境污染事件"可参见张榕《从世界十大环境污染事件看环境污染后果及对策》,《环境工程》2019年第2期。
③ 《马克思恩格斯选集》第4卷,人民出版社1995年版,第274页。
④ 习近平:《在省部级主要领导干部学习贯彻党的十八届五中全会精神专题研讨班上的讲话》,人民出版社2016年版,第18页。

存发展。如"二战"后至 20 世纪 60 年代，美国平均有 35% 的树在生产过程中被丢弃，排放的硫比产品中使用的硫还多，每年浪费的天然气足以满足 1100 万户家庭的需求。经济的迅速发展进一步加大了美国污染环境的步伐。当时，各阶层都在思考如何解决环境污染对人类造成威胁的问题。其中，以蕾切尔·卡森为代表的知识界发表的《寂静的春天》，揭露了"二战"后积累的环境污染问题，并表明了解决环境污染问题的明确态度。为应对并有效解决环境问题，在 20 世纪 60 年代，美国新成立了 200 多个全国性和地区性环境保护组织，3000 多个基层环境保护组织。① 这些环保组织非常关心环境问题并使政府高层关注环境问题。在这一背景下，时任美国总统的肯尼迪指出，"我们必须重申致力于健全的保护做法，可以将这种做法定义为明智地利用我们的自然环境……我们深信，对于这个国家在环境危险中幸存下来的精神和信心，促使我们投资未来，考虑并履行我们对孩子和后世无数代人的义务"②。其后，肯尼迪签署了一系列环境法案，以解决美国面临的环境污染问题。如《水土保持法和国家野生环境保护法》（1964）、《水质法》（1965）、《公路美化法》（1965）、《水源规划法》（1965）、《固体废物处置法》（1965）、《空气质量法》（1967）、《小汽车排气标准法》（1968）。这些法律的颁行，有力地改善了美国的环境。这是人类正确认识自然界的一个有力例证。正如毛泽东同志所言："如果对自然界没有认识，或者认识不清楚，就会碰钉子，自然界就会处罚我们，会抵抗。"③ 反之，人就能与自然界和谐共生。"天有其时，地有其财，人有其治，夫是之谓能参。"（《荀子·天论》）正是由于人类自身的生存离不开与自然的和谐共生。世界各国在反思过往教训的基础上，纷纷制定法律等规范性文件以保护自然。改革开放后，江西亦重视人与自然界和谐共生的问题，认识到人与自然界的和谐共生对经济社会发展的极端重要性。在这一思想观念的指导下，江西根据需要制定出了一系列治绿护

---

① 张建宇、严厚福、秦虎：《美国环境执法案例精编》，中国环境出版社 2013 年版，第 19 页。

② John F. Kennedy., "Public papers of the presidents of the United States", *John F. Kennedy, Containing the Public Messages, Speeches, and Statements of the President January 1 to December 31, 1962*, Washington: United States Government Printing Office, 1963, p. 177.

③ 《毛泽东文集》第 8 卷，人民出版社 1999 年版，第 72 页。

绿的法律法规。

二 党中央治绿护绿的决心

中共十一届三中全会后，党中央在深刻总结历史经验教训的基础上，在联系实际的基础上，不断深化对人与自然之间关系的认识。邓小平同志曾指出，人类必须尊重自然规律，要增强人对自然环境的适应性，合理地制定符合当地实际情况的发展战略。为此，邓小平同志提出了要"因地制宜"制定发展战略的要求。面对新的发展要求和新的发展任务，邓小平同志还指出，良好的自然生态环境是可持续发展的必要条件，如果没有良好的生态环境和自然资源的支撑，不仅会造成发展的窒碍，亦会对人类的生存和发展造成不可挽回的损害，进而导致可持续发展的无法实现。因此，邓小平同志倡导"植树造林、绿化祖国、造福后代"[①]。正是在这种倡导下，1981 年 12 月 13 日召开的第五届全国人民代表大会第四次会议通过《关于开展全民义务植树运动的决议》。该决议指出，"植树造林，绿化祖国，是建设社会主义，造福子孙后代的伟大事业，是治理山河，维护和改善生态环境的一项重大战略措施。为了加速实现绿化祖国的宏伟目标，发扬中华民族植树爱林的优良传统，进一步树立集体主义、共产主义的道德风尚"，决定在全国范围内开展全民性义务植树运动。该决议要求，"凡是条件具备的地方，年满 11 岁的中华人民共和国公民，除老弱病残者外，因地制宜，每人每年义务植树 3—5 棵，或者完成相应劳动量的育苗、管护和其他绿化任务"。会议责成国务院根据决议精神制定关于开展全民义务植树运动的实施办法，并公布施行"。该决议还号召，"勤劳智慧的全国各族人民，在中国共产党和各级人民政府的领导下，以高度的爱国热忱，人人动手，年年植树，愚公移山，坚持不懈，为建设我们伟大的社会主义祖国而共同奋斗！"[②] 这些内容都反映出以邓小平同志为核心的第二代中央领导集体对治绿护绿的坚强决心。从 1983 年 12 月 31 日至 1984 年 1 月 7 日，第二次全国环境保护会议在北京召开。这次会议在中国环境保护的历史上

[①] 《邓小平文选》第 3 卷，人民出版社 1993 年版，第 41 页。

[②] 关于《决议》的详细内容可参见《五届人大四次会议关于开展全民义务植树运动的决议》，江西省人民政府网站，http://www.jiangxi.gov.cn/art/2015/7/2/art_5246_301784.html? xxgkhide＝1。

具有里程碑意义。这次会议将环境保护确立为基本国策，并制定了经济建设、城乡建设和环境建设同步规划、同步实施、同步发展，实现经济效益、社会效益、环境效益相统一的指导方针，还要求全国各地要把强化环境管理作为环境保护工作的中心环节，长期坚持，抓住不放，并推出了以合理开发利用自然资源为核心的生态保护策略，防止对土地、森林、草原、水、海洋以及生物资源等自然资源的破坏，保护生态平衡。值得注意的是，本次全国环境保护会议还要求建立与健全环境保护的法律体系，加强环境保护的科学研究，把环境保护建立在法制轨道和科技进步的基础上。此后，中国的治绿护绿工作驶上了依法实施的快车道。①

面对新的发展及其实践过程中产生的新问题，以江泽民为核心的第三代中央领导集体更加重视人与自然间的和谐共生。针对问题并为了解决问题，创新性地提出了"要促进人和自然的协调与和谐"② 理念，明确提出了"保护生态环境的实质就是保护生产力"③ 的环境保护指导思想，进而提出了"保护环境，实施可持续发展战略"④。1996 年 7 月15—17 日第四次全国环境保护会议在北京召开。江泽民同志出席会议并发表重要讲话，国务院总理李鹏同志出席开幕式并发表讲话。此次会议提出，自然资源和生态保护要坚持开发利用与保护增殖并举，依法保护和合理开发土地、淡水、森林、草原、矿产和海洋资源，坚持不懈地开展造林绿化，加强水土保持工程建设；搞好防风治沙试验示范区、"三化"草地的治理和重点牧区建设；要大力建设农业系统各类保护区，积极防治农药和化肥污染，加快自然保护区建设和湿地保护，到"九五"末期，全国自然保护区面积力争达到国土面积的 10%；加强生物多样性保护，做好珍稀濒危物种保护和管理；积极开展生态示范区建设，搞好退化生态区域的恢复。在这次会议上，江泽民代表党中央正式提出了"保护环境的实质就是保护生产力"的论断，并提出要坚持污染防治和生态保护并举，全面推进环保工作。⑤ 其后，他又在第五次全

① 关于第二次全国环境保护会议的具体内容可参见《第二次全国环境保护会议》，ht-tp：//www. mee. gov. cn/zjhb/lsj/lsj_ zyhy/201807/t20180713_ 446638. shtml。
② 《江泽民文选》第 3 卷，人民出版社 2006 年版，第 295 页。
③ 《江泽民文选》第 3 卷，第 534 页。
④ 《江泽民文选》第 3 卷，第 465 页。
⑤ 关于第四次全国环境保护会议的具体内容可参见《第四次全国环境保护会议》，ht-tp：//www. mee. gov. cn/zjhb/lsj/lsj_ zyhy/201807/t20180713_ 446640. shtml。

国环境保护会议上提出了"环境保护是政府的一项重要职能"的论断，并要求按照社会主义市场经济的要求，动员全社会的力量做好这项工作。在本次会议上，国务院总理朱镕基同志指出，保护环境是我国的一项基本国策，是可持续发展战略的重要内容，直接关系现代化建设的成败和中华民族的复兴。他强调指出，要明确重点任务，加大工作力度，有效控制污染物排放总量，大力推进重点地区的环境综合整治；凡是新建和技改项目，都要坚持环境影响评价制度，不折不扣地执行国务院关于建设项目必须实行环境保护污染治理设施与主体工程"三同时"的规定；要注意保护好城市和农村的饮用水源；要切实搞好生态环境保护和建设，特别是加强以京津风沙源和水源为重点的治理和保护，建设环京津生态圈；要抓住当前有利时机，进一步扩大退耕还林规模，推进休牧还草，加快宜林荒山荒地造林步伐。[①] 在立法上，这一时期最为突出的成效是，通过了《中华人民共和国环境保护法》（1989 年 12 月 26 日第七届全国人民代表大会常务委员会第十一次会议通过）。

以胡锦涛为总书记的党中央针对我国当时客观实际，提出"全面发展"就要避免"片面追求经济的增长"的要求，并论证了物质文明、政治文明与精神文明三者之间协调发展的内在逻辑关系，突出强调三者之间是互为条件、相辅相成的，要实现共同发展。在此基础上，胡锦涛同志高瞻远瞩地提出了科学发展观，并以此指导社会主义和谐社会建设，并要求构建资源节约型和环境友好型社会。胡锦涛同志强调："对自然界不能只讲索取不讲投入、只讲利用不讲建设。发展经济要充分考虑自然的承载能力和承受能力，坚决禁止过度性放牧、掠夺性采矿、毁灭性砍伐等掠夺自然、破坏自然的做法"[②]，"可持续发展，就是要促进人与自然的和谐，实现经济发展和人口、资源、环境相协调，坚持走生产发展、生活富裕、生态良好的文明发展道路，保证一代接一代地永续发展。"[③] 在第六次全国环境保护会议上，时任国务院总理温家宝同志

---

① 关于第五次全国环境保护会议的具体内容可参见《第五次全国环境保护会议》，http://www.mee.gov.cn/zjhb/lsj/lsj_ zyhy/201807/t20180713_ 446641. shtml.

② 《深入学习实践科学发展观活动学习文件导读》，中共中央党校出版社 2008 年版，第 35 页。

③ 《树立和落实科学发展观，建立社会主义和谐社会，加强党的先进性建设学习读本》，红旗出版社 2006 年版，第 14 页。

指出，做好新形势下的环保工作，要加快实现三个转变：一是从重经济增长轻环境保护转变为保护环境与经济增长并重，在保护环境中求发展；二是从环境保护滞后于经济发展转变为环境保护和经济发展同步，努力做到不欠新账，多还旧账，改变先污染后治理、边治理边破坏的状况；三是从主要用行政办法保护环境转变为综合运用法律、经济、技术和必要的行政办法解决环境问题，自觉遵循经济规律和自然规律，提高环境保护工作水平。① 由此观之，在治绿护绿方面着重强调了法律治理的作用亦是本次会议的一大特色。在第七次全国环境保护大会上，国务院副总理李克强同志强调，"环境是重要的发展资源，良好环境本身就是稀缺资源""坚持在发展中保护、在保护中发展，把环境保护作为稳增长转方式的重要抓手"，要"积极探索代价小、效益好、排放低、可持续的环境保护新道路，实现经济效益、社会效益、资源环境效益的多赢，促进经济长期平稳较快发展与社会和谐进步"。② 党的十七大首次把"建设生态文明"写入了党的政治报告。这一时期，国家修正或颁行了多部治绿护绿的法律法规，如《中华人民共和国森林法》（2009 年修订）、《中华人民共和国防沙治沙法》（2001）、《中华人民共和国退耕还林条例》（2001）、《中华人民共和国草原法》（2002 年修订）等。

党的十八大以来，习近平同志关于社会主义生态文明建设的一系列重要论述，立意高远，内涵丰富，思想深刻，对于我们深刻认识生态文明建设具有重大指导意义。坚持和贯彻新发展理念，正确处理好经济发展同生态环境保护的关系，坚定不移走生产发展、生活富裕、生态良好的文明发展道路，加快建设资源节约型、环境友好型社会，推动形成绿色发展方式和生活方式，推进美丽中国建设，实现中华民族永续发展，夺取全面建成小康社会决胜阶段的伟大胜利，实现"两个一百年"奋斗目标、实现中华民族伟大复兴的中国梦，具有十分重要的现实意义。如前所述，党的十八大以来，习近平总书记提出了"人与自然和谐共生"的思想，创新性地提出了"创新、协调、绿色、开放、共享"的五大发展理念。习近平总书记指出："我们既要绿水青山，也要金山银

---

① 关于第六次全国环境保护会议的具体内容可参见《第六次全国环境保护会议》，http://www.mee.gov.cn/zjhb/lsj/lsj_ zyhy/201807/t20180713_ 446642. shtml。

② 关于第七次全国环境保护会议的具体内容可参见《第七次全国环境保护会议》，http://www.mee.gov.cn/zjhb/lsj/lsj_ zyhy/201807/t20180713_ 446643. shtml。

山。宁要绿水青山，不要金山银山，而且绿水青山就是金山银山。"①
这是习近平总书记关于绿色发展理念的具体表达，也是实现人与自然和
谐共生、构建人与自然生命共同体的核心观点。关于为何"绿水青山就
是金山银山"，习近平总书记对此解释说："我说过，既要绿水青山，
也要金山银山；绿水青山就是金山银山。绿水青山和金山银山绝不是对
立的，关键在人，关键在思路。为什么说绿水青山就是金山银山？'鱼
逐水草而居，鸟择良木而栖。'如果其他各方面条件都具备，谁不愿意
到绿水青山的地方来投资、来发展、来工作、来生活、来旅游？从这一
意义上说，绿水青山既是自然财富，又是社会财富、经济财富。"② 在
深入推动长江经济带发展座谈会上，习总书记强调，推动长江经济带发
展必须从中华民族长远利益考虑，走生态优先、绿色发展之路，使绿水
青山产生巨大生态效益、经济效益、社会效益，使母亲河永葆生机活
力。③ 把环境保护放在优先的位置，不能再为了经济的发展而继续破坏
自然环境，否则人类发展最后的结果只能是经济无法持续发展，就连人
类的生存也成了最大的问题。也就是说，构建人与自然生命共同体，必
须坚持"绿水青山就是金山银山"的思想，坚持"绿水青山就是金山
银山"，就是坚持人与自然和谐共生。党的十八大更是将生态文明建设
纳入社会主义现代化建设"五位一体"总体布局，要求把生态文明建
设放在突出地位，融入经济建设、政治建设、文化建设和社会建设的各
方面和全过程，努力建设美丽中国，实现中华民族的永续发展。党的十
八大以来，为治绿护绿，为建设生态文明，国家修正或颁行了诸多规范
行为文件。譬如，《中共中央国务院关于加快推进生态文明建设的意
见》（2015）、《国有林场改革方案》（2015）、《国有林区改革指导意
见》（2015）、《长江保护修复攻坚战行动计划》（2018）、《国家生态文
明建设示范市县建设指标》（2019 年修订）、《国家生态文明建设示范
市县管理规程》（2019 年修订）、《"绿水青山就是金山银山"实践创新

---

① 中共中央宣传部：《习近平总书记系列重要讲话读本》，学习出版社 2016 年版，第 230
页。
② 中共中央文献研究室编：《习近平关于社会主义生态文明建设论述摘编》，中央文献出
版社 2017 年版，第 23 页。
③ 习近平：《在深入推动长江经济带发展座谈会上的讲话》，《人民日报》2018 年 6 月 14
日第 2 版。

基地建设管理规程（试行）》（2019）、《中华人民共和国防沙治沙法》（2018 年修正）、《中华人民共和国环境保护法》（2014 年修订）等。

三 江西发展的现实需要

江西是唯一一个与中国最具活力的长三角、珠三角、闽东南经济圈相毗邻的省份，并被纳入泛珠三角经济圈。在陆路交通通道上，江西是连接长三角、珠三角的最便捷大通道，这是湘、鄂、皖三省所无法比拟的。过去，江西是沿海的内地，现在是内地的前沿；过去"不东不西"的江西，现在实际上处于东西部地区进行产业、经济合作与交流的中转地带，是承东启西、贯通南北的交通枢纽。绿色生态是江西最大的优势、最亮的品牌。江西的森林覆盖率和建成区绿化覆盖率居全国前列，森林质量、湿地面积占国土面积比重居全国中游；2013 年江西全省地表水 Ⅰ—Ⅲ类水质断面（点位）达标率 80.8%，设区市城区集中式饮用水水源地水质达标率 100%；南昌市空气质量优良率为 60.82%，其与 10 个设区市城市环境空气质量均稳定达到国家二级标准。[①] 南昌市率先开展 PM2.5 监测，空气质量监控措施进一步强化，按照新标准，南昌市空气质量为超二级。在看到成绩的同时，我们也应看到江西面临前所未有的严峻考验。若不能经受住考验，那么江西绿色生态的优势必将受损。

经济发展与治绿护绿的任务异常艰巨，是江西面临的严峻考验之一。众所周知，江西经济基础薄弱，面临着经济发展与治绿护绿的双重压力。2014 年江西省 GDP 总量在全国 31 个省份中排名第 18 位，人均 GDP 全国排名第 20 位。因此，江西既面临着加速发展、做大总量、改善民生的重要任务，又肩负着保护好绿水青山、巩固好生态优势、维护国家生态安全的重要使命，经济发展与环境保护的任务十分艰巨。江西作为一个中部欠发达省份，受各种因素的影响，生产力呈现出北重南轻之势，因而南北区域经济发展水平亦存在一定差距。目前，这种差距还呈现出进一步扩大趋势，这给江西治绿护绿带来了严峻挑战。江西为确保粤港地区的饮水安全和南方生态安全屏障建设，做出了重大贡献，但

---

① 参见《2013 年江西省环境状况公报》，江西省生态环境厅网站，http://sthjt.gov.cn/c61/c6142073/index.html。

是，江西做出的长期贡献并未得到充分的经济补偿，治绿护绿难以转化为经济效益。另外，随着经济社会的发展和城镇化的推进，江西某些地方的空气污染、地表水及地下水污染、农业面源污染等问题日益突出，城市环境问题日益突出，环境基础设施建设滞后于城市发展。因此，江西生态环境面临建设和破坏并存的复杂状况，点源污染共存，生活污染与工业污染叠加。这些问题的解决不单在资金的投入上，更应在法治化层面予以化解，否则就很难实现经济的生态化、生态的经济化。

随着治绿护绿观念的重视和普及，治绿护绿的重大意义日渐凸显，它已成为中国全面实现小康社会一个不可忽视的内容。虽然江西的生态优势明显，但从生态文明指数排名来看，江西位居全国第六，名次并不靠前，如果不考虑社会发展程度，江西的生态文明指数可以位列全国第二。从指标上来看，江西有全国排名第二的森林覆盖率，城市建成区绿化覆盖率，还有诸多规模较大的自然保护区，因此，江西应该在治绿护绿方面成为全国的标杆。但在环境治理的质量和协调程度上，江西却处在中上水平。当然，江西生态文明建设法制保障能力较强，属于生态文明建设领跑省份之一，江西改革开放40多年来的发展理念、发展战略，充分体现了治绿护绿尊重自然、顺应自然、保护自然的核心要求。现阶段，江西正处于治绿护绿建设的提升期，面临着同其他兄弟省份一道激荡竞争的局面，贵州、云南、福建等省份也提出把改善环境特别是生态环境作为立省之本，推动低碳增长、绿色发展，探索生态文明建设规律，如果江西不从法制保障上发力，不加快转变经济发展方式，不采取更加有力的措施，那么，江西引以为豪的生态优势和绿色品牌优势地位，将有可能不复存在。

第二节　地方立法的主要内容

治绿护绿，立法先行。为做好治绿护绿工作，江西进行了全方位的立法。治绿护绿在本质上属于资源管理与环境治理。因此，立法内容上应包括植树造林、湿地管理、河流管理与治理、雾霾治理、二氧化碳排放的总量控制等，亦含括了较为宏观的自然资源配置、环境保护、生态环境考核、治绿护绿法治意识培育等方面的内容。此处对江西治绿护绿的地方立法内容考察，将遵从微观与宏观相结合的方法予以综合展开，以窥江西治绿护绿立法的全貌。另外，这里对江西地方立法的考察，并不仅限于省人大及其常委会制定的地方性法规，亦包含省政府及其组成部门制定与颁行的地方性规章及其他规范性文件。

一　义务植树

关于义务植树的立法，江西并不落于人后。早在 1982 年 2 月 19 日江西省第五届人民代表大会常务委员会第十次会议通过了《江西省关于开展全民义务植树运动的若干规定》（以下简称《规定》），并于当日颁行。《规定》是江西颁行的第一部关于"全民义务植树"的地方性法规，共十条。在具体内容上，《规定》主要规定了"宣传""规划""办好苗圃、培育壮苗""确定权属、认真管护""抓好重点、带动全面""建立检查评比和奖惩制度""自力更生解决义务植树经费""加强对义务植树运动的领导"等内容。这在当时看来确实很好地规定了全民如何义务植树及其义务植树运动如何组织、如何实施等问题，但从法的本性上看，《规定》欠缺地方性法规的形式要件和实质要件，其与政府制订的工作计划或行动纲要并无二致，并侵越了行政机关的职权。譬如，《规定》第八条"加强对义务植树运动的领导"中就曾规定："以开展全民义务植树运动，推动整个造林绿化任务的完成。为了加强对全省义务植树运动和植树造林工作的领导，决定成立江西省全民义务植树运动领导小组，由省人民政府一名领导同志任组长，省级有关部门负责同志参加。"作为地方立法机关的人大常委会直接以地方性法规的形式规定了政府如何行事，这明显不妥。当然，这从反面亦可看出，当时江西非常重视义务植树活动。

1997 年 8 月 15 日，江西省第八届人民代表大会常务委员会第二十九次会议通过了《江西省公民义务植树条例》（以下简称《义务植树条例》），这是一部真正关于公民义务植树的地方性法规。《义务植树条例》对义务植树主体作了详细规定："本省行政区域内的适龄公民，除丧失劳动能力者外，应当参加义务植树。前款所称适龄公民，是指男性年满 18 周岁至 60 周岁，女性年满 18 周岁至 55 周岁的公民。年满 11 周岁不满 18 周岁的未成年人，根据实际情况，应当就近参加力所能及的义务植树劳动。"《义务植树条例》还详细规定了"义务植树工作的重点、原则"以及"领导干部任期绿化目标责任制""绿化委员会的职责与义务""新闻媒介及中小学学校的宣传教育责任""公民年度植树义务""义务植树的地点""义务植树的奖励"等内容。这在当时来看是非常翔实及非常妥当。当然，限于历史的局限性，《义务植树条例》亦有不足之处，譬如重义务性规定，对公民的权利及其救济少有提及。2004年3月31日，江西省第十届人民代表大会常务委员会第八次会议对《义务植树条例》作了修正。其中，删除第20条是修正的重点，即删除了"当事人对依据本条例作出的具体行政行为不服的，可以依法申请行政复议、提起行政诉讼；法定期限内既不申请复议、也不起诉、期满又不履行的，由作出具体行政行为的机关申请人民法院强制执行"。该条内容规定的是公民权利的救济，删掉该条内容是否妥当，值得深思。根据"有义务必有权利"和"有权利必有救济"的原则，赋予公民权利救济，应是时代的潮流亦是"权利"的本义。若不是单纯技术原因，《义务植树条例》删掉该条值得商榷。

《规定》或《义务植树条例》尽管可能还存在有待完善之处，但是，法规的制定毕竟使江西义务植树走上了法制化道路。《义务植树条例》进一步明确了全民义务植树运动的法定性、义务性和全民性。依据《江西省公民义务植树条例》的规定，江西还制定了《江西省义务植树绿化费收缴和使用管理办法》，使绿化费收缴和管理有章可循。为了统一规范义务植树活动程序，江西于2004年按照行政执法的要求，制定了《江西省公民义务植树通知书》等一整套规范性表格。这套规范性表格包括公民义务植树任务通知书、公民义务植树任务通知回执、公民义务植树绿化费收缴通知单、公民义务植树绿化费催缴通知书、行政处理决定书、申请执行书等，对义务植树的组织、地点、方式、绿化费的收缴以及义务植树行政执法主体等都作了明确的规范。另外，根据中共中央、国务院《关于加快林业发展的决定》精神，进一步适应新时期绿化工作的需要，丰富义务植树形式，提高义务植树尽责率，江西省于2004年制定了《江西省公民义务植树登记制度和考核制度实施意见》（以下简称《实施意见》）和《江西省公民义务植树相应劳动量折算标准》。尤其是《实施意见》的制定，对强化各级绿委及乡镇政府和街道办事处组织实施义务植树职能，依法开展全民义务植树工作，确保全民义务植树运动深入、扎实、健康开展都起到了积极的推动作用。

二　湿地保护

湿地被誉为"地球之肾"，具有蓄水防洪、净化水质、维持碳循环和保护生物多样性等生态服务功能，是人类社会赖以生存发展的环境基础。湿地保护关系江西经济社会可持续发展和绿色崛起。2003 年 11 月27 日，为保护鄱阳湖湿地，江西省第十届人民代表大会常务委员会第六次会议通过了《江西省鄱阳湖湿地保护条例》（以下简称《鄱阳湖湿地保护条例》），并于 2004 年 3 月 20 日起施行。《鄱阳湖湿地保护条例》共 7 章 52 条。其出台的背景在于解决环鄱阳湖一些地方为了追求短期经济利益而盲目开发利用湿地资源、围湖造地、非法猎捕、竭泽而渔，严重威胁鄱阳湖湿地生态安全等问题。在内容上，《鄱阳湖湿地保护条例》主要规定了立法的目的、湿地保护规划、湿地自然保护区、湿地保护措施、湿地资源利用、法律责任等内容。可以说，《鄱阳湖湿地保护条例》颁布实施，是推进鄱阳湖生态经济区建设的重要举措，是健全湿地法制、理顺湿地建设体制、提高湿地管理水平的迫切需要，是加快转变湿地区域发展方式的有效手段。因《鄱阳湖湿地保护条例》属于专门性的单行法规，在区域适用上只限于鄱阳湖湿地。为解决对所有湿地展开保护的问题，2012 年 3 月 29 日，江西省第十一届人民代表大会常务委员会第三十次会议通过了《江西省湿地保护条例》（以下简称《湿地保护条例》），并于 2012 年 5 月 1 日起施行，而且同时废止了《鄱阳湖湿地保护条例》。《湿地保护条例》的实施，为江西加强湿地保护提供了坚强的法制保障。从内容上看，《湿地保护条例》明确了湿地的主管部门和其他有关部门职责，保障了湿地建设的投入，把湿地保护经费纳入财政预算，规范了湿地公园、湿地自然保护区的建设和管理，明确了建立湿地生态补偿制度，强化了对鄱阳湖湿地的保护和管理，增加了林业主管部门对占用、征收重要湿地和城区湿地的审批管理。

《湿地保护条例》颁行后，江西逐步建立并完善了相配套的机制和制度。2014 年 1 月，江西成立了省湿地保护综合协调小组，省林业厅分管领导任组长，在湿地保护办下设办公室；湿地保护纳入省国民经济和社会发展"十二五"规划；编制省湿地保护工程规划（即湿地保护总体规划）和省第一批重要湿地名录的送审稿，出台了《江西省湿地公园管理办法》；发布省重要湿地确定指标。此外，还编制了鄱阳湖采砂规划（2014—2018）、河道（湖泊）岸线利用规划；省财政安排专项资金支持"五河"源头、东江源区域生态环境保护，鄱阳湖国家级自然保护区和柘林湖、仙女湖水质保护，安排鄱阳湖越冬候鸟和湿地保护综合治理工作经费，补助鄱阳湖长江江豚省级自然保护区等三个水生生物省级自然保护区建设资金；省林业厅还安排经费奖励国家级和省级湿地公园；鄱阳湖南矶湿地国家级自然保护区实施"点鸟奖湖"机制，让赶鸟的渔民成为护鸟的生力军，湖区越冬候鸟明显增加。

2019年9月25日，为加强省级湿地公园建设和管理，促进省级湿地公园的健康发展，江西省林业局专门修订《江西湿地公园管理办法》（以下简称《湿地公园管理办法》）。新修订的《湿地公园管理办法》共24条，主要包括省级湿地公园的建设要求和管理方针、规划指导、管理机构职责和相关规定等内容。其中，对何谓湿地公园进行了科学定义，对申请设立省级湿地公园条件、程序、命名、分区等作出明确的规定，并对省级湿地公园经评估后存在的问题也进行明确规定。为加强对湿地生态环境损害调查和评估的组织、启动、分级调查、调查人员、调查或者评估报告内容、结果应用等进行规范管理，2019年12月31日，江西省林业局出台《江西省湿地生态环境损害调查和评估办法（试行）》（以下简称《办法》），这标志着江西在全国率先建立湿地生态环境损害调查评估制度，也是江西深入推进国家生态文明试验区建设重要成果。《办法》的内容有以下几点：一是湿地生态环境损害实行分级调查。省林业主管部门负责组织重大及特别重大湿地生态环境损害事件的调查工作。设区市林业主管部门负责组织本行政区域内较大湿地生态环境损害事件的调查工作。二是明确了湿地生态环境损害调查的启动机制。鼓励公民、法人和其他组织向县级以上林业主管部门举报湿地生态环境损害事件。三是明确了湿地生态损害评估的启动机制。调查报告编制后，对调查报告有异议的责任方，可以委托有资质的评估机构对湿地生态环境损害进行评估；或者设区市以上林业主管部门认为有必要时，也可以委托开展评估工作。四是规范了湿地生态环境损害调查报告和评估报告的内容。五是明确了湿地生态环境损害调查报告和评估报告的应用范围。湿地生态环境损害调查报告是追偿湿地生态赔偿和制定湿地生态修复措施的重要依据，责任方对调查报告没有异议的，应当按照调查报告进行赔偿和生态修复。湿地生态环境损害评估报告是追偿湿地生态赔偿和制定湿地生态修复措施的依据。

三　森林资源保护

为保护森林资源，1982 年 6 月 19 日，江西省第五届人民代表大会常务委员会第十二次会议审议批准了《江西省森林资源保护管理暂行条例》（以下简称《条例》），并于 1982 年 6 月 26 日公布实行。结合当时实际，《条例》共分 7 章 28 条，分别规定了总则、护林组织、林木采伐管理、森林火灾、病虫害的防治、自然保护区管理、森林抚育管理以及奖罚等内容。《条例》明确规定，"森林资源包括林木、竹子和林地，以及林区范围内野生的植物和动物，都应按照本条例的规定予以保护"，这对森林资源的保护范围之确定具有重要意义。囿于时代发展条件，《条例》有其历史局限性，重视管理，忽视治理，尤其在权利义务的设定上并不平衡，重视义务规范的设置，忽视了权利的保护。不管怎样，《条例》的颁行对江西森林资源的保护起到了相当重要的作用。为了有效预防和扑救森林火灾，保障人民生命财产安全，保护森林资源，维护生态安全，1989 年 7 月 15 日，江西省第七届人民代表大会常务委员会第九次会议通过了《江西省森林防火条例》（以下简称《防火条例》）。其后，为了进一步完善条例内容，《防火条例》先后经过了三次修订（1994 年 2 月 22 日江西省第八届人民代表大会常务委员会第七次会议第一次修正、1996 年 12 月 20 日江西省第八届人民代表大会常务委员会第二十五次会议第二次修正、2012 年 9 月 27 日江西省第十一届人民代表大会常务委员会第三十三次会议修订）。《防火条例》的颁行与修正，极大地保护了江西森林资源，维护了江西生态安全。

为进一步贯彻落实中共中央、国务院《关于加快林业发展的决定》（中发〔2003〕9 号），激励各地加大森林资源保护力度，提高森林资源质量，不断改善生态环境，促进全省经济社会的可持续发展，江西省人民政府于 2006 年 4 月 5 日颁行《江西省森林资源保护激励暂行办法》（以下简称《办法》），该《办法》适用于江西省确定的 70 个林业重点县（市、区）。根据《办法》规定，从 2005 年开始，江西对林业重点县（市、区）森林资源保护情况，每三年进行一次综合考评，对生态环境保护较好、森林资源稳定增长和木材采伐量增长幅度相对较小的县予以表彰奖励。具体考评工作由省林业厅、省财政厅组织实施。江西是林木资源大省，省内存有诸多古树名木。为加强对古树名木的保护，促进生态环境建设和经济社会的协调发展，江西根据《中华人民共和国森林法》《中华人民共和国野生植物保护条例》和《城市绿化条例》等有关法律、行政法规的规定，结合本省实际，制定了《江西省古树名木保护条例》（以下简称《古树名木保护条例》），并于 2004 年 11 月 26 日由江西省第十届人民代表大会常务委员会第十二次会议通过。《古树名木保护条例》凡 30 条，重在保护树龄在 100 年以上的树木，稀有、珍贵树木或者具有重要历史、文化、科学研究价值和纪念意义的树木。

2007 年，为了保护、培育和合理利用森林资源，充分发挥森林的生态效益、经济效益和社会效益，促进林业全面、协调、可持续发展，江西省第十届人民代表大会常务委员会第二十八次会议通过《江西省森林条例》（以下简称《森林条例》）。《森林条例》是江西保护、培育和合理利用森林资源的"定海神针"，凡 8 章 62 条。《森林条例》明确规定，"在本省行政区域内从事森林、林木的培育、保护、利用和森林、林木、林地的经营管理活动，应当遵守本条例"。其后，为了从更高层次深入贯彻落实习近平总书记对江西工作的重要指示精神，推进江西国家生态文明试验区建设，以更高标准打造美丽中国"江西样板"，根据有关法律法规规定，结合江西省实际，江西省林业局就进一步加强和规范全省林地、林木保护管理印发了《关于进一步加强和规范全省林地林木保护管理的通知》（赣林资字〔2019〕41 号）。根据该通知规定，各地要严格落实林地用途管制和定额管理制度、加强临时使用林地审批和管理、强化林地审核管理和服务；要严格规范公益林与天然林采伐管理、完善人工商品林采伐管理、规范林木采伐许可证核发和管理、严格采伐限额分配、优化采伐办证服务等。江西林木资源丰富，但品种较为单一。其中，针叶林比重高达 78%，阔叶林仅占 22%，林种结构很不合理。为改善树种结构，提高森林质量，增强森林生态功能，在加强森林资源管理的同时，江西结合本地实际亦制定了《关于鼓励大力发展阔叶树的意见》（赣林造字〔2008〕132 号）。

为了加强林业有害生物防治工作，保护森林资源，促进林业发展，维护生态安全，江西还颁行了《江西省林业有害生物防治条例》（以下简称《防治条例》）（2014 年 11 月 28 日江西省第十二届人民代表大会常务委员会第十五次会议通过)。《防治条例》共 7 章 48 条,主要内容含括了"预防""检疫""防治""保障措施""法律责任"等,其着重规范"在(江西)本省行政区域内从事林业有害生物预防、除治、森林植物及其产品检疫等活动",并规定"林业有害生物防治工作应当遵循政府主导、部门协作、社会参与、科学防治的原则"。另外值得一提的是,江西在全省全面推行了"林长制",把每一片森林的管理责任落到各级领导肩上,做到"山有人管、树有人护、责有人担"。另外,江西还加快了林地林木"三权分置"改革,组建了省级林业要素交易平台,把林地林木经营权搞活,让山区林区"沉睡"的森林资源变成可抵押变现的资产,并继续发挥林业优势,大力开展林业生态扶贫、就业扶贫、产业扶贫。生态扶贫方面,实施好了国家生态护林员项目,实现"一人护林、全家脱贫";就业扶贫方面,把林业重点项目向贫困地区倾斜,让更多的贫困户广泛参与到项目实施中来,增加劳务收入;产业扶贫方面,重点发展油茶、竹产业、森林药材等六大林下经济产业,让贫困户"不砍树、能致富"。

四 野生动植物保护

江西十分重视野生动植物的保护。1987 年 2 月 28 日,江西省第六届人民代表大会常务委员会第二十二次会议通过《江西省野生动物资源保护条例》(以下简称《野生动物资源保护条例》)。《野生动物资源保护条例》凡 4 章 22 条,着重从"野生动物资源的保护和管理"及相关"法律责任"两方面规定如何保护野生动物资源,并提出"野生动物是大自然的重要组成部分,是国家的宝贵资源,保护、发展野生动物资源是各级人民政府的重要职责,是全社会的共同义务"。其后,为进一步保护野生动物,拯救珍稀、濒危野生动物,维护生物多样性和生态平衡,为了保护、发展和合理利用野生植物资源,改善自然环境,江西相继出台了《江西省实施〈中华人民共和国野生动物保护法〉办法》(1994 年 11 月 30 日江西省第八届人民代表大会常务委员会第十二次会议通过,以下简称《野生动物保护办法》)及《江西省野生植物资源保护管理暂行办法》(1994 年 6 月 7 日省人民政府第二十次常务会审议通过,以下简称《野生植物保护办法》)。

《野生动物保护办法》凡 5 章 62 条,先后经过三次修订(1997 年 8 月 15 日江西省第八届人民代表大会常务委员会第二十九次会议修正、

2012 年 11 月 30 日江西省第十一届人民代表大会常务委员会第三十四次会议第一次修订、2019 年 3 月 28 日江西省第十三届人民代表大会常务委员会第十二次会议第二次修订）。《野生动物保护办法》立法内容主要聚焦"野生动物及其栖息地保护""野生动物管理""猎捕""人工繁育""利用""法律责任"等方面内容，并将受保护的野生范围作了界定，并着重提出对野生动物保护要"实行保护优先、规范利用、严格监管的原则，鼓励开展野生动物科学研究，培育公民保护野生动物的意识，促进人与自然和谐发展"。2017 年，江西还印发了《2017 年水生野生动物利用特许专项执法行动方案》，重点检查利用水生野生动物及其制品的市场、表演场所、酒店、养殖场等，检查其技术条件、物种来源、保护设施、经营状况等是否与行政许可相符；要求各地渔业主管部门建立和完善水生野生动物保护管理长效机制，规范水生野生动物特许利用许可工作；凡在江西从事保护级别水生野生动物或其产品利用的单位或个人，须取得省级渔业主管部门批准核发的相应许可证件后方可进行。除此之外，江西是野生动物资源产业利用大省，曾经在全国率先出台了《关于加快发展野生动物驯养繁殖和利用产业的指导意见》，扶持全省野生动物养殖产业发展，近年更是把"三有"动物驯养审批权限下放到县区一级。

1994 年颁行的《野生植物保护办法》凡 27 条，其主旨在于要求"在本省境内从事野生植物采挖、经营、研究和其他涉及野生植物资源开发利用的单位和个人"，必须遵守办法行事。《野生植物保护办法》规定，"野生植物，是指珍贵、稀有、濒危和有重要经济、科学研究价值的野生植物；所称野生植物产品，是指野生植物的任何部分及其衍生物。水生野生植物的保护管理按《中华人民共和国渔业法》的有关规定执行。城市规划区、风景名胜区内的野生植物资源和野生药用植物资源的保护管理，同时适用于有关法律、法规和规章"。《野生植物保护办法》内容涵盖了野生植物资源"权属""管理""自然保护区""利用"等方面，其中亦不乏立法亮点。譬如，将野生植物进行分类，如因特殊情况需要采集一、二级重点保护野生植物的，须向省林业行政主管部门申请特许采集证；因特殊情况需要采集三级重点保护野生植物的，须向地（市）林业行政主管部门申请特许采集证；又譬如，对非重点保护野生植物的采集利用，由所在县林业行政主管部门根据资源情况，确定当年的采集限额，须经上一级林业行政主管部门审核，报省林业行政主管部门批准后，方可有计划地组织采集利用。除此之外，还规定野生植物采集者必须按照批准的种类、采集内容、数量、地点和期限进行采集，严禁超采和破坏野生植物资源及生存环境。这些制度规范的确定，对保护野生植物来说作用极大。

五　防沙治沙

江西属于中国南部省份，沙漠化现象并不突出，但由于历史的原因，沙漠化现象还是存在。为此，从广义的地方性法规上看，江西在国家《防沙治沙法》的指导下，于 2004 年制定并颁行了《营利性治沙管理办法》（以下简称《治沙管理办法》）。《治沙管理办法》共 24 条，着重规范不具有沙化土地所有权或者使用权的单位和个人，在依法取得土地使用权后，以获取一定经济收益为目的，采取各种措施对沙化土地进行治理的治沙活动。其后，江西省林业厅办公室于 2015 年印发了《江西省"防沙治沙执法年"活动实施方案》，旨在通过开展活动，强化防沙治沙执法工作，推动各地落实《防沙治沙法》及其相关法律法规的要求，并依法对违法违规行为出重拳、对姑息纵容者严问责，巩固治沙成果，保护沙区生态；并要求有关市、县（市、区）林业局要在此次执法调研和检查活动的基础上，针对当前防沙治沙执法中面临的突出问题，结合各地实际情况，制定出台地方规范性文件，提出加强沙区生态保护的政策性意见和措施，明确防沙治沙涉及的有关要求，完善落实法律规定的责任，努力构建职责清晰、惩罚分明、程序公开、效果明显的防沙治沙执法体系，用严格的制度确保《防沙治沙法》得到有效实施。2007 年，江西召开了全省第一次防沙治沙工作专题会议。在本次会议上，江西要求各市、县（市、区）人民政府要加快制定《关于进一步加强防沙治沙工作的意见》和《全省防沙治沙规划》，要建立防沙治沙政府负责制和部门协调机制，要切实抓好依法治沙和科技示范工作，要求广泛筹集防沙治沙建设资金，要求切实抓好防沙治沙监测治理工作，要求切实抓好防沙治沙宣传教育工作。

六　环境治理

1981 年，为了合理开发和保护丰富的矿产资源，江西颁布了第一部环境资源保护地方性法规《江西省矿产资源保护暂行办法》；2000年，制定了《江西省环境污染防治条例》（江西省第九届人民代表大会常务委员会第二十次会议于2000年12月23日通过，自2001年3月1日起施行）；2017年，江西出台了首部农业生态环境地方性法规——《江西省农业生态环境保护条例》（2017年3月21日江西省第十二届人民代表大会常务委员会第三十二次会议通过，2018年5月31日江西省第十三届人民代表大会常务委员会第三次会议修正）。总体上看，改革开放以来，江西环境治理一路走来，相关法制建设一直没有缺位，先后制定和修订了近200件环境资源保护法规，在各领域中所占比例最高，达三成以上。

江西一系列环境资源保护法规，除了立法频率高，覆盖面也宽，包括大气、水、土地、矿藏、森林、湿地、野生动物、自然遗迹、风景名胜等客体，在环境污染防治、自然资源保护、生态保护领域已基本有法可依。在大气污染防治方面，除了《江西省环境污染防治条例》中设专章进行规定外，还专门针对机动车排气污染制定了《江西省机动车排气污染防治条例》；在水资源保护方面，除了制定有专门的《江西省水资源条例》外，还制定有实施水土保持法办法、赣抚平原灌区管理条例、水利工程条例等；在土地管理方面，制定了实施土地管理办法、征收土地管理办法和国土资源监督检查条例、测绘管理条例；在森林资源保护方面，除制定有《江西省森林条例》外，还制定了森林防火、山林权属争议调解处理、森林资源转让、森林公园、林木种子管理、古树名木保护等林业相关法规；在矿产资源方面，制定了矿产资源开采管理条例、采石取土管理办法、保护性开采的特定矿种管理条例等法规。中共十八大以来，针对生态文明建设的各个领域，江西又相继出台了《江西省生态空间保护红线管理办法》《江西省湿地保护工程规划》《城镇生态污水处理及再生利用设施建设规划》《农村生活垃圾专项治理工作方案》《节能减排低碳发展行动工作方案》《江西省党政领导干部生态环境损害责任追究实施细则（试行）》等法规制度。

第三节 依法治绿护绿的成效

法律的生命在于实施。自改革开放以来，江西在治绿护绿方面立法不少，内容涵盖了义务植树、湿地保护、森林资源保护、野生动植物保护、防沙治沙、环境治理等诸多方面，形成了一套治绿护绿法制体系，堪称硕果累累，上述内容即是例证。如果立法仅是停留在纸面上，那就不能发挥治绿护绿的社会功能。客观地说，江西切实地将相关治绿护绿的立法付诸实施，并收到了成效。这对推动江西依法治绿护绿，合理有效利用资源，保护人民群众身心健康，促进人与自然、人与社会和谐相处，保护江西的青山绿水、实现可持续发展，推进生态文明建设，提供了强有力的法制保障，发挥了积极作用。

一 环境治理成效卓著

在主要污染物总量减排方面，2015 年，江西全省化学需氧量、氨氮、二氧化硫和氮氧化物排放总量分别较 2010 年下降 7.92%、10.47%、11.15% 和 15.38%，四项指标全部超额完成国家下达的"十二五"目标任务。其中，化学需氧量、氨氮分别完成"十二五"减排任务的 136%、106%，二氧化硫和氮氧化物分别完成"十二五"减排任务的 146%、223%。2016 年，全省化学需氧量、氨氮、二氧化硫和氮氧化物分别较上年下降 1.04%、1.59%、4.67%、3.85%，2017 年四项指标分别下降 0.81%、0.93%、5.4%、3.22%，2018 年四项指标又分别下降 1.14%、2.53%、2.39%、2.68%，前三年均全面完成国家下达的年度减排任务。在节能降耗方面，"十一五"完成单位 GDP 能耗降低 20% 的目标，"十二五"又超额完成降低 16% 的目标。"十三五"进一步提出能耗强度和总量"双控"目标。2018 年，全省万元 GDP 能耗 0.43 吨标准煤，比 2015 年下降 15.1%，完成"十三五"进度目标的 89.7%，大幅超越 60% 的进度目标。在大气污染防治方面，2018 年，全省城市环境空气质量优良率 88.3%，比上年提高 5 个百分点，PM10 平均浓度 64 微克/立方米，比上年下降 9 微克/立方米，圆满完成"大气十条"五年收官考核任务。2018 年，全省设区城市环境空气质量优良天数比例为 88.3%，全省 PM10 平均浓度 64 微克/立方米，PM2.5 的平均浓度 38 微克/立方米。2013—2017 年，南昌市 PM10 平均浓度下降了 34.5 个百分点，PM2.5 平均浓度下降了 40.6 个百分点，空气质量优良天数率上升了 22.5 个百分点，在中部省会城市中连续四年排名第一。2018 年，南昌空气质量总体优良率达 89.6%，比上年上升

6.3 个百分点，PM2.5 平均浓度 30 微克/立方米，下降 26.8 个百分点，PM10 平均浓度 64 微克/立方米，下降了 34.5 个百分点。三项指标均继续在中部六个省会城市排名第一，空气质量优势进一步凸显。在水污染防治方面，2018 年，全省地表水水质总体良好，Ⅰ—Ⅲ类水质断面（点位）达标率为 90.7%，较上年提高 2.2 个百分点。全省单位 GDP 用水量较上年下降 6.97%，单位工业增加值用水量下降 10.71%。2018 年，全省国考断面水质优良比例达 92%，水质高于国家考核江西标准 12 个百分点。主要河流水质优良比例达 97.4%。在土壤污染防治方面，江西贯彻落实国务院"土十条"，以改善土壤环境质量为核心，以保障农产品质量和人居环境安全为出发点，稳步推进"净土"行动，分类防治土壤污染，建立重金属污染农作物处置长效机制，编制完成《江西省土壤污染治理与修复规划》，建立土壤污染防治项目库，建成全省危险废物监管平台。推进生活垃圾焚烧处理设施建设和垃圾焚烧发电行业达标排放，存在问题的垃圾焚烧发电厂在 2018 年全部完成整改，净土保卫战有序稳步推进。在农业面源污染治理方面，出台农业生态环境保护条例，严格落实畜禽养殖"三区"划定工作，推动 92 个县完成养殖水域滩涂规划，划定湖泊水库禁养区 152.1 万亩、限养区 144.6 万亩。全省畜禽废弃物资源化利用率达到 79%，化肥农药使用量连续两年负增长。结合新农村建设，整治农村环境。统筹资金 60 亿元，推进 2 万个村组村容村貌整治。实施农村生活污水管网建设与"厕所"革命，使 2000 多个村组配套生活污水处理设施，73.5% 农户配有水冲式卫生厕所。①

在生态品牌建设方面，江西成功举办了"2019 鄱阳湖国际观鸟周"活动，向全世界展示了鄱阳湖的自然之美、生态之美、和谐之美，搭建起江西与世界对话的桥梁，赢得了各方赞誉；江西省人大常委会通过《江西省人民代表大会常务委员会关于确定白鹤为江西省"省鸟"的决定》，白鹤确定为"省鸟"；在资溪县主会场和铜鼓天柱峰、安福羊狮幕、大余丫山等 11 处分会场举办了首届江西森林旅游节，推介江西丰富多彩的森林美景、内涵丰富的森林旅游产品，做大做强江西森林旅游

① 《2013—2019 年江西省环境状况公报》，江西省生态环境厅网站，http：//sthjt. jiangxi. gov. cn/c01/c0142073/index. html。

品牌，助推旅游强省发展战略。在个案方面，"中国最美乡村"婺源县在 2015 年国际乡村旅游大会上入选"世界十大乡村度假胜地"；安远县是典型的丘陵山区，有独特的原始森林景观、温泉群，山地面积 296 万亩，占土地面积的 83.43%，森林覆盖率达 83.4%，依托这些资源禀赋，打造了国家重点风景名胜区和国家级森林公园；崇义县开展重点流域环境整治，留住美丽乡愁。依托阳岭景区生态优势，推动龙山生态体育公园、阳岭高端生态养老等项目建设，发展壮大健康产业，并鼓励社会资本发起设立健康养生产业投资基金，抢占战略性新兴产业制高点。当前，崇义县森林覆盖率高达 88.3%，赢得了"生态王国""绿色宝库"的美誉，并跻身江西首批生态文明先行示范县；奉新县则紧扣创建"省级森林城市"目标，大力实施昌铜高速沿线百里万亩林相改造工程，采取"一封、二造、三抚育、四补助"，2014 年以来，新增造林4.7 万亩，完成了昌铜高速沿线低产林更新改造 2406 亩，栽植红叶石楠和木荷等阔叶林苗达 11 万余株，新增封山育林面积 17.1 万亩，其中昌铜高速沿线新增 6.58 万亩，形成具有奉新区域特色的生态景观带。①在绿色城镇化和美丽乡村建设方面，江西省委农工部推进了美丽乡村建设，实施了 105 国道、320 国道等干道沿线乡村"六化"综合整治和乡村改造提升工程；省住建厅加强了历史文化名镇名村、传统村落保护开发。

　　正是由于环境治理成效卓著，2014 年，国家六部委批复了《江西省生态文明先行示范区建设实施方案》，江西成为首批全境列入生态文明先行示范区建设的省份之一。2016 年 8 月，江西获批成为国家生态文明试验区，承担起了先行先试、探索新路的历史重任。2017 年 6 月，中央深改组第 36 次会议审议通过《国家生态文明试验区（江西）实施方案》，江西站在新的更高起点上，开启了生态文明建设新征程，书写着新时代生态文明建设新篇章。

二　义务植树成效昭彰

　　自 1982 年至 2007 年共 25 年间，江西全民义务植树运动在历届省

---

① 《奉新县 2015 年国民经济和社会发展计划执行情况及 2016 年规划（草案）的报告（书面）》，奉新县人民政府网站，http://www.fengxin.gov.cn/news - show - 3325.html。

委、省政府的正确领导下，经过广大人民群众的艰苦努力，取得了辉煌的业绩：全省参加义务植树人数达 3.89 亿人次，植树 18.8 亿株。建立各级领导干部绿化示范点 16436 个，造林 58.38 万公顷。① 除按条例实施规定动作外，江西还大力拓宽义务植树活动形式：一是大力开展认种认养活动。2002 年，江西制定出台了《关于开展城市绿地认养活动的意见》（以下简称《意见》）。实践证明，《意见》的出台适应了新时期社会参与绿化、尽职尽责的要求，是新形势下开展全民义务植树活动的有效形式。二是广泛开展了营造纪念林活动。2001 年，江西省绿委组织开展了营造世纪纪念林活动，原省委书记舒惠国等省领导参加了纪念林植树活动，并为纪念林碑题写了碑文。多年来，各地坚持不懈，发动社会各界建立各种形式的纪念林基地。开展了栽植"青年林""公仆林"以及与日本友人共同栽种"中日友好林"等义务植树活动，活动既绿化美化了环境，又丰富了人们的文化生活。三是推进义务植树基地建设。为了更好地开展义务植树活动，使之走上规范化、制度化、基地化和产业化的道路，江西确定了义务植树基地建设的几种类型，即义务植树与工程建设相结合、与领导干部造林绿化示范点相结合、与林业产业化基地相结合。仅在"十五"期间，江西全省新建义务植树基地 1062 个，面积 52.41 万亩。2004 年江西还开展了"全省义务植树示范基地"评选活动，全省评选出 10 个示范基地，并树立了醒目碑牌，以此来推进全省义务植树基地建设。四是加大了义务植树绿化费征收工作力度。各级绿委办依照行政执法程序，积极开展了义务植树绿化费征收工作。经统计，仅在"十五"期间，江西全省共收缴义务植树绿化费 3027.6 万元。2019 年，全省义务植树尽责率达到 89.7%。②

三　湿地保护成效显著

湿地保护步入法制化轨道后，其保护成效非常明显。2006 年至今，江西全省共争取各类湿地项目投资总额达 4.2426 亿元，在部分重点湿地区域实施了湿地保护修复重大工程，在鄱阳湖湿地区域开展了生态效

① 参见肖珂《构建绿色生态江西》，《国土绿化》2006 年第 10 期。
② 《江西省 2019 年国土绿化状况公报》，江西人民政府网，http：//www.jiangxi.gov.cn/arc/2020/3/12/art_ 393_ 1574514.html。

益补偿试点，累计补偿29.5万亩农作物受损耕地，14万人次从中受益，266个社区生态修复和环境整治项目得以实施，国际重要湿地、国家湿地公园等重点区域的湿地生态环境得到有效修复。2014年8月，江西被纳入第一批国家生态文明先行示范区建设。江西全省有湿地91.01万公顷，占全省总面积的5.45%。其中，河流、湖泊、沼泽等天然湿地71.07万公顷，人工湿地19.94万公顷。省级以上湿地公园99处，江西省湿地面积已达91.01万公顷，湿地保护率达55.2%；省级以上湿地公园99处，湿地保护小区219处，认定省级以上重要湿地46处，全省湿地保护率达到55.2%。江西省湿地平均价值每年达15.84万元/公顷，在全国处于较高水平。尤其值得一提的是，良好的湿地生态环境使得鄱阳湖成为亚洲最大的候鸟越冬地，国际社会公认的"珍禽王国""候鸟乐园"和中国唯一的"世界生命湖泊网"成员，每年吸引数十万只水鸟在此栖息，特别是珍稀鸟类白鹤，最高数量达4000余只，东方白鹳最高数量达2800余只，分别占其全球总数量的98%和85%以上。同时，鄱阳湖也是长江江豚等珍稀濒危物种赖以生存且为数不多的栖息地之一。在中国湿地保护和全球生物多样性保护领域，鄱阳湖湿地均扮演着无可替代的角色。在湿地公园方面，江西已打造了诸如鄱阳湖国家湿地公园、庐山西海国家湿地公园、东江源国家湿地公园等十大最美湿地公园。

在湿地生态系统综合效益方面，2016年，江西为1441.12亿元。其中，生态效益771.35亿元，占53.53%，主要包括固碳释氧、蓄水防洪、补充地下水、调节气候、净化水质、保持土壤、物种保育等方面；经济效益为531.27亿元，占36.87%，主要包括湿地食物、湿地淡水等方面；社会效益138.5亿元，占9.6%，主要包括湿地休闲娱乐、环境教育等方面的效益。①

四　森林资源保护成效明显

由于立法的齐备，截至2019年底，在江西省委、省政府的正确领导下，江西深入学习贯彻习近平新时代中国特色社会主义思想和习近平总书记视察江西重要讲话精神，坚持新发展理念，围绕打造美丽中国

---

① 参见《守住湿地"红线"共建美丽江西》，《江西时报》2019年3月13日第5版。

"江西样板"，促进绿水青山和金山银山双向转换，着力做好建设、保护、利用绿水青山"三篇文章"，森林资源保护取得了明显成效。

一是重点区域森林"四化"建设初见成效。2019 年，全省财政投入重点区域森林"四化"建设资金达 1.31 亿元，建设树种以彩色树种为主，兼顾珍贵树种，培育"四化"树种苗木 2309 万株，栽植"四化"树木 806 万株，完成建设面积 19.3 万亩，占计划任务的 144%。二是森林质量稳步提升。2019 年，全省完成低产低效林改造面积 177.9 万亩，占计划任务的 101%。实施封山育林 108.3 万亩，占国家林草局下达计划的 108.3%。完成森林抚育 441.82 万亩，国有林场场外造林 25.52 万亩。初步建成 20 个省级森林经营样板基地，开展了近自然森林经营试点，有效提高了我省近自然森林经营的技术能力。三是古树名木保护成果突出。"江西树王"评选结果出炉，正式公布樟树、杉树、马尾松、银杏、南方红豆杉、罗汉松、楠木、桂花、柏树、枫香等 10 个树种的"江西树王"和 10 个树种的"十大古树"评选结果。2019 年，全省进一步规范古树名木调查、建档、监测、挂牌保护和养护复壮，加强对古树名木的保护管理。四是森林资源保护管理更加有力。2019 年，江西不断加强林地使用定额管理和林木采伐限额管理，严格控制生态公益林采伐，禁止天然林商业性采伐，有序放活人工商品林采伐管理，优先保障森林火灾、松材线虫病防控等重大自然灾害木的采伐清理。全省圆满完成第七次全省森林资源二类调查任务。全省持续开展"森林资源管理严打整治专项行动""绿卫 2019 打击破坏森林草原执法专项行动"等系列专项整治行动，查处各类林业行政案件 12986 件，查处 14515 人，恢复林地 3.85 万亩；全省共有自然保护区 190 个（国家级 16 个，省级 38 个，县级 136 个），保护区总面积 109.88 万公顷，占全省总面积的 6.58%；全省森林公园总数达 182 处（国家级 50 处，省级 120 处，市县级 12 处），批复总面积达 52.91 万公顷，占全省总面积的 3.17%。五是林业自然保护区建设成绩显著。截至 2017 年底，全省已建林业自然保护区 156 个，总面积 1606.8 万亩；全省建成自然保护小区 5000 余处，面积 3000 万亩，自然保护区和自然保护小区总面积占全省总面积比为 7.59%。全省有 1 个（官山）保护区经国务院批准晋升为国家级自然保护区，2 个（马头山、南矶山）保护区通过国家评审，5 个（庐山、九岭山、齐云山、赣江源、阳际峰）保护区开展了申报国家级的科学考察；全省有 13 个县级保护区申报晋升省级保护区，其中 7 个保护区通过正式评审。六是林业灾害防控持续巩固。2019 年，全省发生森林火灾 60 起、过火面积 1199.17 公顷，受害森林面积 489.14 公顷，没有发生重特大森林火灾，保持了重点区位和重要时段森林防火安全。圆满完成省政府部署的松材线虫病疫木清理"百日攻坚"行动任务，全省共清理病枯死松树 310.05 万株，清理面积 109.5 万亩，打孔注药保护重点松树 23.9 万株。有关单位在庐山、井冈山、三清山、梅岭和龙虎山等重点区域开展松材线虫病防控"保卫战"，取得阶段性成效。全省持续开展检疫执法专项行动，共查处检疫案件 68 起，其中，刑事案件 7 起。七是林下经济发展持续向好。2019 年，江西全省完成林下经济种植面积 62.56 万亩，超额完成年度目标任务。其中，完成油茶种植面积 36.87 万亩，占计划的 105.3%；完成森林药材种植面积 20.41 万亩，占计划的 136%；完成香精香料原料林种植面积 2.9 万亩，占计划的 145%；完成其他经济林种植面积 2.58 万亩。全省苗木花卉培育面积达 167 万亩，可出圃苗木数量约 12.7 亿株，拥有国家级苗木花卉龙头企业 4 家，省级 93 家，大中型苗木花卉企业 365 家。①

在森林生态系统综合效益方面，2016 年，江西为 13510.22 亿元。其中，生态效益为 10096.33 亿元，占 74.73%，主要包括森林涵养水源、保育土壤、固碳释氧、积累营养物质、净化大气环境、森林防护、生物多样性保护等方面；经济效益为 2614.28 亿元，占 19.35%，主要包含木材储备、木材生产、竹材生产、非木质森林产品、林下经济、林产品加工及林化产品等方面；社会效益为 799.61 亿元，占 5.92%，主要包括森林游憩、提供就业机会、科学文化及历史等方面。②

五　野生动植物保护成效突出

由于在野生动植物保护方面有法可依，在实践中执法严格，这就为江西野生动物的生存和种群发展提供了有利条件。据统计，江西全省野

① 参见《江西省 2019 年国土绿化状况公报》，江西省人民政府网，http://www.jiangxi.gov.cn/art/2020/3/12/art_393_1574514.html。

② 参见《江西森林湿地生态系统综合效益喜人，今年全面推行"林长制"》，国家林业和草原局网站，http://www.forestry.gov.cn/main/72/20180531/165641921305151.html。

生脊椎动物有 845 种，其中兽类 105 种，鸟类 420 种，爬行类 77 种，两栖类 40 种，鱼类 203 种，分别占全国同类动物种数的 21%、34%、20%、14%、5%。省级保护的陆生野生动物有 107 种（类）。全省列入《濒危野生动植物种国际贸易公约》附录一和附录二的野生动植物种类有 98 种（类）；常年分布的珍稀濒危野生动物有金钱豹、云豹、梅花鹿（南方亚种）、水鹿、鬣羚、黑熊、黄腹角雉、白鹇、白颈长尾雉等，其中南方亚种野生梅花鹿种群是全国之最，野外数量约 700 头。自1999 年开始，江西每年冬季开展环鄱阳湖水鸟同步调查，连续 8 年的调查结果显示每年在此越冬的水鸟平均保持在 50 万只左右，其中白鹤的越冬数量每年都稳定在全球总数量的 95% 以上。江西全省已知的高等野生植物有 5117 种，占全国总数的 17%，其中苔藓类 563 种，蕨类435 种，裸子植物 31 种，被子植物 4088 种。其中国家 I 级保护野生植物有 9 种，II 级保护有 46 种；原林业部公布的国家珍贵树种有 26 种，约占全国的 20%；省 I 级保护野生植物有 9 种，II 级有 39 种，III 级有115 种；在地带性常绿阔叶林中，植物种属和个体数量较多的优势科为壳斗科、樟科、木兰科、山茶科、金缕梅科、杜英科、冬青科等。珍稀、濒危植物有南方红豆杉、白豆杉、观光木、半枫荷、香果树、伯乐树、金毛狗蕨、粗榧等；分布于宜春市的落叶木莲是我省特有种，也是木莲属唯一落叶的植物；东乡野生稻为近代水稻的始祖，是我国分布最北的野生稻；萍乡的长红檵木母树，树龄有 300 多年，是世界仅存的长红檵木母树。此外，宜丰县的穗花杉群落、铅山县的南方铁杉天然林、德兴和玉山县的华东黄杉天然林均是国内罕见的珍稀植物群落。①

六 防沙治沙成效不俗

根据 2004 年第三次沙化土地监测结果和省地矿局调查，江西共有沙化、石漠化土地 269938.7 公顷，占江西省国土总面积的 1.60%。其中，石漠化土地总面积 194000 公顷，占省国土总面积的 1.15%，主要分布在九江、萍乡、新余、宜春、上饶和吉安等 6 个设区市；沙化土地总面积 75938.7 公顷，占省国土总面积的 0.45%，主要分布在长江南

---

① 参见朱云贵、俞长好《加强基层野生动植物保护管理队伍建设的探讨》，《江西林业科技》2008 年第 2 期。

岸、鄱阳湖周边和赣、抚、饶、信、修五大河流沿岸，涉及南昌、九江、鹰潭、赣州、宜春、上饶、抚州等7个设区市的30个县（市、区）227个乡（镇、场）。这些沙化土地中，流动沙地（丘）面积768.4公顷，半固定沙地（丘）5213.3公顷，固定沙地（丘）27217.1公顷，沙化耕地面积42739.9公顷。① 2006年，国家在江西彭泽县正式启动实施了全国防沙治沙县级综合示范区建设项目。截至2007年，江西沙化面积缩减，全省沙化土地行政单位减少了1个区29个乡（镇、场），沙化土地面积减少了21万亩，减幅达15.5%；沙化程度减轻，基本遏制了沙化扩展趋势，扭转了少数地方的"沙进人退"现象。不少昔日黄沙漫天的沙区，如今已是林茂粮丰，沙区特色旅游等产业不断发展壮大，农民就业增收渠道日益拓展，农民脱贫致富步伐明显加快。②

综上所述，改革开放来，江西在认真贯彻国家治绿护绿法律法规和各项政策、措施的基础上，积极加强治绿护绿地方立法工作，制定和颁布了一批广义上的治绿护绿法规、规章及其他规范性文件，出台了一系列促进人与自然和谐发展的政策，建立健全优化国土空间开发、节约资源、保护生态系统的制度体系，依法解决了一些面临的治绿护绿问题。从总体上看，江西治绿护绿地方立法质量有待提高，大多数法规规章都是对国家立法的简单重复，缺乏有江西地方特色和针对江西实际的地方立法。其中，产业专业预防性立法和其他有关立法滞后的问题较为突出。众所周知，由于江西存在经济发展与环境保护的双重压力，承接东部沿海地区的产业转移成为经济发展的主渠道。但由于承接的产业多以制造业为主，这又加剧了对生态环境的破坏，给生态保护带了巨大压力。当然，江西也已意识到了产业转移带来的环境危害，并且已着手有关立法和制度建设，如2012年5月，江西省人民政府办公厅印发了《江西省建设项目环境影响评价文件分级审批规定》，强调建设项目的环境评估要求；2013年8月，江西制定了《推进承接产业转移示范区建设的工作方案》，对示范区承接产业转移项目，在同等条件下优先保障承接产业转移项目环评需要。但这些规章制度还存在诸多不足，不能

① 参见《江西省沙化、石漠化土地情况》，中国碳汇林网站，http：//www. carbon-tree. com. cn/Newsshow. asp？Bid＝6324。
② 参见《江西召开全省防沙治沙工作会议》，国家林业和草原局网站，http：//www. for-estry. gov. cn。

有效规制污染产业的转移。另外，江西的地方立法有些还未能及时跟上国家立法的步伐。譬如，作为江西省环境保护的基本立法的《江西省环境污染防治条例》，自颁行后的最近一次修订还是停滞在 2008 年，不少规范已经与国家颁行的新的《环境保护法》不能实现有效衔接。在新时代，鉴于生态文明建设的需要，任何地方都不能再以牺牲资源与环境来片面追求经济的快速发展，也不能要求地方为保护环境而放弃发展。在发展与保护的双重压力下，我们必须在确保经济平稳发展的同时，采取有效的措施，特别是具有市场化的措施来解决这一问题，譬如生态补偿制度等。但目前江西关于这一方面的规范不够健全，诸多规定不够具体、缺乏可操作性、补偿标准过低、立法层级过低等，这些问题都有待在提升立法层级的基础上予以切实解决。

第五章　绿色文化江西模式

绿色文化是江西生态形象的最直观体现，是国家生态文明试验区建设的核心要素，必须保护好、传承好、弘扬好江西绿色文化。在建设绿色文化的生动实践中，江西逐步形成了绿色文化＋生态保护、绿色文化＋环境治理、绿色文化＋现代服务、绿色文化＋现代农业、绿色文化＋生态工业、绿色文化＋社会风尚的发展模式，凝聚了江西绿色文化繁荣壮大的宝贵经验，孕育了生态文明建设的强大力量。

第一节　江西绿色文化发展举措

近年来，江西全省上下深入学习贯彻习近平生态文明思想，树牢生态文明建设理念，提高全省干部群众生态文明建设的主动性、自觉性，推动绿色发展成为全社会的思想共识和自觉行动。

一　加强绿色文化顶层设计

《国家生态文明试验区（江西）实施方案》明确要求健全生态文化培育引导机制，深入挖掘江西生态文化底蕴，积极培育生态道德，将生态文化培育作为文明城市、文明村镇和文明单位（社区）创建的重要内容，推动生态文明成为全社会共识；把生态文明纳入国民教育体系和干部教育培训体系，在中小学校开展绿色学校创建活动，在政府机关、企事业单位设立生态环境监督员；编制江西生态文化史，创作一批体现生态文明理念的优秀文化作品。[①]

[①]　中共中央办公厅、国务院办公厅：关于印发《国家生态文明试验区（江西）实施方案》和《国家生态文明试验区（福建）实施方案》的通知（2017 年），中央人民政府网站，http：//www.gov.cn/zhengce/2017/10/02/content_ 5229318. htm。

　　《中共江西省委江西省人民政府关于深入落实〈国家生态文明试验区（江西）实施方案〉的意见》明确要求挖掘优秀传统生态文化思想和资源，创作一批文艺作品，创建一批教育基地，满足人民群众的生态文化需求；将生态文化培育作为文明城市、文明村镇和文明单位（社区）创建的重要内容，广泛动员全民参与生态文明建设，营造全社会共建共享生态文明的浓厚氛围；充分发挥各类媒体作用，加强政策解读和宣传引导，大力宣传党中央、国务院和省委、省政府的决策部署，宣传建设国家生态文明试验区的重要意义、战略定位、目标要求、重大举措以及进展成效，宣传各地各部门的成功经验和有效做法；将国家生态文明试验区建设内容纳入各级党校、行政学院、干部学院教学计划；探索建立生态文明智库，鼓励和支持科研院所、高等院校开展相关课题研究和学术交流；完善公众参与制度，发挥民间组织和志愿者的积极作用，鼓励各行业制定绿色行为规范，在全社会形成良好的绿色生活方式。①

　　江西省国家生态文明试验区建设工作要点围绕生态文化建设作出明确安排。例如，2017 年工作要点明确要主动宣传引导。各级宣传部门要加大生态文明建设的宣传力度，面向全社会广泛开展生态文明宣传教育和知识普及，深入解读和宣传生态文明各项制度的内涵和改革方向，进一步统一思想，凝聚共识，形成全社会共同参与生态文明试验区建设的生动局面。2018 年工作要点要求进一步营造生态文明建设浓厚氛围。宣传试验区建设重大举措、进展成效，引导树牢社会主义生态文明观；将生态文明建设纳入干部教育、学校教育和社会公民教育，增强全民节约资源、保护环境的意识；构建政府为主导、企业为主体、社会组织和公众共同参与的环境治理体系，开展创建节约型机关、绿色家庭、绿色学校、绿色社区和绿色出行等行动，倡导绿色低碳的生活方式和消费模式。2019 年工作要点进一步要求深化生态文明宣传教育。全面开展党员领导干部生态文明轮训，加强学校生态文化教育；广泛开展生态文明典型案例挖掘和宣传报道，搭建生态文明集中宣传展示平台，定期曝光环境污染和破坏生态文明建设事件；加快健全党委政府主导、全社会参

---

　　①　参见《中共江西省委江西省人民政府关于深入落实〈国家生态文明试验区（江西）实施方案〉的意见》（2017 年），江西省人民政府网，http：//www.jiangxi.gov.ch/art/2017/10/4/art_ 396_ 137614. html。

与的生态文化宣教体系，形成生态文明共建共享合力。这些工作部署和要求，都有力地促进了全省生态文明、绿色文化建设。[①]

二　加强绿色文化宣传引领

一是强化正面宣传。结合"新时代新气象新作为"大型主题采访和"新春走基层"等主题宣传活动，组织省直新闻媒体在报道中充分反映绿色发展、绿色生活的江西实践，立体化呈现美丽中国的江西样板。加大与中央驻赣媒体沟通协调力度，不定期报送反映江西绿色崛起亮点的新闻选题，推出一批聚焦国家生态文明试验区（江西）建设工作成效的新闻稿件。如《江西日报》相继开设"创新引领、绿色崛起、担当实干、兴赣富民""记者走赣鄱·印象"等专栏，突出"绿色崛起"这一路径支撑，聚焦各地各部门在推动绿色发展、生态建设上的创新举措、经验成效。仅2017年在要闻版、综合版、专版刊发主题为生态文明建设方面的消息、通讯、言论、图片、杂文等各类稿件1000余篇（条）；江西广播电视台在"江西新闻联播"开设"美丽中国江西样板""中央环保督察问题整改""聚焦'美丽江西'""改革发展一年间""'秀'美江西"等专栏，推出"江西河长制""美丽中国江西""生态文明建设样板"等系列策划，年播发电视、广播稿件近300篇。

二是创新网上宣传。全省组织省内网站及其"两微一端"及时转载推送人民网、新华网、《江西日报》、江西广播电视台等中央及省内主要媒体的权威报道和重要稿件，如《坚持节约资源基本国策大力推进生态文明建设——写在第27个全国"土地日"之际》；协调省内新闻网站发挥新媒体传播优势，运用多种网络传播方式，积极刊发相关报道，中国江西网、江西网络广播电视台等省内网站共刊发一系列稿件；组织全省各级各类网评员在各主要新闻网站和移动端相关报道评论区正面跟帖，组织撰写系列网评文章。

三是完善宣传机制。一方面，根据省环境保护督察问题整改工作宣传组要求，建立环境污染问题媒体曝光及处理解决通报制度，组织主要新闻媒体、网站定期曝光一批环境污染突出问题，助力生态文明建设。

---

① 参见江西省生态文明领导办公室《国家生态文明试验区（江西）资料汇编》，2018年1月，第1页；2019年1月，第2页。

如江西广播电视台"江西新闻联播"栏目每周四报道督察整改工作情况,每期曝光1—2个环境污染问题及整改情况;《江西日报》开设专栏,每周定期推出报道;江西省人民政府网站首页设立专栏,每周五宣传报道督察整改进展情况。另一方面,将生态文化培育作为文明城市、文明村镇和文明单位(社区)创建的重要内容,用好市县公共文明指数测评这根指挥棒,将生态文明建设考核纳入公共文明指数测评,通过科学、动态地制定测评体系,有效地促进生态文明建设在各地各部门的落实,不断细化、完善、提升。

四是普及生态文化。全省牵头单位不断深化"文明生态示范村"帮建工作,2010—2018年,在全省范围已先后分三批组织4487个省级文明单位一对一帮建4487个自然村,先后派员1000人次驻村工作,援助、援建基础设施3000多个,各类资金、物资投入近20亿元。全省大力推进美丽乡村建设示范工程,省委领导亲自点题,选择13个重点市、县进行试点,武宁县、宜丰县入选全国100个美丽乡村建设示范县;在全省范围积极宣传各地各部门推进生态文明建设的好经验、好做法、好思路,广泛宣传在美丽江西建设中涌现出的各类先进典型,如2015年向中宣部、国家发改委推荐的吉安市井冈山市森林环保有限公司董事长董森林,获评全国节俭养德全民节约行动先进个人;督促全省生态文明先行示范县(市、区)做好生态文明知识普及工作,指导申报全省生态文明先行示范县(市、区)的地区开展创建工作,对各地生态普及率指标进行考评;开展公益宣传,将生态文明创建融入社会主义核心价值观和"中国梦"宣传教育,用好中宣部"图说我们的价值观"公益广告发布平台和"梦娃"系列视频短片。各地宣传部门积极协调城建、公交等部门在公共场所和公共交通工具上,利用广告牌、橱窗、广播、闭路电视和电子显示屏刊播国家生态文明试验区(江西)建设推进情况公益广告,为国家生态文明试验区(江西)建设营造良好舆论氛围。[1]

三 大力推动生态文明教育

全省在教育活动中突出生态文明教育。持续在全省中小学开展了红

---

[1] 参见张和平《筑梦美丽中国打造"江西样板"——江西生态文明建设实践与探索》,中国环境出版社2018年版。

色、绿色和古色文化教育活动，广泛开展美丽实践活动，宣传普及生态文明理念、绿色低碳知识，倡导中小学生从自己做起，从身边小事做起，参与环保活动，引导中小学生养成节水、节电、节能、节材、降低生活污染排放的生态环保意识，为建设美丽校园、美丽江西、美丽中国做出努力。截至 2019 年底，全省有百万名中小学生参与了该项活动。

全省在地方教材中渗透生态文明知识。将绿色环保、生态文明知识教育作为教材的重要内容，进一步促进地方教材《美丽江西》中生态文明知识落地生根，将绿色环保、生态文明知识教育纳入全省义务教育地方课程教材《人杰地灵诵江西》之中，引导全省中小学生保护生态环境，树立正确的生态理念，并在此基础上不断完善内容，补充垃圾分类知识。

全省在绿色学校创建活动中营造生态氛围。在全省中小学校持续开展"绿色学校"创建活动，不断加强中小学生态文明教育，夯实绿色发展教育工作基础。从 1999 年开始，国家环保总局和教育部联合开展全国绿色学校的创建工作，共命名了四批全国绿色学校，江西 16 所学校被评为全国绿色学校。从 2009 年起，国家环保总局和教育部不再开展绿色学校评比。江西于 2016 年重新修订了创建标准，将绿色环保、生态文明知识教育融入文明校园建设之中，让绿色理念和生态意识融入师生的学习和日常生活之中。截至 2019 年底，共创建国家级生态学校 4 所、省级绿色学校 240 所。

全省在各级各类学校中开展垃圾减量和分类教育。大力开展校园环境综合整治工作，2019 年秋季开学起，部署在全省中小学校、幼儿园开展生活垃圾减量工作和垃圾分类知识教育，给学校幼儿园免费发放"普及生活垃圾分类知识挂图"，让学生做到应知应会。

全省持续开展中小学生态文明教育活动。在全省中小学开展了红色、绿色和古色文化教育活动，通过学一些赣文化、走一段研学路、做一件公益事，在全省中小学生中广泛开展文明养成实践、美丽实践活动，宣传普及生态文明理念、绿色低碳知识；加强研学工作指导，在研学基地中开设自然生态板块，引导学生感受祖国大好河山，树立爱护自然、保护生态的意识。

全省积极开展大学生态与环境保护实践活动。组织全省高校大学生"生态文明建设专题"暑期文明实践志愿行动，开展绿色发展、垃圾分类等知识普及与宣传教育。利用高校社团积极开展生态环保实践活动，培养师生环保意识，促进绿色发展理念形成。江西师范大学蓝天环保社团、江西农业大学绿源协会等一批高校社团，每年开展"湿地使者长江行动""保护母亲河""气象日活动""绿色寝室"等实践活动，成为具有较大影响力的校园主题活动。

全省进一步加强绿色发展相关专业人才培养。据统计，截至2019年，全省19所高校环境科学、生态学和环境工程等专业在校本科生共有3648人；南昌大学、东华理工大学、南昌航空大学、江西理工大学、景德镇陶瓷大学等5所高校在校硕士研究生共有251人；南昌大学和江西农业大学两所高校在校博士研究生共有56人，为全省绿色发展提供人才支持。

四 大力发展绿色科学技术

长期以来，省级科技计划申报指南中均涉及均安排了生态文明建设相关内容，积极引导相关科技力量加快开展生态文明科技攻关研究。近年全省围绕环保产业科技创新，从基础研究、重点研发等各类计划共实施环保科技项目近100项，投入经费近1000万元，支持了"水体中关键水质参数在线监测方法与设备研发"等一批污染防治科技计划项目，为环保产业发展提供强有力的科技支撑。加快全省环保科技创新平台和基地建设，培育了电子电镀废水处理与资源化等省部级以上的节能环保创新平台60余家；组建环保产业科技协同创新体9家，给予扶持资金近1.4亿元。认定节能减排科技示范企业234家，并通过专项经费和政策扶持，带动示范企业共投入研发资金64亿元，设立研发平台288个，获得专利2258项。建设萍乡市节能环保产业省级科技示范基地，基地现有各类环保企业211家，主营业务收入超过300亿元，基地先后与17所省内外高等院校、科研院所建立了长期战略合作关系，承担各级科研项目300余项，获省部级以上科研成果奖20余项，拥有国家专利1000余项。推进生态文明科技示范基地建设，到2019年底，全省共建有33个生态文明科技示范基地，累计投入930万元专项经费。[①] 加强环保科

---

① 参见江西省生态文明领导小组办公室《国家生态文明试验区（江西）资料汇编》，2019年12月，第4页。

技创新成果转化及应用，积极举办环保产业科技成果在线对接会。以环保产业技术成果转移转化为主题，多次举办节能环保产业科技成果在线对接会，有力促进了环保产业科技成果转移转化。加大人才团队培育力度，提升全省环保科技创新能力，依托高校、科研院所和龙头企业，在环保领域共组建相关优势创新团队 26 个。

五 构建绿色制度体系

全省坚持和完善生态文明制度体系，加快制度创新，增加制度供给，完善制度配套，强化制度执行，不断完善制度体系的系统性、整体性、协同性，保证党中央、国务院关于生态文明建设决策部署在江西落地生根见效。

全省坚持山水林田湖草综合治理、系统治理、源头治理，完善生态保护和修复制度。创新自然资源保护制度，推进自然资源统一确权登记，全面建立自然资源资产负债表制度、自然资源资产离任审计制度，强化自然资源调查监测、空间用途管制、生态修复等管控机制；积极探索构建以市场化方式推进矿山生态修复的新机制，探索生态系统修复制度，改革水土流失动态监测机制，建立五级林长制并在全国推广，创新重点区域森林美化彩化珍贵化建设机制，完善生物多样性保护等政策法规；完善国土空间规划制度，健全国土空间规划体系，强化生态保护红线落地实施，建立自然生态空间用途管制制度，落实永久基本农田保护监管、重点生态功能区全面实行产业准入负面清单制度，建立以企业"亩产论英雄"、工业"标准地"、建设用地"增存挂钩"和城镇低效用地再开发为主要内容的"节地增效"机制；健全流域综合管理制度，全面实施"流域+区域"的河长制湖长制，赣江率先按流域设置环境监管和行政执法机构，赣州率先在会寻安生态经济区创新开展"河权到户"改革试点。

全省坚持用最严格的制度、最严密的法治保护生态环境，织密生态环境保护监管高压线。健全生态环境监测网络和预警机制，坚持垂改、综合执法改革与机构改革"三位一体"统筹推进，环保机构监测监察执法垂直管理制度改革全面落地，垂改进度位列非试点省第一；改革环境保护管理制度，创新污染防治攻坚战考核办法，加大环评改革力度，严格环境准入门槛，建立规划环评与项目环评联动机制，率先出台生态环境损害赔偿制度改革实施方案及配套政策；创新环境保护督察和执法体制，完善省级生态环境保护督察制度，制定生态环境保护责任规定，探索建立生态环境监察专员制度，建立生态环境行政执法与刑事司法衔接机制，在长江、鄱阳湖、东江源头等重点流域和区域建设跨行政区划集中管辖的环境资源法庭；健全农村环境治理体制机制，探索养殖粪便有机肥转化补贴机制，建立农村环境整治政府购买服务机制。

省委、省政府及时出台加快推动绿色发展的系列政策，加快推动绿色发展、循环发展、低碳发展。创新有利于绿色产业发展的体制机制，出台创建绿色有机农产品示范基地实施意见、绿色生态农业十大行动、农业结构调整"1＋9"行动、绿色导向的农业补贴改革等政策，率先颁布省级农业生态环境地方性法规，创新油茶、竹类等林下产业发展机制，制定300余项生态文明领域地方标准，率先上线运行省级农产品标准化及可追溯平台。探索建立资源高效利用机制，完善传统产业转型促进政策，建立传统产业绿色化改造关键技术研发与推广机制，建立数字经济发展机制，颁布气候资源保护和开发利用条例，全面落实城市生活垃圾分类制度。完善环境治理和生态保护市场化机制，健全节能环保产业发展政策，创新与三峡集团等共推长江大保护合作机制，建立用能权、水权、林权等有偿使用和交易机制，推进排污权有偿使用与交易，探索建立林业碳汇交易制度。深化赣江新区绿色金融改革创新，形成绿色市政专项债、"畜禽洁养贷"等绿色金融产品向全国复制推广，股权交易中心在全国区域性股权市场率先发行绿色私募可转债。

省委、省政府严格用制度管权治吏、护蓝增绿，完善全过程的绿色考核和追责机制。聚焦强化生态文明考核"指挥棒"作用，建立健全了生态文明绩效考核和责任追究制度体系，引导全省各级党政机关和领导干部树牢绿色政绩观。建立绿色发展指标体系，按年度开展绿色发展评价，健全市县高质量发展考核生态文明建设评价制度，完善了生态环境硬约束机制。完善领导干部自然资源资产离任审计政策，自然资源资产离任审计不断强化。出台党政领导干部生态环境损害责任追究实施细则，建立组织、纪检监察、生态环境等部门常态化协作机制，推动实现精准追责。

六　全面实施绿色保护

全省实施国土绿化工程。着力推进国土绿化，不断扩大森林面积，提高森林质量，提升生态系统质量和稳定性，切实增强生态产品生产能力。全省造林面积超 500 万亩、退化林修复超 700 万亩、森林抚育超 2200 万亩、封山育林超 400 万亩，省级森林城市总数达 72 个，试点建设乡村森林公园达 102 处，累计建设乡村风景林示范点 8267 个。推进森林四化建设，加快省内主要高速公路、高铁、长江岸线等通道绿化美化彩化珍贵化建设，推动由"绿化江西"向"美化江西"跨越。健全自然保护体系，建成各类自然保护地 536 处，自然保护区达到 190 个、森林公园 182 个、湿地公园 106 个，占全省总面积的 10.2%。

全省实施生态修复工程。持续开展水土流失治理，完成水土流失治理 1529 平方公里，治理崩岗 4334 座（处）。持续开展矿山生态系统治理，近年来实施矿山地质环境治理项目 110 个，投入资金 38.55 亿元，已完成废弃矿山恢复治理面积约 12.5 万亩，62 家矿山治理达到绿色矿山建设标准，2018 年度全省净增矿山生态修复面积位居全国前列。持续开展湿地保护修复，组织鄱阳湖越冬候鸟保护、湿地保护等行动，湿地保护率达到 59.45%，湿地面积保持在 91.01 万公顷，占国土面积的 5.45%。①

全省实施生态空间整治工程。各地开展自然生态空间整治，全省省级及以上自然保护区内共核查出违法违规问题 716 个，通过制定实施"一区一地一方案"，推动整改取得扎实成效。开展城镇生态空间整治，实施城市功能与品质提升三年行动，加强城镇绿心、绿道、绿网建设，开展城市山体、水体、湿地、废弃地等综合整治。开展农村生态空间整治，实施耕地质量保护与提升工程，实施赣南等原中央苏区土地整治重大工程、启动全域土地综合整治试点，促进土地资源保护。

全省实施长江经济带"共抓大保护、不搞大开发"。全省上下坚决

---

① 参见张和平《关于国家生态文明试验区（江西）建设情况的报告——2020 年 1 月 17 日在江西省第十三届人民代表大会第四次会议上》，江西省人民政府网，http://www.jiangxi.gov.cn/art/2020/2/19/art_393_1507379.html。

贯彻中央决策部署,始终把修复生态环境放在压倒性位置。制定实施长江经济带生态环境污染治理"4+1"工程方案,推进水污染治理、水生态修复、水资源保护"三水共治",深化和谐长江、健康长江、清洁长江、安全长江、优美长江"五江共建"。江西深入推进长江经济带"十大攻坚行动",扎实开展"五河两岸一湖一江"全流域整治,全力推进长江沿线岸堤绿化、美化,着力打造水美岸美产业美环境美的长江"最美岸线";对突出生态环境问题实施台账管理、挂图作战、销号落实,全省取缔非法码头86座,完成长江经济带警示片披露问题整改16个,整改进度列沿江省市第2位,整改工作新机制获得国家长江办推广;累计自查问题487个,已完成整改208个。①制定实施《江西省长江经济带发展负面清单实施细则》。目前,长江干流江西段、赣江及鄱阳湖等生态环境风险得到有效遏制。

全省推进污染防治攻坚战。省委、省政府全面贯彻落实党中央、国务院关于全面加强生态环境保护、坚决打好污染防治攻坚战的决策部署,坚持不懈实施鄱阳湖生态环境专项整治、蓝天保卫、碧水保卫、净土保卫、自然生态保护、工业污染防治、农业农村污染防治等八大标志性战役、30个专项行动;大力开展"净空行动",全面推动工业废气污染治理、农作物秸秆禁烧、柴油货车污染整治;大力开展"净水行动",实施城镇生活污水处理提质增效三年行动,推进饮用水水源地保护、入河排污口整治工程。大力开展"净土行动",推进城镇生活垃圾、建设用地污染、危险废弃物等专项整治。坚决禁止"洋垃圾"入境,2016年来,退运滞港固体废物22批2344.13吨,查证进口的固体废物1442吨。省级环保督察"回头看"排查出各类问题3万余个,整改完成2万余个,推动生态环境基础设施短板不断补齐,突出生态环境问题得到加速解决,生态环境质量持续巩固改善。2019年全省PM2.5平均浓度35微克/立方米,达到国家二级标准要求,比2017年下降26%。全省县级及以上断面消灭了劣Ⅴ类水,基本淘汰10蒸吨以下燃煤小锅炉,94个县(市、区)生态环境质量为优良,

---

① 参见张和平《关于国家生态文明试验区(江西)建设情况的报告——2020年1月17日在江西省第十三届人民代表大会第四次会议上》,江西省人民政府网,http://www.jiangxi.gov.cn/art/2020/2/19/art_393_1507379.html。

占全省总面积的 99.8% 。①

全省发力推进城乡环境综合整治。江西坚持让城市融入大自然，有序推进城市功能与品质提升，制定实施城市功能与品质提升三年行动方案，全面推进治脏、治乱、治堵、功能修补、生态修复、特色彰显、美化亮化、治理创新等八大行动。大力推进市政、污水处理、垃圾环卫的设施建设，加强环卫精细化管理、建筑工地常态化管理，整治积存垃圾、污水污渍、裸土见天、扬尘污染，完成 486 处非正规垃圾堆放点整治任务，城市卫生得到显著改善。加快推进老旧小区改造，打造了一批街头游园、口袋公园、小微绿地。在全国率先实现设区市国家森林城市、国家园林城市全覆盖。着力保护乡情美景，扎实推进农村人居环境三年整治行动，制定实施全省农村人居环境整治"1 + 8"政策体系，统筹 63 亿元资金推进 2 万个村组整治和 36 个美丽宜居试点县建设。有序推进村庄规划编制，已完成全省自然村以上村庄调查和分类工作；大力开展村庄清洁行动，村庄清洁行动实现全覆盖，共清理垃圾 317.5 万吨、水塘 74439 口、沟渠 9.6 万公里、淤泥 51.5 万吨、残垣断壁 60.9 万处；深入推进农村生活垃圾处理，建设城乡垃圾中转站 1723 座，布局垃圾集中收集点 25 万多个，配备农村保洁员 14.2 万名，93.6% 的村庄纳入城乡生活垃圾一体化收运处置体系，60 个县实施城乡环卫"全域一体化"第三方治理；稳步推进农村厕所革命，累计完成农户改厕 771 万户；建设污水处理设施 3308 座。至 2019 年底，已基本建立分类投放、分类收集、分类运输、分类处理的垃圾处理系统，形成了政府推动、全民参与、城乡统筹、因地制宜的垃圾分类制度。②

七　坚定不移推动绿色发展

全省积极推动生态产业化。深入推行农业标准化清洁生产，完善节水、节肥、节药的激励约束机制，发展生态循环农业，深入推进绿色有机农产品示范基地试点省建设，实施绿色生态农业十大行动、农业结构

---

① 参见张和平《关于国家生态文明试验区（江西）建设情况的报告——2020 年 1 月 17 日在江西省第十三届人民代表大会第四次会议上》，江西省人民政府网，http：//www. jiangxi. gov. cn/art/2020/2119/art_ 393_ 1507379. html。

② 参见江西省生态文明建设领导小组办公室《江西省生态文明建设领导小组 2019 年第一次会议书面汇报材料》，2019 年 2 月，第 205—211 页。

调整"1+9"行动,创建省级绿色有机农产品示范县38个,认证绿色有机产品和绿色食品原料标准化基地面积达1695.34万亩,占全省耕地面积的38.6%。进一步完善集体林权制度改革,推进林地经营权登记和抵押,已累计流转山林2572万亩,占集体山林总数的18.9%,培育专业大户和家庭林场5000余个,林业产业进入全国第一方阵。全省油茶林面积1500多万亩,总产值320亿元,面积和产值居全国第二位。吉安国储林项目成功申请国开行贷款67亿元,成为全国首个市场化运作贷款项目。[①]

全省加快推进产业生态化。全面实施"2+6+N"产业高质量跨越式发展行动计划,着力加快培育绿色新动能,做强航空、电子信息、装备制造、中医药、新能源、新材料等六大优势产业;出台实施支持节能环保产业加快发展"23条"政策措施,加快打造节能环保产业新增长点;制定全省实施数字经济发展战略的意见,现代服务业、高新技术产业、战略性新兴产业发展态势良好、占比持续提高。淘汰过剩落后煤炭产能2492万吨。加强高能耗行业能耗管理,强化建筑、交通节能,发展节水型产业,推动各种废弃物和垃圾集中处理和资源化利用。构建了较为完善的循环型产业体系、资源节约利用体系、资源再生利用体系、科技创新支撑体系和示范推广体系,原生铜产业循环经济发展、再制造技术探索与标准建立、新能源汽车废旧动力蓄电池综合利用等形成优势。

全省大力发展生态服务业。依托生态优势大力发展生态旅游、休闲康养等产业,2019年休闲农业和乡村旅游产业总产值达到650亿元,旅游接待总人次、总收入分别增长15.65%和18.55%,全国乡村旅游发展经验交流现场会在婺源举行。探索气候资源价值实现,创建11个"中国天然氧吧"、24个"旅游避暑目的地"。创新绿色金融服务,赣江新区绿色市政专项债、"畜禽洁养贷"、"绿色家园贷"、人才服务银行等15项创新绿色金融产品和服务向全国复制推广,2019年末绿色信贷余额达到2346.8亿元,累计发行绿色金融债150亿元。[②]建立了全国

---

① 参见江西省生态文明建设领导小组办公室《江西省生态文明建设领导小组2019年第一次会议书面汇报材料》,2019年2月,第205—211页。

② 参见江西省金融监管局《关于报送2019年生态文明建设任务进展情况的函》,2019年12月。

唯一一个绿色生态领域的国家技术标准创新基地，加快生态文明创新成果转化应用。建立林业金融服务平台，协同银行创新开发了全国第一个专供林农的无抵押贷款产品"林农快贷"。

八　积极构建绿色社会

全省积极创新生态扶贫。推动生态文明建设与打赢脱贫攻坚战、促进赣南等原中央苏区振兴发展等深度融合，加快探索生态扶贫新模式，推动实现社会公平正义。深化国家生态综合补偿试点省份建设，累计筹集生态补充补偿资金 134.95 亿元，其中流域补偿资金 110.24 亿元，东江横向流域补偿资金 15 亿元，渌水流域横向流域补偿资金 0.24 亿元，省内上下游横向补偿省级奖励资金 9.47 亿元。2019 年生态护林员补助 2.15 亿元，带动近 7 万人口实现脱贫。创新生态公益林补偿机制，累计发放补偿金 101 亿元，补偿标准居中部首位和全国前列。[①] 遂川县等生态扶贫试验区脱贫摘帽，赣南脐橙产业扶贫模式成为全国典范，得到习近平总书记批示肯定。

全省大力推进绿色创建。江西积极构建生态文明建设全民行动体系，增强全民节约意识、环保意识、生态意识，在全社会牢固树立生态文明理念，引导全社会参与生态文明建设；开展节约型机关、绿色家庭、绿色学校、绿色社区、绿色商场等创建行动，成功创建 113 家国家级、103 家省级节约型公共机构示范单位，6 家公共机构被授予全国能效领跑者；加强党政领导干部生态文明专题培训，把生态文明教育内容列入全省干部教育培训规划，在中小学生中开展生态文明养成实践活动，推广"河小青"志愿服务；广泛建立新农村建设促进会，参与组织新农村建设等农村人居环境整治；压实企业对污染治理的主体责任，深化部门环境保护责任，推动公民履行生态环境保护的义务。建立生态文明纳入公共文明指数测评机制；组织节能宣传周、寻找"最美环保人"等活动，推广垃圾兑换银行。全省设区市城市建成区绿化覆盖率、绿地率均列全国第二，人均公园绿地面积位列中部地区第一，人民群众生态获得感进一步增强。

---

① 参见江西省生态文明建设领导小组办公室《国家生态文明试验区（江西）资料汇编》，2019 年 5 月，第 3 页。

全省聚力打造绿色样板。江西集中资源创建一批生态文明建设样板，为全省提供示范。试验区建设以来，景德镇成为国务院批复的首个文化旅游类试验区，鄱阳湖国家自主创新示范区成功获批，鹰潭下一代信息网络、赣州新型功能材料入选国家首批战略性新兴产业集群，南昌VR科创城、上饶大数据科创城、宜春大数据产业园等加快建设，萍乡成为国家产业转型升级示范区，抚州国家生态产品价值实现机制试点，九江长江经济带绿色发展示范区等重大平台先后落地；创建全国"两山"实践创新基地4个、国家生态文明建设示范市县11个，数量居全国前列。井冈山、婺源、资溪列入首批国家全域旅游示范区；启动省级数字经济创新发展试点示范区创建；加快推进54个省级生态文明示范县、139个省级生态文明示范基地建设，形成一批典型经验和模式；新增国家级绿色工厂（园区）15家。截至2019年底，全省共有省级以上绿色工厂64家、绿色园区15家，其中国家级绿色工厂33家、绿色园区7家。①

第二节　江西绿色文化发展模式

省域生态文明建设，必须有强有力的绿色文化来引领支撑。近年来，江西探索形成了绿色文化＋生态保护、绿色文化＋环境治理、绿色文化＋现代服务、绿色文化＋现代农业、绿色文化＋生态工业、绿色文化＋社会风尚等绿色文化建设的发展模式。

一　绿色文化＋生态保护模式

文化赋能生态保护，推动生态保护持续深入。江西以绿色文化引领生态保护理念，形成生态保护氛围，推动生态保护实践，促进全社会形成生态保护的共识共为和实践自觉。绿色文化支撑生态鄱阳湖流域建设、厚植湿地绿色文化推动湿地生态保护、靖安高湖擦亮全国绿色文化村名片，是全省绿色文化＋生态保护的典型经验之一。

---

① 参见张和平《关于国家生态文明试验区（江西）建设情况的报告——2020年1月17日在江西省第十三届人民代表大会第四次会议上》，江西省人民政府网，http://www.jiangxi.gov.cn/art/2020/2119/art_393_1507379.html。

绿色文化支撑生态鄱阳湖流域建设。省委办公厅、省政府办公厅出台《江西省推进生态鄱阳湖流域建设行动计划的实施意见》，绿色文化与空间规划引领、绿色产业发展、国家节水、入河排污防控、最美岸线建设、河湖水域保护、流域生态修复、水工程生态建设、流域管理创新等共同构成生态鄱阳湖流域建设十大行动。① 一是传承弘扬流域文化。深入挖掘流域历史文化，加强吴城遗址、万年仙人洞吊桶环遗址等古代遗址，槎滩陂、千金陂等水遗产，以及古代水衙门遗陈、雕塑、碑刻等保护，最大限度地保护好流域文化的原真性和完整性。大力推进庐陵文化、临川文化、鄱阳湖文化、客家文化等流域与区域相结合的传统文化创新。二是加强流域绿色文化建设。科学制定文化（文物）保护规划，培育发展绿色文化，推进森林文化、山岳文化、湿地文化、水文化、农业文化等重点建设工程。加强绿色文化载体建设，建设一批生态展览馆、体验馆、文化创意基地，创作一批反映绿色文化、生态思想、生态伦理的文艺作品。三是推动文化与旅游融合。深入挖掘"五河一湖一江"文化和旅游资源，打造"五河一湖一江"旅游精品线路，建设武宁、上犹等特色鲜明的山水旅游城市。重点加强鄱阳湖湿地、候鸟保护工作，充分借助湿地、候鸟宝贵资源，倾力打造"鄱阳湖国际观鸟节"品牌；加快海昏侯国遗址等临湖风景区建设。依托良好的自然环境，打造一批集农耕体验、田园观光、养生休闲、文化传承为一体的山水田园综合体和特色文化产业示范园区、基地。四是突出绿色文化教育。推介河湖保护教育读本、山洪灾害防御知识读本、《节水总动员》科普动画等，提升大众节水、爱水、护水意识。推进流域绿色文化进校园、进社区、进企业，推动生态文明成为全社会共识，引导公众积极参与生态文明建设行动，将流域生态保护上升为集体行为、大众文化。加强鄱阳湖模型试验研究基地、江西水土保持生态科技园、鄱阳湖水文生态监测研究基地等生态教育资源建设，着力打造生态理念学习的平台和窗口。

厚植湿地绿色文化推动湿地生态保护。长期以来，江西以湿地生态为基底，积极挖掘独具特色的地域湿地绿色文化，以湿地绿色文化引导

---

① 中共江西省委办公厅、江西省人民政府办公厅：关于印发《江西省推进生态鄱阳湖流域建设行动计划的实施意见》的通知（2018），江西省人民政府网，http：///www. jiangxi. gov. cn/art/2019/11/26/art_ 14247_ 832529. html？xxghide＝/。

全社会湿地生态保护共识，促进湿地生态保护具体实践活动，维护良好的湿地生态环境，留住"候鸟低飞、渔歌唱晚"的美景，打造"望得见山，看得见水，记得住乡愁"的美丽乡村。2006 年以来，共争取湿地项目资金 4.2 亿元，在重点湿地实施保护修复重大工程，在鄱阳湖湿地区域开展生态效益补偿试点，累计补偿 29.5 万亩农作物受损耕地，14 万人从中受益，266 个社区生态修复和环境整治项目实施，国际重要湿地、国家湿地公园等重点区域的湿地生态环境得到有效修复。① 一是突出湿地制度文化。江西出台《江西省鄱阳湖国家重要湿地生态效益补偿资金管理办法》《鄱阳湖湿地生态效益补偿项目实施方案（试行）》，探索优化资金安排机制，将湿地生态效益补偿项目覆盖范围由原先鄱阳湖国际重要湿地周边 3 个县（市、区）扩大至全鄱阳湖周边的 10 个县（市、区）和 2 个保护区、1 个垦殖场，让更多湖区群众分享湿地保护红利。二是突出湿地组织文化。全省湿地保护管理机构逐步健全，已形成"点、线、面"相结合的湿地保护管理体系。由省林业局主要领导任组长，相关省直部门分管领导为成员的江西省湿地保护综合协调小组，全面协调领导湿地保护工作；省、市、县三级林业主管部门均明确了湿地管理机构，其中省本级在 2006 年成立了独立管理机构；省级湿地保护区和国家湿地公园成立了管理机构，确保全省湿地资源得到有效管理。三是突出湿地科技文化。湿地科研、宣教工作也不断得到加强，成立江西省湿地保护专家委员会，建立湿地科技人才队伍和一批科研宣教基地。加强科技成果转化和应用，建立全国首个省级湿地资源综合数据库和"智慧湿地"信息化平台并获评"中国智慧林业最佳实践案例50 强"。挂牌成立国家林草局鄱阳湖国际重要湿地预警监测中心，每年利用"世界湿地日""爱鸟周"等契机开展形式多样、内容丰富的宣教活动。

靖安高湖擦亮全国绿色文化村名片。靖安县高湖镇经常弘扬绿色文化，常态化开展"我家在景区、人人是风景""靖善靖美、从我做起"等文化活动，绿色文化成为当地生态文明建设、推动绿色发展的重要抓手。经过积极创建，靖安县高湖镇西头村获评全国绿色文化村，村外青山如黛，村边一株株百年参天古树又吐新绿。西头的好山好水养育了当

---

① 《守住湿地"红线" 共建美丽江西》，《江西日报》2019 年 3 月 13 日第 5 版。

地村民，村民也自觉地保护西头的山山水水。在古楠村，规划有序的房屋，干净平整的路面，音乐环绕的村庄，房前屋后繁茂的果树，打造了"白云深处，靖安人家"景象，村民们踊跃参与生态村建设，古楠村获得"全省最佳人居范例奖"，成为"全国绿色文化村"。目前，水稻、蔬菜、水果、茶叶、猪、鸡、鸭、鱼等12个农产品中，有8个拥有"有机产品认证证书"，其中，古楠村有机稻米获得了第18届中国绿色食品博览会金奖。浓厚的绿色文化氛围，有力地支撑了高湖和靖安打造生态文明样板。

二　绿色文化+环境治理模式

绿色文化为环境治理注入动力，为持续推进环境治理提供保障。景德镇绿色文化助力城市双创双修、抚州激活文化元素促进流域水环境治理、上饶信州坚守传统文化建设美丽家园等，为绿色文化+环境治理模式探索了经验。

景德镇绿色文化助力城市双创双修。景德镇是一座承载着璀璨历史和文化的陶瓷之都，双创双修既是修补城市、修复生态，也是留住城市记忆、文化之魂，构建绿色文化体系，还是让瓷都重新焕发光彩的重大举措。景德镇从修生态、修文化、修空间、补功能四个方面，全方位打造人文宜居环境。一是生态修复。开展文脉山水修复，实施人本安全提升工程，修复绿地系统，打造三面环山、三水贯城、两横两纵相贯通、显山露水的山水空间，让景德镇自然风貌与城市人文景观融为一体。二是文化修复。保护瓷业相关城区、村落、重要文物、瓷窑遗址、老旧厂区等重要物质载体，构建陶瓷生产、贸易、生活的文化网络体系；传统文化载体的重建，重塑文化精神存在的尊严；环境整治和重新利用，保护历史文化空间，活化"有用"的尊严；老员工访谈和口述史整理保存，保护历史记忆的尊严。三是空间修复。强化城市重要轴带节点、织补破碎的城市空间、提升重要街道等城市公共界面形象、整治城市慢行共享空间，提升了城市外化的风貌品质。四是功能修补。统筹各类功能设施布局的修补方案，包括改善出行条件、填补公共服务设施和市政基础设施的欠账、提升老旧居住区品质等方向，使城市生活越来越便利、交通越来越通达、环境越来越优美，切实提升人民群众幸福感。重点实施绿色文化提升工程，以"申遗"为龙头,以御窑厂为核心,以陶阳里、陶溪川、陶源谷和东城区为重点,对老街区、老厂区、老里弄和老窑址等实施立体控制和保护,建设和修复了御窑博物馆、彭家弄历史街区、陶阳十三里街区等一批历史名城保护利用和陶瓷文化传承工程,原汁原味地保护老城的风貌风格、文化肌理,再现景德镇 1000 年陶瓷文化遗迹、600 年御窑文化遗址和 100 年陶瓷工业遗存。陆续开展 130 余个生态修复和城市功能修补示范项目,包括 30 条道路建设项目、60 个公建项目、20 个教育体育医疗卫生项目、10 个老城区保护和环境整治项目、10 个街心花园项目等。特别是利用原宇宙瓷厂打造的陶溪川,不仅成为游客和市民旅游休闲、留住记忆、回忆乡愁的好去处,也是住建部"城市双修"的样板工程,被列为国家级文化产业示范园区。

抚州激活文化元素促进流域水环境治理。抚州有着厚重历史文化,是江西和全国文化的重要组成部分。改革开放以来,特别是党的十八大以后,抚州市充分依托文化优势,以文化人、以文惠民、以文兴业,有力推动了当地经济社会发展,百姓生活发生了翻天覆地的变化。以水环境生态治理为基础,将治理延伸到水文化、水经济、水科技、水资源等领域。以流域系统性治理为基本原则,以维护良好水质、改善污染水体、保障地区水环境安全为目标,以生态修复为主,其他手段为辅,恢复梦湖及凤岗河、凤岗河湿地公园、名人雕塑园等234 万平方米水域健康的水下生态系统,实现水环境改善,提升临川区乃至整个抚州市的生态、环境、社会和经济效益。修建了梦石、梦亭、梦桥、梦岛等 10 多处景观,赋予梦湖更多的历史和文化元素。梦湖广场弘扬临川文化,安装文化景观灯,灯内镶嵌了历代先贤赞咏抚州的诗句佳作,洋溢着浓厚的临川文化气息。以梦湖为起点,实现河湖大流通、水岸同绿化,打通水岸绿化,突出绿化生态,绿化面积170 多公顷,植物种类 650 种,植物造型 400 多种,各类灌木和草地上穿插着香樟、石楠、桂花、梅花、银杏等名贵植物,不仅体现生态化、自然化,而且景观层次丰富,形成了梦湖至浒湾古镇"生态、休闲、文化"水上长廊。抚州创新性地提出了以水定城、生态融城、产业兴城、文化铸城、科学立城的新思路,努力将抚河打造成传承文明的文化之河、符合国际标准的生态之河、充满梦想的浪漫之河、以旅游为主的寻梦之河、以"河长制"为核心的智慧之河、充满活力的绿色产业之河，恢复抚河"黄金水道"。①

上饶信州坚守传统文化建设美丽家园。家园意识、族规家风等是传统家园文化的重要内容。上饶市信州区强化家风民风、村规民约建设，推动乡村环境治理。沙溪镇英塘村、宋宅村等地红瓦白墙、溪水潺潺，村道洁净通畅，路边水塘浮莲翠绿，鸡犬相闻，让人瞬间心情宁静、返璞归真。各个村也发动群众，集思广益，形成了各具特色、实用有效的环境卫生管理模式。茅家岭街道塔水村与村民签订"门前三包"责任状，并出台奖惩制度。"三包"未落实到位的，一次提醒，两次批评教育，三次则以村民理事会名义处以 500 至 1000 元不等的罚款，罚款归入村集体环境卫生治理专项资金。秦峰镇占村创新工作方式，建立了卫生清洁集赞评比新机制，制作"美丽家园人人爱，真爱假爱晒一晒"宣传栏，晒出卫生清洁家庭，累计集赞两个以上奖励肥皂一块，集赞 5 个以上奖励食用油一桶，集赞 10 个以上免去本年度卫生费。灵溪镇胜利村，由村委会妇女主任牵头，组建了一支 20 人的"娘子军"美丽家园理事会，开展宣传发动、监督检查、评比考核等活动。一系列举措激发了村民爱我家园意识，建立起农村保洁长效管理机制。各镇、街道逐村（居）组建村（居）民理事会，逐户落实"门前三包"、村规民约、卫生监督管理等长效制度，落实了"路长、片长、塘长、库长"的保洁长效制度。垃圾实行了分类处理，确保农村生活垃圾从产生到运输，层层有人管，事事有人干。在建设与发展中，宋宅村并没有过度去乡土化，而是留住了乡愁，留住了 600 多年文化的根，促进环境保护和经济社会发展。

三　绿色文化 + 现代服务模式

绿色文化支持服务业拓宽领域、扩大规模、优化结构、提升层次，为现代服务业筑牢了基础。上饶婺源坚守文化基因拓展旅游发展、赣州崇义深耕文化促进文旅融合发展、绿色文化与体育产业融合发展等案例，探索了绿色文化 + 现代服务业发展的科学路径。

上饶婺源坚守文化基因拓展旅游发展。文化是婺源最靓的瑰宝。婺

① 帅歌柳：《"两山理论"抚州实践案例精选》，江西人民出版社 2019 年版，第 162—170 页。

源素有"书乡""茶乡"之称,是全国著名的文化与生态旅游县,被誉为"中国最美乡村"。悠久的历史为婺源留下了大量的遗址、古迹,善山商周遗址、清华窑址、春秋吴太子鸿墓、西汉长沙王吴芮墓、龙天古塔、横槎古战场、古驿道、黄莲寺、文公阙里古迹,成为文化古城的历史名片。婺源是中国共产党人方志敏领导的赣东北革命斗争的扩展地,鄣公山是中共皖浙赣省委所在地,绿色婺源有着红色革命的史迹。以古村落为特色的宗祠、官宅、豪邸、廊桥、石拱桥、民居、戏台、井台、石木砖三雕、石碣、石碑等徽派古建筑,是婺源人文旅游的重要资源。有桥板灯、铜锤灯、龙灯、禾杆灯近 20 种民风民俗资源。2001 年以来,婺源历届县委、县政府,始终把乡村旅游作为核心产业来发展,一届接着一届干,打响了"中国最美乡村"品牌,先后荣获了中国旅游强县、国家乡村旅游度假实验区、中国优秀国际乡村旅游目的地等 30 多张国家级旅游标牌。乡村旅游的快速发展,让越来越多的游客进入婺源,越来越多的产业兴盛繁荣,也让婺源农民在家门口吃上"旅游饭"、发起了"绿色财",带动了全县三分之二群众就业创业。乡村旅游真正成为婺源经济社会发展的强大引擎,变身开启乡村振兴的"金钥匙"。长期以来,婺源始终坚守文化基因,坚持将徽派进行到底,所有新建房屋统一徽派建筑风格,十几年如一日的坚守,完成 3 万多栋非徽派建筑改造,打造了徽派建筑大观园。出台古村古建保护办法,创新了古村保护四大模式:整村搬迁的"篁岭模式"、异地安置的"汪口模式"、修旧如旧的"严田模式"、民宿开发的"九思堂模式"。一大批古村落、古建筑焕发生机,全县拥有中国历史文化名村 7 个、中国传统村落 28 个。全力推进婺源徽剧、傩舞、三雕、歙砚和绿茶制作 5 项国家级非遗项目的传承与保护,大力弘扬朱子文化,激发文化产业发展活力。在文化的支撑下,婺源进一步推进形成以生态旅游、养老养生为核心,多种现代服务业协同发展的产业格局。

赣州崇义深耕文化促进文旅融合发展。崇义旅游资源丰富,有"中国空气负离子含量最高的旅游风景区"阳岭,有誉为"华东户外运动第一山"齐云山,有"地下宫殿"之称的聂都溶洞群,以及"中国最大的客家梯田"上堡梯田、"不是漓江胜似漓江"的陡水湖、保健养生的茶滩温泉,总体旅游资源品质较高、承载能力强。崇义历史文化厚重,客家文化、竹乡文化和乡土文化相融,有三节龙、民间灯彩、牛葬等特色鲜明的客家民俗风情，保存完好的王阳明"茶寮碑"石刻、八大山人朱耷的墨宝真迹等十余处人文景观和红军时期毛泽东旧居等红色景观。崇义突出文旅融合主线，坚持全域旅游发展，着重探索以文为魂、以旅为体、文旅合一的文旅融合发展新模式，实现旅游、体育、文化、康养四业融合快速发展，着力把旅游业打造成崇义第一大产业。一是大力发展绿色文化旅游。深入挖掘绿色文化资源，打造一批有特色、有品位、有创意、有市场的绿色文化旅游精品路线和绿色文化景区（点），打造具有鲜明地域特色的绿色文化品牌，提升绿色文化旅游的规模和效益。二是全面开发绿色文化产品。围绕崇义厚重的生态、人文底蕴，深入开展绿色文化理论研究和文艺创作活动，形成一批文化精品。与高校加强合作，发展齐云山、上堡梯田、环陡水湖、阳岭等写生、摄影基地，产出一批中高端艺术作品。挖掘客家文化、崇义特色优势资源，开发一批富有地方特色的文化工艺产品。大力发展创客中心、现代传媒、印刷出版、数字出版、互动新媒体、移动多媒体、艺术品业等新兴文化产业。三是深入创新绿色文化服务。深入挖掘历史文化、红色文化资源，结合生态优势资源，推动阳明文化与绿色文化深度融合、客家文化与茶道文化深度融合。加强舞春牛、三节龙、畲族山歌等非物质文化遗产保护，开发传承客家文化、红色文化。依托阳明书院，举办文化论坛，加强文化输出，促进商贸交流。依托良好生态优势，科学布局和发展动漫游戏、包装设计、影视制作、文化休闲、文化会展、工艺美术等文化服务。

　　绿色文化与体育产业融合发展。绿色文化＋体育体现了现代体育融合理念。近年来，江西聚焦突出本土特色，深入探索生态特色突出、文化底蕴深厚、体育特征鲜明、文化气息浓郁、产业集聚融合的新路。编制了《江西省山地户外运动产业发展规划》《江西省水上运动产业发展规划》《江西省汽车自驾运动营地发展规划》《江西省航空运动产业发展规划》及《江西省冰雪运动产业发展规划》等规划。实施"一县一品"特色体育品牌战略和创建国家及省级体育产业基地相结合，打造省体育产业基地。发挥婺源国家体育产业示范基地的辐射带动作用，推动周边区域体育产业发展，拓宽延伸体育产业链，构建区域产业联动、错位发展的新格局。完善健身休闲服务体系，重点发展山地户外、水上、航空等户外运动，规划打造"410"山地户外运动工程，推动"21030"

水上国民休闲运动中心等项目建设。重点推进婺源县珍珠山乡、庐山西海射击温泉康养，及大余县丫山等运动休闲特色小镇建设，特别是立足全省生态资源优势，加快体育资源整合，大力开发具有地域特色和产业特点的体育品牌赛事、体育旅游产品和项目。江西省成功举办了环鄱阳湖国际自行车大赛、江西网球公开赛、玉山中式台球世锦赛、玉山斯诺克世界公开赛、全国农耕健身大赛（宜春）、南昌国际马拉松赛等体育品牌赛事，赛事水平和品牌知名度进一步提升，推动了全民健身蓬勃发展，促进了体育与旅游、文化、健康、养老深度融合发展。以庐山西海运动休闲旅游线路、瑞金红区运动休闲旅游线路等体育旅游精品线路为着力点，积极探索生态价值转化为经济效益的新模式，推进了体育旅游融合发展，拓宽了体育产业发展空间。

四 绿色文化 + 现代农业模式

生态与农业有着天然的不可分割的紧密关系。绿色文化与农业结合，是中国农业发展的优良传统，也是高质量现代农业的必由之路。抚州广昌传扬莲作文化持续打造白莲品牌产业、上饶万年稻作文化涵养"万年稻"、宜春高安以农业文化为魂打造现代田园综合体等案例，展示了生态、文化、农业相结合的可行之路。

抚州广昌传扬莲作文化持续打造白莲品牌产业。广昌是闻名遐迩的"中国白莲之乡"，种莲历史长达 1300 多年，所产的白莲因其色白、粒大、味甘、清香、营养丰富、药用广泛而被誉为"莲中珍品"，历代被称为"贡莲"。千百年来，广昌人种莲、用莲、爱莲、崇莲、颂莲、研莲，形成了深厚的莲作文化，媒体盛赞广昌白莲是"一个盛开千年的故事"。2007 年，广昌莲作文化成功列入全国第四批重要农业文化遗产目录。近年来，广昌坚持传扬莲作文化，不断壮大莲作产业。全县种莲面积达 11 万余亩，白莲总产 9000 吨，综合产值达 10 亿元以上，莲农从白莲产业中人均预计增收近 3000 元。一是精心布局白莲产业发展。广昌县编制了《广昌县白莲产业发展规划》，明确了产业发展的总体思路、目标任务、总体方案、重点项目、保障措施等。县政府对白莲产业从资金、人才等方面予以重点倾斜，县财政每年预算安排 300 多万元用于白莲产业发展基金及院士工作站，每年整合各类项目资金逾 2000 万元改善白莲生产基础设施条件。广昌成立了全国首家县级白莲科学研究所、广昌县白莲产业发展局以及江西省白莲工程技术研究中心等平台，成立了县莲科所院士工作站，开展白莲科研攻关；成功培育出以太空莲36号等为当家品种的太空莲系列品种。广昌成为全国最大的白莲引种基地，每年销往全国各地的太空莲种藕约8000万株，成为莲农脱贫增收的重要来源。二是持续打造"广昌白莲"品牌。组织申报了"广昌白莲"地理标志产品和"广昌白莲"证明商标，颁布实施《广昌白莲》国家标准。制定广昌白莲专用标志使用管理办法，统一打造优质广昌白莲品牌；强化白莲生产、销售等环节质量监管，为广昌白莲品牌提供了强劲的竞争力；大力推广"良种＋良法"，全面推行广昌白莲绿色标准化生产技术，有效提升了莲农科学种莲水平，建成全国白莲绿色食品标准化原料基地县；打造中国白莲交易集散中心，年交易量约2万吨，有近2000户个体农户活跃在白莲运销领域，全县白莲商品率达95%以上。三是加快白莲产业提质升级。县政府引导、鼓励企业进行产品研发与技术改造升级，不断延伸白莲产业链条。全县已拥有白莲系列产品深加工企业20余家，白莲专业合作社80多家，产品涵盖通芯白莲、莲系列饮料、荷叶茶、莲花粉、莲蓉、藕粉、面条、饼干、莲芯等10余个系列30余个品种，年产值约4亿元。①

上饶万年稻作文化涵养"万年稻"。上饶万年是世界稻作文化发源地，历史悠久，文化灿烂。距今1万2千年前，万年的先民们种植出了世界上第一棵人工栽培的水稻，上饶万年成为世界稻作文化的发源地。1995年，中美联合考古队在万年县发现了一万多年前的人工栽培稻，这是全球发现最早的人工栽培水稻之一，把世界栽培水稻的历史向前推进了5000年。2010年，"万年稻作文化系统"被联合国授予世界农业文化遗产。一是传承稻作文化，保留特色种植。在万年县裴梅镇荷桥村依旧种植历代传承而来的稻种。这种从远古而来的水稻名叫坞原早，至今它还保存着水稻前世野生稻的显著特征——长有"谷芒"。这相当于水稻给自己添了一件铠甲，可防止稻粒被鸟类吃掉。现在，裴梅镇荷桥村还特意保留了360亩的坞原早品种，由当地专业合作社的农民栽种，一年栽一季。从播种到收获，其间180天，全部依靠人工栽种、护理、

① 帅歌柳：《"两山理论"抚州实践案例精选》，江西人民出版社2019年版，第210—216页。

收割。二是传承稻作文化，打造稻米品牌。世界稻作文化起源地是一笔无形资产，关键在打造知名稻米区域品牌，将资源优势转化为产业优势，既传承历史文化，又创造经济价值。从 2004 年开始，万年对贡米原产地进行保护，打造优质大米品牌，推动建立了几十万亩优质稻生产基地。加强农业科技创新，成立院士工作站和万年贡米研究所，引进袁隆平、颜龙安等院士指导产品研发，通过科技创新、标准建设，提升万年大米的品质，扩大万年大米的品牌影响力。三是传承稻作文化，探索新兴业态。挖掘稻作文化内涵、外延以及稻作文化形态，发展旅游观光、科普教育、休闲娱乐的水稻种植模式，带动万年稻米产业延伸发展。探索推广生态定制农业，稻田由承租人利用假期时间栽秧、收割，万年贡集团负责日常的田间管理服务，扩大了万年稻作文化的影响，拓展了万年稻米产业链，万年稻作文化让"万年稻"充满勃勃生机。

宜春高安以农业文化为魂打造现代田园综合体。宜春高安巴夫洛田园综合体总投资 30 亿元人民币，规划面积 15 平方千米。巴夫洛田园综合体项目以农业文化为主线，以"生态高地、农业慧谷"为主题，探索构建以农业物联网技术为核心的现代农业体系，以特色农产品加工与配送为支撑的产业体系，以原有 12 个赣派老村庄及耕读文化为依托的生态休闲文旅体系，推动现代农业转型升级。通过建设现代循环农业示范区、农耕文化体验区、生态牧场游憩区、乐龄中医药康养区和市民农园，将"闲、养、乐、学"融入其中，形成"生态高地"特色。现代循环农业示范区建立设施农业示范园、大地景观艺术、油茶园、水旱轮作、百牛竞耕、荷塘月色及院士工作站等。在原有 12 个赣派乡村基础上，进行合理修缮和重建，打造各具特色的乡村文化、农耕文化、民俗文化。打造江南最大的草原牧场景观，并植入田园牧歌、牧歌小镇（民宿改造）、越野卡丁车、房车营地、星空露营等特色项目，让游客在返璞归真的游憩活动中尽情地融入自然、拥抱自然、享受自然，体验"风吹草低见牛羊"和"天高任鸟飞"的情境之美。打造国内高端"中医康养旅游度假"知名品牌，建设中医药健康养生旅游示范基地和"中国乐龄特区""金色家园"。通过传统农作和现代信息物联技术结合，打造一个可动、可玩、可观、城乡高度互动的市民体验农园，圆城市人的农业梦、田园梦。

五 绿色文化 + 生态工业模式

生态文明离不开生态工业、绿色产业支撑。生态以文化为表现形式，注入工业领域，融合形成生态工业。景德镇陶瓷文化支撑陶瓷工业高质量发展、江铜贵溪冶炼厂以绿色工业文化绘出发展新画卷、宜春樟树弘扬中医药文化振兴中医药产业等案例，实践了绿色文化 + 生态工业带来的提质增效。

景德镇陶瓷文化支撑陶瓷工业高质量发展。景德镇是国务院首批公布的国家历史文化名城，是中国独有的以陶瓷文化为特色的旅游城市，先后被评为"中国最具魅力文化旅游城市"，由联合国教科文组织授予"世界手工艺与民间艺术之都"。陶瓷文化是景德镇的绿色文化标签、地方历史标志，是景德镇人与自然和谐共生的文明探索。景德镇通过深挖历史底蕴、发扬陶瓷文化，推动实现高质量绿色发展。一是用陶瓷文化发展陶瓷产业。陶瓷产业是景德镇的立市之本，改造提升传统粗放的陶瓷产业，擦亮"千年瓷都"这块金字招牌。全面推进"陶瓷 +"行动，形成了集陶瓷制作、陶瓷经贸、陶瓷科技、陶瓷文化为一体的陶瓷文化大融合、大发展的格局，紧紧围绕做强陶瓷产业，加强技术研发创新，注重品牌塑造和市场渠道建设，努力打造"陶瓷产业升级版"。陶瓷产业转型厚积薄发，红叶陶瓷、陶溪川、名坊园、三宝瓷谷、陶瓷创意孵化基地等一批重大项目建成，景德镇陶瓷股份公司获评中国陶瓷行业最具竞争力十强企业。2017 年，景德镇在发展特色优势产业方面获国务院表彰。景德镇已经培育陶瓷文化创意产业实体 5000 家，其中，国家级文化产业示范基地 2 家，省级文化产业示范基地 5 家，成功组建景德镇陶瓷集团；红叶陶瓷亮相平昌冬奥会，并首获美国巴拿马太平洋万国博览会金奖；澐知味公司荣获"中国质量奖提名奖"；中润陶瓷亮相亚运会。二是活化陶瓷工业遗存。景德镇立足于千年陶瓷工业文明和历史文化特色，积极推进文化、生态与旅游的深度融合，成功打造全国唯一一个以陶瓷文化为主题的 5A 级景区——古窑，以及御窑厂遗址公园、高岭瑶里风景名胜区等 8 个国家 4A 级景区。实施工业文化遗产保护和开发利用，实现城市老城区的复兴。景德镇以宇宙瓷厂工业遗存为基础建设的陶溪川文创产业园一期已经开业，成为老工业区遗产保护和利用的"新地标"，陶溪川一期已经筹集项目资金 50 亿元，撬动建设资金 150 多亿元，拉动经济 300 多亿元。景德镇正成为国际一流的城市工厂保护区、新兴城市综合体、国家文化复兴先锋示范区。三是用陶瓷文化与世界对话。依托中国景德镇国际陶瓷博览会平台，积极开展经贸、文化、学术、演艺等活动，内外贸订货额连续 5 年平均增长 6.2%。开展景德镇陶瓷与"一带一路"国际学术研讨会、"一带一路"古代外销瓷研讨会等活动，加速推进景德镇文化走出去，打造一座与世界对话的城市。同时，建成国家和省级科技创新和服务机构 14 个，完成各类科技投入 44.6 亿元，申请专利 196 项，陶瓷文化成为景德镇发展的核心竞争力。①

　　江铜贵溪冶炼厂以绿色工业文化为引领走出发展新路。贵溪冶炼厂始建于 1979 年，于 1985 年 12 月正式投产，现有员工 3000 余人，是国家"六五"期间 22 个成套引进项目之一，是中国第一座采用当今世界最先进的清洁生产技术——闪速炼铜技术的现代化炼铜工厂。经过近 40 年生产建设和改造创新，工厂的铜冶炼能力已达 100 万吨以上，成为世界上生产规模最大的炼铜工厂。建厂近 40 年来，贵溪冶炼厂践行建设"资源节约型、环境友好型"企业的理念，工厂的环保总投资累计达 20 亿元，建有环保设施 240 多台套，环保设施运行费用每年 4.7 亿元。特别是党的十八大以来，将绿色发展理念融入生产中，形成了良好的绿色工业文化。经过不断地对原有工艺、环保设施升级改造，使工厂各项发展指标符合当前国家环保要求。仅在 2010—2018 年，环保建设项目投资近 8 亿元，环保投资增长速度创历史之最，体现了贵溪冶炼厂生态环境保护工作的力度和决心。全国冶炼炉渣每年的产出量超过 1100 万吨，炉渣中难以提取的铜金属含量超过 27.5 万吨，超过国内任何一家铜矿山的产能。② 江铜开发出"缓冷—半自磨＋球磨—铜矿物浮选"新工艺，突破了冶炼炉渣选铜这一工艺难题，在国内率先实践，每年从冶炼炉渣中回收的铜金属超过 8000 吨。创新最好尾矿含铜水平和最佳渣精矿品位的工艺控制方式，尾矿含铜指标从 0.31% 降低到 0.258%，保持全球最优。从绿色产品的研发、绿色技术的创新，到绿

---

　　① 张和平：《江西省生态文明改革示范经验》，江西省人民出版社 2019 年版，第 264—267 页。

　　② 参见鹰潭市发改委《鹰潭市生态文明建设典型材料之绿色冶炼样板工厂绘出工业生态新画卷——绿色的花园式工厂江铜贵溪冶炼厂经验做法》，2019 年 9 月。

色产业的培育，江铜贵冶现已形成完整的创新孵化产业链。应用江铜溶剂萃取法分离铂钯工艺成果，催生了铂钯工业生产线的建成，每年可从伴生矿中提取 50kg 海绵铂和 300kg 海绵钯；从净化渣中回收锑生产粗制锑酸钠工艺的研究和实践，推进了粗制焦锑酸钠生产线的投产，每年可生产锑酸钠 1000 吨；"高铋铜阳极泥处理研究"和"降低分银渣含银试验研究"课题的成功突破，保障了金银回收率的稳步提高，回收的硒、碲、铼产量分别占全球总产量的 1/20、1/8、1/20。绿色生态新路让江铜贵溪冶炼厂铜冶炼总回收率达世界第一，铜冶炼综合能耗世界第二，二氧化硫、废水产生量等环保指标达到国际领先水平。①

宜春樟树弘扬中医药文化振兴中医药产业。樟树药业源远流长，发端于东汉，三国出现药摊，唐代设有药墟，宋代形成药市，明清为南北川广药材总汇的"药码头"，距今有 1800 多年历史。樟树药业文化底蕴深厚，形成了独具特色的樟帮文化，被誉为"中国药都"，享有"药不到樟树不齐，药不过樟树不灵"的盛誉。近年来，樟树市始终把中医药产业作为首位产业来打造，全力推进"中国药都"振兴工程，不断扩大中药材种植面积，突出医药产业项目招商，壮大医药产业集群，着力打造千亿产业，重振千年药都雄风。樟树市编制《樟树市现代中医药产业中长期发展规划》和《"中国药都"振兴工程实施方案》，围绕打造中医药千亿元产业集群目标，举全市之力推动实施中药材规范化种植工程、中医药工业升级工程、中医药健康旅游示范工程等十大工程，擦亮了"中国药都"金字招牌。樟树市建设药都医药物流园、医药产业孵化创业园、云健康电商产业园、电子商务创业基地等一批医药产业特色园区，提升产业承载能力，引导药商药企深化"互联网＋医药"发展模式，推动产业转型升级。全市 80% 以上的医药企业开展了电商业务。樟树市把弘扬中医药文化作为振兴"中国药都"的重要内容，将樟树药俗列入第一批国家级非物质文化遗产扩展项目名录；设立"樟帮"传承人补助和中药炮制科研奖励资金，支持"樟帮"传统炮制技艺师承教育和后继人才培养；发展融中医疗养、康复、养生、养老、文化传播、商务会展、中药材种植、药膳食养、中药传统炮制展示于一体

---

① 张和平：《江西省生态文明改革示范经验》，江西省人民出版社 2019 年版，第 203—205 页。

的中医药健康旅游，打造"国家中医药健康旅游示范区"。打造中医药文化产业园，建设中医药文化展示区、中医药文化仿古街、中医药文化产业园，弘扬中医药传统文化，打造中国药都品牌。目前，全市医药产业集群营业收入已超 800 亿元，有医药企业 245 家，中药材种植面积达 39 万亩，种植面积在全省县（市、区）排名首位。2019 年 1—9 月，全市医药产业集群营业收入 610 亿元，构建起种药草、建药企、开药会、办药校、观药景、泡药浴、养药生的全产业链发展格局。千年药都历史打造千年药都文化，奠定了樟树中医药高质量发展的深厚底蕴。

六 绿色文化 + 社会风尚模式

绿色文化倡导使用绿色产品、参与绿色志愿服务，引导民众树立绿色增长、共建共享理念，使绿色消费、绿色出行、绿色生活成为全社会自觉行动。绿色文化是形成绿色风尚的核心，一切绿色风尚的持续都依赖于绿色文化的传播与盛行。"垃圾兑换银行"推动城乡垃圾长效治理、抚州市以碳普惠制推动形成绿色生活方式、共青团传播绿色文化实施生态志愿服务、抚州以生态文明教育传播绿色文化、赣州南康弘扬绿色文化加快生态文明建设等案例，充分证明了绿色文化是引领绿色生活、推动社会风尚绿色化的重要因素。

"垃圾兑换银行"推动城乡垃圾长效治理。江西为大力提升农村生活垃圾治理水平，积极探索推进垃圾分类处理的有效模式，构建"人人参与、个个践行、大家动手、保护家园、绿色共享"的绿色生态文明创建格局，不少地方创新推出"垃圾兑换银行"，通过"垃圾兑换银行"，让百姓处理垃圾能得到直接实惠，提高村民环保意识。一是赣州市章贡区建立垃圾分类大数据平台，通过设立智能回收设备配套自动称重分析系统，建立了居民可回收资源投放积分机制，并为每户居民建立积分账户，居民通过扫码投放可回收物品，由数据平台自动分析之后，给予居民相应积分，积累的积分可以到兑换中心兑换等值的洗洁精、抽纸、食品等生活日用品。二是宜春市宜丰县生活垃圾分类试点小区全部实行生活垃圾智能分类，建立了生活垃圾分类积分兑换制度，居民用智能分类积分卡扫描智能垃圾分类设施后分类投放垃圾，就能实现自动称重、自动积分，并可用积分兑换生活日用品，达到"分类可积分，积分可兑换，兑换可受益"的目的。宜丰县澄塘镇建立了"垃圾兑换银行"，可回收物或有毒有害垃圾实行有偿兑换，提高了村民的垃圾分类和环保意识。三是上饶市婺源县发动各地成立"垃圾兑换银行"，采取"零存整取""累计积分"的方式，鼓励村民们收集包括塑料袋、废旧电池、矿泉水瓶等在内的家庭生活垃圾兑换纸巾、洗衣粉、酱油等生活用品和铅笔、本子等学习用品。四是上饶德兴市已建成农村垃圾兑换银行108家，各地村民主动将生活垃圾分类收集，将收集的塑料袋、烟头、塑料瓶、易拉罐、废电池等5个垃圾品种拿到"兑换银行"兑换生活和学习用品，如肥皂、黄酒、纸巾、盐、学习本等，"银行"再将收集的垃圾通过"回购"、旧物改造、制造酵素等途径，进行有效利用。"垃圾兑换银行"模式，使环境维护从"末端清扫"转变为"源头减量"，切实从源头解决垃圾减量化、资源化问题，降低保洁成本，环保工作从"政府包揽"转变为"人人参与"，解决了乡村卫生点多面广、应接不暇的问题，推动群众自觉养成垃圾分类处理、不乱丢垃圾的生活习惯。

抚州市以碳普惠制推动形成绿色生活方式。绿色文化融入日常生活，改变传统生活方式，形成绿色生活风尚。抚州市在智慧城市门户"我的抚州"APP搭建了碳普惠公共服务平台"绿宝"，设置了绿色出行、低碳生活、社会公益等三大项10余个低碳应用场景，推动了绿色发展与公众生活深度结合，实现各种碳普惠数据共享、资源共享，把生态文明理念落到实处。碳普惠（绿宝）改革经验纳入省生态文明地方特色改革计划，从抚州向景德镇、鹰潭、萍乡、新余、宜春推广。一是创新运营机制。组建数字运营股份公司，由专业商业运营公司推动商业激励活动实现。政府职能部门建成农产品质量安全可追溯平台和江西省第一家水产品职能管理中心，实施定点定时检查，并可通过"我的抚州"APP扫码查询来获取农产品质量安全相关信息，保证绿色产品质量安全，实现绿色生活、绿色消费与绿色产品平稳安全有序对接。加快建设"绿宝商城"，探索订单处理模式、"碳币"支付模式、商城运营模式等多方面内容，以期呈现形式多样的商业活动，激励市民参与绿宝使用。二是打造"绿宝"系统。持续对"我的抚州"APP"绿宝"平台进行优化升级。比如，技术部门通过攻坚克难，突破计步技术瓶颈，用户只需在步行时打开"我的抚州"APP并保持后台运行，达到一定步数后当天即可获得相应的碳币，无须等待第二天手动领取，平台可以自动累计。拓宽了碳币获取途径。市民通过"我的抚州"APP进行手机缴费、ETC 缴费、物业费缴纳等更多的生活缴费项目都可以获得相应的碳币；每完成一次垃圾分类和使用"随手拍"每完成一次爆料纳入碳币积分；每天登录"绿宝"平台签到可奖励碳币，不断增加用户黏性。实现了碳币自动领取和累计功能。三是开展"碳普惠制"系列活动。充分利用重大节庆活动，开展"碳普惠制"商业激励活动回馈广大用户。2018 年中秋、国庆期间，抚州市开展了"民俗风，绿宝情，迎中秋，庆国庆"主题活动，积极探索商业激励和碳币兑换模式，回馈广大用户。截至 2020 年 6 月，抚州市绿宝会员注册开通用户数 352586 人，累计产生碳币 1700 万个，根据百度地图和蚂蚁金服换算公式，减排量达 3859 吨。[①]

共青团传播绿色文化实施生态志愿服务。近年来，全省共青团系统实施"绿动赣鄱行动"，大力开展生态环保志愿服务活动，以项目和行动引领青少年绿色实践，动员广大青少年积极参与生态环保实践。一是传播绿色文化。通过世界环境日等纪念活动，大力开展生态文明教育进机关、进企业、进社区、进农村、进学校活动，将生态文明意识教育纳入主题团队日活动；以开展"绿水青山就是金山银山"全省百所高校青年志愿者环保宣传实践活动为契机，广泛动员各地以创新的团队、创新的组织、创新的项目，践行生态文明和环保实践的理念，不断争先创优；联合省环保厅等单位共同开展"美丽中国，我是行动者"主题实践活动，以省内各大专院校的大学生青年志愿者组织、环保社团为主体，广泛开展环保宣传。二是践行绿色生活。组织动员青少年参与植树造林、保护水资源、光盘行动等；举办全省环保创意大赛、全省青少年环保文化节等活动；组织广大青年志愿者在市民（社区）广场等场地开展水资源和湿地保护、节能低碳等环保知识宣传；组织青年志愿者在 3 月 12 日植树节前后栽种一片雷锋林，引导广大群众树立环保意识、建设美好家园。三是培育绿色队伍。不断创新组织方式和动员方式，推进生态文明青年志愿者队伍建设。加强青少年环保社团联盟建设，加强环保社团能力建设，增强青少年环保社团的生命力和组织活力；积极引导生态文明建设领域各类青年社会组织健康有序发展，推进生态文明青

① 参见抚州市碳普惠（绿宝）领导小组办公室《关于碳普惠（绿宝）制试点工作进展情况报告》，2020 年 8 月。

年志愿者队伍建设；推出"河小青"志愿服务，成为全省青少年参与河流治理保护的志愿服务品牌项目，目前已建立省、市、县、乡工作架构，即省级成立总队，市、县、乡分别成立支队、中队、分队，统一组织指导、分级负责开展本地"河小青"志愿服务；制定《"我是'河小青'生态江西行"活动实施方案》，将每年5月的第三周作为"河小青"志愿服务周，各地集中开展巡河等活动。青年志愿服务已经成为全省生态文明建设的重要力量，为营造社会绿色新风作出示范引领。

　　抚州以生态文明教育传播绿色文化。绿色文化包括生态文明教育，生态文明教育丰富和支撑绿色文化的培育推广。生态文明建设的长效机制就在于生态文明理念深入人心，生态意识引导日常行为，从而提高人们保护环境的自觉性。抚州是文化富集之地，生态保护理念在抚州家喻户晓、深入人心，"用人头赎木头"的故事源远流长，古村落古树木古建筑保护成为人们的自觉行为。近年来，抚州立足校园，把生态文明教育宣传作为首要任务，积极开展"小手牵大手""八个一"等活动。全市各中小学校都利用党支部、共青团、少先队、工会等组织，采取校内教育与校外实践相结合、课堂教育与课外活动相结合的方式，利用各类载体积极开展文化教育活动、征文比赛、辩论赛、演讲比赛、环保小卫士评比等形式多样的生态文明建设活动。为深入发动师生以实际行动践行生态文明理念，教体局还开展"环保爱校""小手牵大手 共育文明新风气""小手牵大手 共创文明清明"等主题教育实践活动，要求各中小学校不断加强"一训三风"建设，广泛开展"八个一"文明校园创建活动，即一个核心办学理念、一个学校标志、一棵学子成长树、一个校园广播站、一排德育墙、一间校史荣誉室、一套校本教材、一批学生社团。以这些活动为载体，引导生态文明的理念深入校园、深入人心，校园生态文明建设氛围更加浓厚，广大师生自觉成为生态文明的建设者和践行者。开设生态文明地方课程和校本课程。流坑小学组织老师精心编写了地方校本教材《古韵流坑》一书，通过介绍流坑历史、教育、名人、名胜、艺术、民俗、物产，大力培养学生热爱家乡、热爱祖国情感，积极弘扬民族文化。流坑小学还通过"我来当导游""红领巾小小讲解员"等实践活动，鼓励小学生为游客讲解自己家乡的故事，不仅使他们的表达能力、逻辑思维能力得到提升，也增强了他们对家乡的热爱，增强了自豪感和自信心。资溪县将生态保护故事纳入中小学教育、志愿者宣传和文明创建之中，崇尚生态文明的社会新风尚在资溪蔚然成风，绿色低碳理念已渐渐内化为人们自觉的行动，全县所有中小学、幼儿园学生宿舍热水供应均使用太阳能。资溪实验小学加强学生对《生态资溪 幸福家园》校本教材的学习，引导学生欣赏和关爱大自然，培养学生对生态环境友善的情感、态度和价值观，引导学生选择有益于生态环境的生活方式，让学生了解家乡、热爱家乡。资溪实验小学组织开展"校园浪费用纸的调查""今天我值班"等体验活动，孩子们不仅增长了生态知识，节水节电意识也增强了。通过组织学生学习环保知识，增强环境保护意识，全县中小学环保宣传教育普及率均达到100%。生态文明教育传播了绿色文化，促进了各地生态文明建设和生态环境保护。

赣州南康弘扬绿色文化加快生态文明建设。一是扩大文化宣传，营造全民参与氛围。采取群众喜闻乐见、通俗易懂的形式，贴近生活、贴近实际。培育绿色、健康、向上的生产、生活方式为主要内容，不断加深和提高公众的生态文明建设的积极性和主动性。二是扩宽生态文明的宣传渠道。充分利用广播电台、电视、报纸等主流官方媒体，增加生态文明建设的相关内容，强化宣传理念、政策解读、思想指引作用。利用门户网站、微信公众号、微博等网络新型媒体和户外广告传达解读生态文明政策，传播生态文明思想，倡导生态文明观念，宣传生态意识文明、生态法制文明、生态行为文明等理念。三是弘扬历史文化传统。大力发展文化基础设施，建设文化公园、艺术大剧院、文化馆、博物馆、老年活动中心、体育中心。极力改善区文化设施，落实三位一体的圩镇文化科技活动中心、村级社区服务中心、文化科技示范户的农村文化工程建设。乡村每年利用传统节日、纪念日组织村（社区）开展2—3次群众文化活动，大力弘扬客家文化、传统文化、生态文明建设。同时，在全区范围内遴选一批在生态文明建设领域有突出建树的先进典型，积极打造生态文明示范教育基地。

第三节　当代江西绿色文化评价

改革开放以来，江西绿色文化建设获得重大发展，在传承坚守中不断创新和深化，成为文化建设和生态文明建设的重要内容。同时，也要认识到，当前全省绿色文化建设总体水平不高，距离国家生态文明试验区建设要求和目标，特别是对标美丽中国"江西样板"还有一定差距，需要进一步加强和改进。

一　绿色文化引领生态文明建设①

（一）绿色发展理念深入人心

江西全省深入学习贯彻习近平生态文明思想，生态文明建设理念进一步树牢，干部群众生态文明建设的主动性、自觉性显著提高，绿色发展成为全社会的共识和自觉行动。一是不断深化学习。全省干部群众自觉以习近平生态文明思想作为行动指南，武装头脑、指导实践、推动工作。深入学习和贯彻习近平总书记对江西生态文明建设的重要要求，特别是习近平总书记在 2015 年 3 月参加人大江西代表团审议、2016 年 2 月和 2019 年 5 月视察江西关于打造美丽中国"江西样板"的重要指示精神。深入学习和贯彻中央关于生态文明建设的决策部署，把生态文明建设放到更加突出的位置，坚持高位推动、优先安排、重点推进，第一时间贯彻落实党中央、国务院生态文明建设要求。二是不断凝聚共识。全省上下认识到，建设国家生态文明试验区是习近平新时代中国特色社会主义思想的重要内容，要始终与党中央保持高度一致，坚持走生产发展、生活富裕、生态良好的文明发展道路；建设国家生态文明试验区是党中央、国务院赋予江西的重大使命，要举全省之力、集各方之智，深入推进国家生态文明试验区建设；建设国家生态文明试验区是江西创新发展、绿色崛起的宝贵机遇，要努力走出一条经济发展和生态文明水平提高相辅相成、相得益彰的新路。三是不断强化定力。江西强化扛起生态文明建设政治责任的定力，树牢"四个意识"，坚定"四个自信"，坚决做到"两个维护"，坚决担负生态文明建设的政治责任；强化推进生态价值转化的定力，树牢绿水青山就是金山银山的理念，保持生态优先、绿色发展的战略定力，绿色发展成为江西"在推动中部地区崛起上勇争先"的最佳路径；强化保护生态环境的定力，"像保护眼睛一样保护生态环境，像对待生命一样对待生态环境"成为全省上下的共同行

---

① 本部分内容参考了张和平《关于国家生态文明试验区（江西）建设情况的报告——2020 年 1 月 17 日在江西省第十三届人民代表大会第四次会议上》，《江西日报》2020 年 2 月 19 日第 7 版。

动，让对损害生态环境的行为真追责、敢追责、严追责、终身追责成为常态。

（二）生态文明治理形成体系

江西坚决落实习近平总书记关于"加快构建生态文明体系"的重要要求，在创新工作推进体系、完善重点制度体系、法规政策体系上取得新成效。一是创新工作推进体系。江西在组织推动上形成"三个领导"，成立省生态文明建设领导小组、省委生态文明体制改革专项小组、省生态环境保护委员会，加强对全省生态文明建设、生态文明改革、生态环境保护的领导。在战略推进上形成"三个统筹"，在省市县三个层面统筹推进国家生态文明试验区建设、打好污染防治攻坚战、推动长江经济带发展，实现生态文明建设、污染防治攻坚战、长江经济带发展有机统一。在推动落实上形成"多方合力"，在不增加机构编制的前提下，优化整合形成省市县三级生态文明建设专职力量，省市县三级推动长江经济带发展，河长制、湖长制、林长制、环委会工作体系不断健全，形成了纵向到底、横向到边、各负其责、统筹推进的工作格局。江西省率先建立了省人民政府向省人大报告生态文明建设情况、省高级人民法院向省人大常委会报告生态环境资源审判工作、省人民检察院向省人大常委会报告生态检察工作机制。二是完善重点制度体系。江西省近年出台了100多项制度，初步构建了山水林田湖草系统保护与综合治理、生态环境保护与监管、促进绿色产业发展、环境治理和生态保护、绿色共治共享及生态文明绩效考核和责任追究制度体系。在生态责任、生态保护、生态空间、生态修复、生态补偿、生态经济、生态农业、生态科技、生态教育、生态文化等方面形成一系列特色改革示范经验。三是完善法规政策体系。江西省出台生态文明建设促进条例，颁布河长制条例、大气污染防治条例、水资源条例等一批地方法规。省委省政府出台《关于深入落实〈国家生态文明试验区（江西）实施方案〉的意见》，制定出台生态农业、绿色发展、环境治理等一系列政策文件，编制实施生态保护、循环经济、绿色金融、应对气候变化等一批专项规划，生态文明体制改革的"四梁八柱"基本建立，生态文明建设步入制度化、法治化轨道。

（三）生态环境质量保持前列

江西坚决落实习近平总书记关于"做好治山理水、显山露水文章"

的重要要求，生态环境质量始终保持在全国第一方阵。一是实现青山更绿。持续实施造林绿化、森林质量提升工程，全省森林面积保持稳定，森林质量不断提升，活立木蓄积量稳步增长，森林、草地、湿地生态系统自然荟萃，相融共生。全省林地面积达 1.61 亿亩，占国土总面积的64.2%，森林面积达 1.53 亿亩，活立木蓄积量达 5.76 亿立方米，森林覆盖率达 63.1%，居全国第二位。推进重点区域森林绿化、美化、彩化和珍贵化建设，初步形成了多树种、多层次、多色彩的森林生态景观体系。二是实现河湖更清。深入推进"三水共治"，大力开展"净水行动"，2016 年以来，建制镇累计新改建污水管网 4160 千米，城市生活污水集中处理率由 2016 年的 88.96% 提升到 2019 年的 95.2%。加快生态鄱阳湖流域建设，强化流域保护治理规划，划定河流管护范围 5042千米。2019 年，国家考核断面水质优良率达 93.3%。三是实现土地更净。大力开展"净土行动"，累计建成垃圾焚烧处理设施 13 座，垃圾焚烧日处理能力达到 9200 吨，化肥农药使用量进一步下降。2017 年来新建成高标准农田 584.5 万亩，在建 290 万亩，项目区耕地质量等平均提升约 0.5 个等级。四是实现城乡更美。深入推进城乡环境综合整治，累计治理设区市城市黑臭水体 29 个。2019 年，全省空气优良天数比例达89.7%，中心城区道路机扫率达 86.49%，完成农户改厕 56.9 万户，农村改厕率达 87.1%，江西成为中部地区首个通过农村生活垃圾治理国检验收的省份。

（四）绿色发展水平显著提升

江西坚决落实习近平总书记关于"绿水青山就是金山银山"的重要论述，努力走出一条经济发展和生态文明水平提高相辅相成、相得益彰的路子。一是生态产业发展质量不断提升。创建现代农业示范园 291个，绿色有机农产品数量达 2888 个，农产品抽检合格率稳定在 98% 以上。油茶、竹类、森林药材等林下经济快速发展壮大，林业产业总产值突破 4500 亿元，国家林业重点龙头企业数量达 39 家，数量居全国前列。二是绿色服务业快速发展。大力发展生态旅游，2019 年，全省接待旅游总人数达 7.9 亿人次，同比增长 15.65%；旅游总收入 9656.4亿元人民币，同比增长 18.55%。特别是以森林旅游和森林康养为代表的第三产业加速成长，全省森林旅游年接待人数突破 1.64 亿人次，实现旅游收入突破千亿元大关。三是强化节能降耗制度落实。2019 年全省规模以上单位工业增加值能耗同比下降 5.7% 左右，2016—2019 年累计下降 20.7%，占总目标的 117%，提前一年完成"十三五"的工业节能目标任务。四是经济绿色含量不断提高。2019 年全省高新技术产业、战略性新兴产业增加值占规模以上工业增加值比重分别达 36.1%、21.2%，同比分别提高 2.3、4.1 个百分点，三产占比超过二产占比，"生态＋"和"＋生态"融入经济发展全过程，空间格局、产业结构、生产方式、生活方式更加绿色化。

（五）生态江西品牌更加响亮

江西坚决落实习近平总书记关于"绿色生态是江西最大财富、最大优势、最大品牌"的重要论述，生态江西品牌含金量和影响力显著提升。一是培育绿色改革品牌。加强经验总结推广，向国家推荐一批改革成果、在全省推广一批改革经验、各市县扩大一批改革试点、加快推进一批改革任务、谋划一批前瞻性改革举措。赣州山水林田湖草保护修复、萍乡海绵城市建设、景德镇"城市双修"、上饶横峰农村环境治理获得国务院表扬，绿色金融改革、宜春"生态＋大健康"产业发展、新余生态循环农业、鹰潭余江"宅改"等经验向全国推广。二是擦亮绿色生态品牌。举办"2019 鄱阳湖国际观鸟周"活动，"省鸟"白鹤成为江西生态优势新名片，打响了鄱阳湖国际生态品牌、国际旅游品牌。举办"2019 首届江西森林旅游节"，大量保护完好的古树名木成为绿色江西的生动符号，打响了江西森林旅游品牌。萍乡武功山帐篷节、宜春月亮文化旅游节等一批江西生态文化旅游品牌在全国打响。三是打造绿色产品品牌。全面擦亮江西农业绿色有机"金字招牌"，把一批特色鲜明、质量过硬、信誉可靠的农业品牌推向世界、走向世界，"生态鄱阳湖·绿色农产品"市场美誉度不断提升。国家首个"油茶产品质量监督检验中心"落户江西赣州，油茶产业成为江西绿色新名片。

二 江西绿色文化建设的经验

党的十八大以来，在习近平新时代中国特色社会主义思想指引下，全省干部群众努力描绘生态江西新画卷，形成了一系列江西绿色文化建设经验。主要有以下几点。

（一）注重绘好绿色文化建设蓝图

江西深入贯彻落实习近平总书记指示要求，在《国家生态文明试验区（江西）实施方案》《中共江西省委江西省人民政府关于深入落实〈国家生态文明试验区（江西）实施方案〉的意见》《关于深入学习贯彻习近平总书记视察江西重要讲话精神 努力描绘好新时代江西改革发展新画卷的决定》等文件上明确要加快建立健全以生态价值观念为准则的生态文化体系，加强生态文明理论学习、知识普及、绿色创建，推动习近平生态文明思想深入人心，形成崇尚生态文明的社会新风尚。省委历次全会作出重要部署，例如省委十四届八次全体（扩大）会议明确要在繁荣绿色文化上打造样板，大力弘扬绿色政绩观、绿色生产观、绿色消费观，广泛开展生态文明创建活动，培育生态道德和行为准则，营造崇尚绿色的时代风尚。在江西省国民经济和社会发展第十三个"五年规划"纲要，以及生态文明建设、文化建设、生态环境保护、自然资源、农业农村、水利、林业、文化旅游、体育等专项规划中，统筹谋划绿色文化，融入绿色文化，推动发展绿色文化。

（二）注重打造绿色文化建设样板

江西全面开展节约型机关、绿色家庭、绿色学校、绿色社区、绿色出行、绿色商场、绿色建筑等创建行动，广泛宣传推广简约适度、绿色低碳、文明健康的生活理念和生活方式，建立完善绿色生活的相关政策和管理制度，推动绿色消费，促进绿色发展，形成崇尚绿色生活的社会氛围。在国家生态文明建设示范市县、全国"绿水青山就是金山银山"实践创新基地、省生态文明示范县、省"绿水青山就是金山银山"实践创新基地、省生态县等创建中，强化绿色文化建设的内容，加大绿色文化的建设力度；开展森林文化、水文化、湿地文化、竹文化、茶文化、花文化等专题特色活动，举办鄱阳湖国际观鸟周、油菜花节、龙虾节、脐橙节、蜜桔节等特色生态节日；加大办会力度，相继举办世界绿色发展投资贸易博览会、花博会、林博会、竹博会、水博会等能够体现江西特色优势生态资源的博览会；组织一批绿色文化试验，深入推进婺源·徽州国家文化生态保护实验区、客家文化（赣南）国家生态保护实验区、景德镇国家陶瓷文化传承创新试验区建设。[1]

---

① 张和平、罗勇兵：《江西生态文明建设的理论与实践》，江西人民出版社 2020 年版，第 228 页。

（三）注重探索绿色文化产业新路

江西省深入挖掘利用绿色文化资源，加快整合绿色文化资源和生态产业资源，科学规划绿色文化资源产业化开发，提高生态创意产品质量，培育若干绿色文化产业品牌，将绿色文化产业打造成经济社会发展的新引擎。深入推动"文化＋"跨界融合，发展基于文化创意和设计与制造业、建筑业、农林业、旅游业等相关产业融合的新设计、新工艺、新业态，创造具有地方特色、具有生态品质的绿色文化新产品。

（四）注重讲好江西绿色文化建设故事

江西省围绕特色优势生态资源讲好江西绿色文化故事，加强宣传教育、深化总结提炼、拓展对外交流，构建人文生态环境系统，传播绿色文化建设的江西智慧；运用多种形式和手段，深入开展生态文明宣传活动，营造生态文明社会新风尚和文化氛围，引导全社会牢固树立尊重自然、顺应自然、保护自然的生态价值观，把生态文明建设融入社会主义核心价值观建设之中，将生态文明转化为公民意识，将生态治理行动转化为公民自觉行为；面向机关，组织好公职人员生态文明政策教育；面向企业，组织好在职人员生态文明法规教育；面向学校，组织好生态文明省情教育、乡土教育、校本教育；面向社会，组织生态文明日常生活化、行为性教育，推动生态文明教育落实到家庭教育、学校教育和社会教育中，从娃娃抓起，从幼儿园开始，从日常生活中的点滴实践做起；落实按照《江西省生态文明建设促进条例》要求，举办好生态文明宣传周，举办各类生态文明、绿色文化相关宣传活动。

（五）注重汇聚绿色文化建设合力

江西注重加强对绿色文化建设的组织领导，完善绿色文化的共建机制，加大绿色文化建设的支持力度，提升绿色文化建设合力。全省各地各部门加强绿色文化工作领导，推动形成绿色文化齐抓共管的良好格局，宣传、发展改革、教育、科技、文化、生态环境、自然资源、林业、水利等部门加强协作，将绿色文化建设任务融入生态文明总体布局中。在生态文明目标评价考核中，增加绿色文化权重，提高绿色文化在市县高质量发展考核生态文明建设评价中的分值，完善绿色发展评价中绿色文化有关指标。在市、县级文明城市测评体系中完善生态环境测评项目或生态文明建设测评项目，在省级文明村镇测评内容中增加开展环境综合整治和群众性爱国卫生运动，将破坏生态文明的重大案件纳入

"一票否决"条款，将"文明生态帮建"工作、单位员工文明交通文明旅游、移风易俗婚丧事新办简办、节能减排等生态文明工作纳入江西省文明单位（社区）测评内容。

三 绿色文化建设中存在的不足

从总体上来看，全省绿色文化伴随生态文明建设不断走深、走新、走实，在传承坚守中不断创新和深化，成为文化建设和生态文明建设的重要内容。生态文明建设列入"五位一体"总体布局和"四个全面"战略布局以来，全省进一步加强绿色文化建设。在肯定成绩的同时，也要认识到当前绿色文化建设总体水平不高，还有不少需要加强和改进的方面，需要在深化国家生态文明试验区建设中予以改进和提升。

（一）对绿色文化的总体认识还有差距

对绿色文化的丰富内涵认识不够。一些地方和部门对绿色文化的要义理解、对绿色文化的外延形态缺乏研究和理解；对习近平总书记关于绿色文化建设的重要指示要求、习近平生态文明思想中绿色文化的重要内容的学习研究的深度广度还不平衡。

对绿色文化的重要价值认识不够。一些地方和部门立足历史、理论和实践的维度，对绿色文化与生态文明建设、绿色文化体系与生态文明体系的密切关系研究认识不足；对绿色文化在文化发展、生态文明建设中具有的重要理论意义、实践价值领会不够。

对绿色文化的特色基因认识不够。各地生态要素不同，自然禀赋相异，生态彰显的自然、人文、社会意义和价值多元，决定各地绿色文化的基因丰富多样；大部分地区，对自身绿色文化基因认识和定位研究不够；对特色绿色文化资源的挖掘不够，全省绿色文化基因缺乏整体性认知梳理。

（二）绿色文化的示范创建存在不足

绿色文化的社会参与不够。总体上绿色文化建设以政府推动为主，生态环保组织及社会公众参与不够；有关部门和地方支持社会组织和社会公众参与绿色文化建设的政策机制不完善、渠道窗口不够开放；部分绿色文化富集地区，企业主导了绿色文化产业化开发和发展，当地群众参与绿色文化开发和分享绿色文化开发红利的机制不够健全。

绿色文化的创建平台不多。江西创建了一批全国绿色文化村和若干全国绿色文化基地，但缺乏整体带动示范性；省级生态文明示范基地（文化类）数量较少，形成的绿色文化创建经验较少；缺乏专门的省级绿色文化创新试验平台。

绿色文化的品牌名气不大。在全国具有较大影响力的绿色文化宣传品牌不多、代表性的绿色文化标识不够鲜明；区域性、省域性绿色文化公共品牌还没有形成，"江西风景独好"的整体效应有待进一步释放。

（三）绿色文化的培育推广体系不全

绿色文化融合不够。江西仍要大力推动绿色文化＋生态保护、绿色文化＋环境治理、绿色文化＋现代服务、绿色文化＋现代农业、绿色文化＋生态工业、绿色文化＋社会风尚、绿色文化＋城市建设、绿色文化＋科技创新、绿色文化＋人才培养、绿色文化＋经贸合作、绿色文化＋健康卫生深度融合。

绿色文化宣传不够。江西生态文明宣传教育还不够深入，公众接受生态文明知识教育的机会较少，对生态文明建设认识不足，生态红线、环保守法意识薄弱。

绿色文化总结不够。在理论形态上，各地和全省绿色文化没有进行系统整合；在实践层次上，各地和全省绿色文化建设的典型经验、成果模式、制度举措等缺乏总结提炼。

（四）绿色文化的产业贡献占比不高

绿色文化产业层次较低。江西绿色文化产业总体上还停留在生态旅游、自然观赏等初级层次上，绿色文化衍生的生态康养、生态教育、生态体验、生态艺术以及共享生态等新模式探索不够，较高层次、较高水平、较高质量的新业态还有待进一步推广。

绿色文化产业总量不大。江西绿色文化研究、开发、包装、宣传、推广、设计等市场培育不够，绿色文化上下游、首末端相连的产业链创新不够，绿色文化产业化水平总体不高，多元化、高品质的绿色文化产品和服务有待进一步开发。

绿色文化产业缺乏龙头。江西本土文化企业从事绿色文化的积极性不高，市场对绿色文化的投资投入还不够，全省还缺乏本土化的、具有领军能力的绿色文化开发、绿色文化投资龙头性企业。

（五）绿色文化的支撑保障不够完善

对绿色文化的组织领导不够。在生态文明建设总体布局、在全省文化发展总体布局及有关部门和地方工作部署中，对绿色文化内容研究不够、部署不够，较少对绿色文化进行专门性、专题化安排，绿色文化的"声音"较弱。

对绿色文化的总体设计不够。2016 年，原国家林业局组织编制了《中国绿色文化发展纲要（2016—2020 年）》，江西还未出台绿色文化发展规划，也没有制订系统的绿色文化建设方案；各地对区域性特色绿色文化发展的规划、设计不够，绿色文化发展缺乏强有力的政策支撑。

对绿色文化领域人才培育不够。江西对绿色文化人才培养缺乏总体性谋划，绿色文化人才队伍较为薄弱，缺乏具有全国影响力的绿色文化专业人才；绿色文化人才培养相关机构缺乏整合，绿色文化领域研究开发水平整体还不高。

第六章　发达国家的绿色文化建设
以及对中国的启示

　　2018 年，习近平总书记在全国生态环境保护工作会议上指出，我国生态环境质量不断提高，呈现出稳中有进的趋势，但效果并不稳定，生态文明建设正处于叠加压力、重负荷的奋进时期，当前我国生态文明建设进入了提供更多优质生态产品满足人民群众日益增长的优美生态环境需求的关键时期，也到了有条件、有能力解决突出生态环境问题的窗口期。[①] 2020 年，习近平总书记在党的十九届五中全会上再次强调："坚持绿水青山就是金山银山理念，坚持尊重自然、顺应自然、保护自然，坚持节约优先、保护优先、自然恢复为主，守住自然生态安全边界。"[②] 贯彻习近平总书记关于生态文明建设工作的指示和精神，解决生态环境中的突出问题，首先要立足中国生态文明的存量实际，大力倡导绿色文化，在全社会传播绿色生活理念，推动生产方式转型升级，形成人人参与、人人有责、人人享有的先进绿色文化，推动生态文化全方位、立体式发展和进步。当然，提升中国绿色文化建设水平，不能闭门造车，忽视域外经验，而是要开阔视野，加强交流合作，参考发达国家绿色文化的有益经验，在比较和反思中发展中国特色的绿色文化，建设美丽中国。

第一节　发达国家绿色文化发展举措

　　绿色文化思潮和行动是伴随着现代化过程，尤其是现代大机器工业

[①]　习近平：《在全国生态环境保护大会上的讲话》，《人民日报》2018 年 5 月 20 日第 1 版。
[②]　《中国共产党第十九届中央委员会第五次全体会议公报》，《人民日报》2020 年 10 月 30 日第 1 版。

广泛应用而出现的。西欧是现代化较早开始的地方，也较早遭受现代生产生活造成的环境生态问题困扰，爆发了诸如伦敦烟雾事件等一系列环境公害事件，为此付出了很大的社会代价，生态环境由此成为一个重大的社会问题，引发社会民众和政治集团的广泛关注。在强大的社会压力和环境压力下，西方国家开始重视发展绿色文化，开展环境治理和生态保护工作，积累了许多经验和教训，形成了许多有效的做法，为其他国家治理环境问题提供了有益的经验探索。在探索中国绿色发展道路的过程中，我们也要吸收借鉴西方发达国家的经验和技术，加强绿色文化的经验交流。

一　公众参与

在西方发达国家的环境文化中，公民参与环境和生态治理并在其中发挥作用，是西方国家绿色文化的一个显著特征。在长期的环境保护运动中，西方国家形成了比较发达的公民参与环境治理的渠道和制度，各类环境保护组织数量众多，涵盖环境保护的众多方面，形成了强大的院外压力集团，具有较强的政策表达和社会行动能力，能够对政府相关环境政策施加较大的影响。吸纳公民参与环保组织，鼓励环境组织参与相关议题，这既是公民维护自身环境权和健康权的一种方式，也是西方国家缓和社会矛盾，整合社会力量和智慧，进行环境治理的一种策略。

20 世纪 70 年代末，以绿色主义为旗帜的绿党在欧洲开始崛起，迎合了社会公众对环境权和健康权的广泛需求，成为欧洲政治力量当中的一股重要势力，其基本政治理念是对生态环境可持续发展和人自身健康权的倡导。[1]绿党由于具有广泛的民意基础，因而成为影响欧洲环境政策走向的重要势力。随着绿色主义的持续发展和广泛影响，公众参与环境保护已经成为一个普遍现象，超越了地域性单一事项参与，像欧盟和联合国等重要国际组织在环境保护决策议程中都采取了公众参与议程的方式。西方国家和国际组织广泛吸纳公众参与到环境治理中，在决策程序上设置公民参与的环境和条件，并使公众参与成为环境保护的一项基

---

① 王雨辰：《论西方绿色思潮的生态文明观》，《北京大学学报》（哲学社会科学版）2016 年第 4 期。

本原则。这是由环境问题的复杂性和不确定性、普遍性等特点决定的。这些特点决定了政府部门的资源和能力是有限的，无法单独承担解决生态环境、发展经济和保护人类健康之间矛盾的责任，面对错综复杂的生态治理环境，政府部门需要整合社会民众和社会组织的资源，分担环境保护和治理中的决策风险和治理责任。早在 2007 年，美国国家研究院就成立了公众参与环境评估决策小组，旨在分析公众参与环境治理同生态环境之间的关系，提升民众参与环境政策决策的有效参与度。[①]

从效果上看，引入公众参与环境治理，还可以加强不同公民群体之间的互动和交流，从而起到增进了解、消除隔阂、凝聚力量的积极作用。因为公民不是一个整体，分属于不同阶层和群体，在环境治理中可能被赋予各种角色，既可以是环境保护者，也可以是利益相关者，不同的利益取向导致不同群体对环境政策认知的巨大差异。因此，鼓励公众参与，加强对话，寻找最大公约数，是提高环境保护政策实施效果的重要方式和手段。当然，公众参与环境治理有不同的方式和途径。比较典型的是参加环境保护组织，通过环境保护组织的平台，开展环境宣传、政策呼吁和政治游说；有的则是参加地方的各种咨询委员会，还有的则是听证会和环评小组等，对即将出台的环境政策提供意见；通过环境公益诉讼来表达利益诉求；等等。总的来看，西方国家社会参与环境治理有以下几种方式：一是参与或建立环保组织，二是参加政府或议会的咨询委员会，三是参加听证会，四是环境公益诉讼，五是通过请愿、游行、静坐等方式表达环境诉求。

（一）环境保护组织

这类非政府组织是西方国家最常见的社会组织之一，也是西方国家普通民众参与社会环境治理和环境议题，表达诉求，发表看法，进行环保实践的重要组织载体和行为方式。西方国家环保组织成立历史悠久，英国早在 1865 年就成立了一个叫公共土地和农村团体保护协会的环保组织，于 1912 年成立自然保护地促进协会，于 1913 年成立世界上第一个生态学学会，其他国家也相继成立了许多民间环保组织。"二战"后西方民间环保组织迅速发展。这主要是由于随着工业化和城市化的深度扩张，导致环境问题越来越严重，引发社会普遍重视。仅从 1952—

---

① 楼苏萍：《西方国家公众参与环境治理的途径与机制》，《学术论坛》2012 年第 3 期。

1962 年，英国就发生了 12 起严重的酸雨烟雾事件，而其他西方国家也存在类似问题，严重威胁社会民众的生命健康和社会可持续发展。从 20 世纪 70 年代开始，西方国家环境保护运动风起云涌，这些非政府组织掌握了庞大资源，成为参与社会环境治理的重要力量。这些非政府组织不仅在宣传话语上，而且在行动方式、活动领域和国际环保话语上，都产生了很大影响，成为影响西方国家政策走向的重要势力。比如，一直活跃在气候环境治理的非政府组织气候行动网络（CAN），该组织包含 1000 多个相关非政府气候组织，活动范围覆盖全球 120 个国家，其下辖的科技、农业、法律、通讯等多个工作小组，分别在节能减排、农业技术、航空能源、资金支持、法律政策等方面进行科学研究，对国际环境和气候谈判发表看法，提供材料支撑，帮助公民增加环境背景知识，了解政策制定；同时，通过游说、示威、游行等方式来吸引媒体注意，扩大政治影响。这对世界各国政治造成了无形的压力。

（二）咨询委员会

在西方国家，咨询委员会是一种广泛存在的公众参与形式，其组成的方式也比较灵活，由相关独立专家学者或利益集团以及其他相关机构组成。早在 1981 年美国环保署就颁布了"美国环保署公众参与政策"，并于 2003 年进行修订，这是美国公众参与环境政策治理和环境治理的重要法律规定。该政策规定，环保署征询公众对某项环境项目或政策的意见和建议时，需要建立环境咨询委员会，公众的范围是环境政策制定可能影响和涉及的任何人或组织。具体来说，包括普通民众，环保组织，企业和商业组织，少数民族和种族代表，新闻媒体，政府组织，公共健康和科学领域代表，宗教组织以及大学等。环境咨询委员会的主要目的是通过增强代表的广泛性，兼顾各方利益和意见，提高决策效率，尽可能在关键问题上各方都能达成共识，为作出相关环境问题决策提供民意基础；同时，召开咨询委员会的相关会议记录和文件都要保留以备查询。咨询委员会不仅可以作为政府的政策参考，还是不同群体交流意见、协商问题、讨价还价的重要组织平台，也是提高公众参与社会问题的重要方式。

（三）听证会

相比强调专业性的咨询委员会而言，西方国家就环保问题召开的各种听证会则是更为常见的普通居民参与方式，也是制定环境政策和实施环境治理的必经程序。普通人表达自己的意见，维护自身权益，主要方式和手段就是参与各种形式的听证会，并且将举行听证会作为相关决策的法定程序。根据《美国环保署公众参与政策》等法律规定，凡是有关公共环境卫生的政策法规，比如空气、水、土地、森林以及危险废弃物处理等，必须在决策之前以听证会和座谈会的形式广泛听取民众及相关当事人的意见和建议。在加拿大，该国"环境保护法"详细规定了国家在保障公众环境权益的三项职能，包括采取有效措施促进公民参与环境治理、及时向社会公布相关环境信息和为居民参与环境保护提供条件，强化国家在维护公众参与环境治理方面的责任。在此基础上，又对公众参与环境保护和治理作出了具体规定，鼓励任何社会个人和组织向环保部门报告环境问题，任何公民都有权向政府机关提供有关环境问题的信息，尤其是环境违法行为的报告，收到环境违法报告的环境执法部门必须对相关行为进行详细调查。

（四）西方国家公众参与的制度保障

制度为公民参与环境问题的讨论和行动提供了有力保障。没有缜密的制度安排，尤其是在信息公布、参与主体、法定程序、权利设定、权利救济等方面的规定，普通公民就很难影响到由政府主导和垄断的公共事务。在西方国家的长期环保主义运动中，政府、企业、社会组织、公民团体和民众之间不断斗争磨合，逐步打破政府对信息和决策的垄断，在信息获取与信息透明、法律公益诉讼、公众参与决策制度等方面，形成相对完善的制度规范。[1] 民众只有获得及时的、足够的、有效的信息，才能在环境治理和环境决策中作出恰当的选择。西方国家普遍在信息公开、信息透明、信息获取方面做了大量工作，形成比较科学完善的信息公开与获取制度。当然，公众信息权和知情权也是社会不断斗争和努力争取的结果，而不是国家主动放权、自愿接收社会监督的自觉选择，没有社会有识之士的坚持斗争和不懈努力，这些主要资本主义国家所谓的信息公开和透明是不会自动实现的。比如，一直到"二战"后，美国才开始在保障公民信息权方面作出尝试。但随着冷战时期到来，时任美国总统的杜鲁门以国家安全为由，多次下令封存各种公务信息。20世纪50年代初，美国还把军事保密制度引入一般行政机关，只要定位

---

① 楼苏萍：《西方国家公众参与环境治理的途径与机制》，《学习论坛》2012年第3期。

秘密级别的资料和文献，一律不得对社会公开，由此导致社会普遍兴起保密之风。这段时期堪称美国信息公开最糟糕的时期。面对政府部门的封锁垄断，许多有识之士开始通过各种手段呼吁社会，教育民众，抵制政府的信息封锁行为。美国当时还成立了信息自由协会，集结了一批志同道合的人，积极发声，宣传主张，对政府施加压力，争取信息自由。但美国朝野对信息自由和信息公开分歧巨大，尤其是继杜鲁门之后的历届总统，包括艾森豪威尔、肯尼迪、约翰逊等，都对信息公开持否定态度，不断否定相关提案。直到1966年，美国国会通过"信息自由法"，时任总统约翰逊才在社会普遍催促和强大的压力下，在最后时刻签署了这份法案。经过多年的努力斗争，美国的"信息自由法"才最终出台。但是，"信息自由法"的出台不过是民众争取信息公开和信息透明的开始。对于该法的实施，美国政府各个部门和机构普遍采取了阻碍信息获取的消极措施，比如，无限期拖延民众要查阅获取的信息；收取高额的信息查询和使用费用，让普通人难以承受；政府以国家安全为由，将信息公开申请拒之门外；等等。这一系列动作导致"信息自由法"几乎成为一纸空文。这种情况一直持续到1972年，美国国会通过修正案，美国的信息公开才翻开新的一页。正是有了前期努力和法律基础，美国普通民众才有权从政府部门、图书馆、档案馆、电视台、广播电台等渠道，通过图书资料、视频音频、法律文件等形式，获取环境治理和政策的相关信息。其他国家的信息公开制度也经历了类似的发展历程。另外，在环境治理的制度保障方面，西方国家普遍建立环境诉讼制度。环境诉讼的标的是损害公共环境的行为，属于公益诉讼性质。环境诉讼的目的不仅仅是个案权利救济，而是针对社会公共利益的损害，矫正违法行为，恢复和促进社会公共利益。在美国，环境诉讼的主体有多种，环境诉讼的原告资格是以事实损害为认定条件，任何群体或集团的人都可以具有诉讼资格，不仅仅限于健康权和财产权等受到侵害的人，而事实损害包括范围很广，它包括经济上的、审美上的、环境舒适度上的等各方面的损害。[1]

二 绿色发展法治化

第二次世界大战结束后，借助美国援助和自身原有的积累，西方发

---

① 胡德胜：《西方国家生态文明政策法律的演进》，《国外社会科学》2018年第1期。

达国家迅速从战争创伤中恢复过来，经济社会迅猛发展，但随之而来的是严重的生态失衡和环境恶化，并且这种生态环境的恶化从西方发达工业国家向世界其他地方蔓延，环境问题成为世界性难题。以"八大公共危害"案件为代表的一系列严重威胁人们生命健康环境事件，导致社会对环境问题空前重视，越来越多的有识之士认识到环境问题对于经济社会发展和生命健康的重要意义，由此产生了具有深远社会意义的环保运动。在自然规律惩罚和社会民众抗争的双重压力下，西方世界一些有识之士行动起来，通过立法、司法、执法部门和环境团体、科研团体以及公众的积极参与，对政府施加压力和影响，西方国家对环境问题开始采取积极措施，其中法治化的手段是最为重要的措施之一。

1. 欧洲国家联盟

作为一个具有准国家主权性质的跨国组织，欧洲国家联盟（以下简称欧盟）是西方世界开展生态保护和环境治理的先行者。欧盟环境法律有许多特点，最为显著的是在欧洲共同体和欧盟的先后推动下，形成跨越成员国的一体化环境法律议程。另外，欧盟环境法律比较全面，立法技术比较先进，法律政策一直随着实践发展而不断调整完善，环境法律覆盖面越来越广，标准越来越高，使得欧盟环境法律在世界范围内处于领先地位。1972 年，欧共体在巴黎峰会上强调环境政策的重要性，要求在 1973 年制订一个环境行动计划，由此开始了欧洲关于环保法治化的历程。此后，分别于 1977 年和 1983 年制订了欧共体第二和第三个环境行动计划。20 世纪 70 年代以来，欧盟及其前身欧共体共制订了 7 项环境行动计划。欧盟成员国依据这些行动计划制定的法律政策，比同期其他国家和地区的环境法律政策更为严格。当然，在 1986 年以前，欧盟还没有形成统一的环境政策，当时的环境行动计划还只能起到协调各国环境政策的作用。在 1986 年，当时欧共体成员国签署通过"单一欧洲令"。这标志着当时的欧共体有了共同的环境政策，一种超越国家界限一体化的环境议程正式形成。① 根据"单一欧洲令"，欧共体对于环境治理以预防性为主，对于环境污染及其治理，从协同成员国经济社会发展及各地平衡的角度来推进，并且授权欧共体理事会在环境治理和资

---

① 蔡木林、王海燕、李琴、武雪芳：《国外生态文明建设的科技发展战略分析与启示》，《中国工程科学》2015 年第 8 期。

源保护方面采取行动。这些重要规定，使得欧共体的法律政策在制定和执行等方面都具有超越国家的属性。此后，从 1986—1992 年，欧共体颁布了 100 多项环境法令，极大促进了当时欧共体环境法律体系和环境政策的发展。20 世纪 90 年代以后，欧盟环境法律也在随着时代发展而不断调整，1993 年当时的欧共体通过第五个环境行动计划，并提出可持续发展的先进理念。在保护自然环境方面，强调源头治理，从源头上防止破坏自然和环境的行为，而不是事后治理，并确定农业、工业、能源和运输业、旅游业为优先行动领域，着眼于为后代保留足够的生存资源和生活条件。2002 年欧盟提出第六次环境行动计划。这次行动计划的主要目标，是将生态环境问题治理由事后补救前置为事前预防，全面提升生态环境法律政策的覆盖面和标准。总的来看，这次行动计划主要分为两个领域：一是确保对可再生以及不可再生资源的消耗不能超过环境承受力；二是排放废弃物和有害物质显著减少。为了实现这两个战略目标，欧盟确定四个主要行动领域：一是显著降低欧盟温室气体排放量，计划到 2012 年，欧盟温室气体排放量减少 8%；二是制订生物多样性的保护计划，保护自然环境和生物多样性，为欧盟境内物种提供安全的栖息地，形成健全的保护网络体系；三是全面保障公众健康，提出要对化学品风险管理、农药风险、自然水体、空气污染和噪音等问题进行全面调查，并制定和执行新的标准；四是提升废弃物的利用效率，对自然资源的可持续利用，欧盟拟针对特定废弃物制定全周期的生产、使用和回收措施，以此增强回收循环利用效率，减少废弃物排放和对环境的污染。这意味着根据修改后的欧盟环境法律政策，有毒有害物品使用和处置的相关规定将更加严格。2013 年，欧盟制订第 7 个环境行动计划，提出到 2050 年人类在地球可承受范围内生活得更好。为此，这次行动计划提出了三项实质性计划：一是关于自然资本的保护和改善；二是提出了打造低碳经济体的设想，增强欧盟在领导绿色发展方面的竞争力；三是降低民众遭受环境和生态风险。当然，由于各成员国在经济社会发展水平、内部不同政治势力的分歧以及各国之间关于环境法律执行的协调等方面原因，导致欧盟环境法律存在着理念与实践、法律制定与法律执行之间脱节的问题，法律执行往往滞后于实施计划，而且由于存在各种干扰和问题，在执行力上存在打折扣的问题。

2. 德国

作为欧盟重要的成员国之一，德国在1992年的里约会议之后，一直在探索可持续发展的道路，力图在增强经济社会发展能力的同时，降低自然资源的消耗，减少废弃物的排放和产生。以提高资源循环利用率为重点，实施可持续发展战略，减少环境压力和资源损耗，这是德国环境法律的重要着力点。2002年，德国提出要继续实践可持续发展战略。经过多年的发展，德国的生态环境法律体系已经建立起来。首先，在政策和法律上坚持生态优先原则，2009年"自然保护和地貌规划法"规定，要维护自然生态平衡、保护自然环境的多样性、发挥自然的生态功能、保护公共土地等。其次，在提升废弃物回收利用率方面，1972年德国就制定"废物管理法"，要求根据环境承受能力，提高废弃物和排放物的回收利用效率，并于1986年修订为"废物限制及废物管理法"。20世纪90年代初，德国确立了资源与产品双向循环的经济理念，先后制定了"限制废车条例""循环经济与废物法案""包装法令""垃圾法"等重要环境法律。2000年以后，制定或修订了"社区垃圾合乎环保放置及垃圾处理场令""持续推动生态税改革法""再生能源法"等法律。通过完善发展循环经济，提高自然生态自我修复能力和承载能力，德国的资源循环利用政策不仅有效提高本国环境保护和资源利用效率，而且也有利于避免原材料和废弃物进出口对其他国家和地区的环境污染。再次，德国还根据风险防范原则，实施放弃核电能源的政策，以避免潜在污染事件。2011年，日本福岛核电站发生泄漏事故时，核电占到德国总用电量的四分之一。鉴于核电站存在的潜在风险，尽管德国核电站没有发生过泄漏事故，德国仍然制定"弃核电政策法"，放弃发展核电。根据该法，德国将在2021年前全部放弃核电生产。同时，德国大力发展风能和太阳能等可再生能源替代核能发电和供热。在政府政策的鼓励下，2015年德国的太阳能、风能及其他可再生能源满足了28%的能源需求，2016年德国的碳排放量减少了27.2%，可再生能源发电量减少了30%。

3. 日本

日本政府环境法律的特点，在于通过立法推动生态环境与经济社会协同发展，尤其是在发展循环经济，提高资源利用率方面，日本同德国一样，都处于世界领先水平。究其原因，一个重要背景在于日本国土狭小，人口众多，资源匮乏，自然禀赋比较差，属于资源紧束性国家。这种情况迫使日本上下注重节约资源和加强循环利用。如根据日本"推进形成循环型社会基本法"确立的原则，要促进物质的循环，减轻环境压力，谋求经济社会健全发展，构建可持续发展的社会。1999 年日本国际贸易工业部工业结构委员会发布的"循环经济规则"中指出，为了协调环境保护与经济可持续发展之间的关系，日本必须发展完善的循环经济体系，在经济社会发展的各个层面将资源循环利用与保护生态环境结合起来。① 2000 年日本国会制定或修订"建立循环型社会基本法""资源有效利用促进法"等六项重要法案，这一年也被称为日本的资源循环型社会元年。日本朝野上下对发展循环经济，降低环境载荷形成了普遍共识，制定出台了"集装箱包装回收法""汽车回收法""家用电器回收法""促进集装箱和包装分类回收"等系列环境法律，得到社会广泛支持和认同。为了推动低碳循环经济建设，政府颁布了一系列法律法规，形成了循环经济的立法体系，地方政府也采取了一系列环境保护激励和扶持措施，使发展循环经济更具可操作性。同时，日本以零排放为导向，倡导企业加强节能减排的创新，确立以清洁能源和绿色生产为目标的新型生产模式。日本对不同行业的废弃物处理和资源循环利用作出具体规定。"废弃物管理法"明确要求生产者要努力对生产过程中产生的废弃物加以再生利用，同时提出在产品生产阶段，就要从生产工艺技术上确保产品进入废弃阶段时，方便用恰当的办法进行处理。这就对企业的环保责任和生产技术提出了更高要求和更严标准。

在推动建立循环经济的同时，日本政府还积极发展绿色产业，提出了"科技兴国""环境兴国""文化产业振兴""旅游建设国"等战略。2006 年日本提出"新国家能源战略"，要大力发展太阳能、风能、燃料电池以及植物燃料等新能源和节能技术产业，力争到 2030 年将国内能源效率提高 30% 以上，将石化能源消耗占总能源消耗的比例降低到40%，以减少传统化学能源对生态环境的危害。日本在提出"阳光计划"之后，又提出了"新阳光计划"和"地球环境技术发展计划"，以开发地热能、太阳能等可再生新能源，并在适合日本国情的生态文明下

① 王福全、庞昌伟：《日本发展循环经济低碳社会的基本经验及其启示》，《当代世界》2017 年第 5 期。

建立新能源系统。为了促进实施旅游大国战略，日本制定了"旅游基本法"，将生态旅游作为一种新型的旅游活动，以促进旅游业的发展。日本在促进生态经济可持续性发展的同时，还提出了旅游经济的生态发展路径。多年来，日本的经济增长模式主要是根据既定的生态社会产业发展目标，朝着资源节约和环境友好的方向发展，并将低碳经济、旅游文化作为未来国家创新的重点，并通过不断的创新和发展来推动日本传统产业和经济发展的转型。

三 加强绿色文化教育

环境教育的概念起源于欧美。环境教育最早于 1948 年由国际自然保护联盟提出，随后欧美国家开始开展自然环境教育活动。环境教育之所以在欧美率先开展，并不是自觉选择的结果，而是压力倒逼的产物。以大机器工业生产为核心的现代大工业首先在欧美地区兴起，在推动经济社会迅速发展的同时，各类严重的环境污染事件和安全事故问题也层出不穷，给民众的生命健康和财产安全造成严重损失，环境事件因为现代大工业的疯狂扩张和资本的贪婪而成为一个紧迫的社会问题，也暴露出资本主义破坏性及其带来的严重社会危机。在 20 世纪 60 年代，美国河流湖泊的污染里程占总里程的三分之一以上，沿海水域和地下水被严重污染，农业用地因滥用化肥和农药导致结构改变，主要资本主义国家相继发生了骇人听闻的环境污染事件。在自然规律和社会民众的双重压力下，从 20 世纪 60 年代开始的欧美绿色运动风起云涌，随之而来的是环境教育和环保意识得到普及。美国于 1970 年颁布了"国家环境教育法"，将开展环境教育纳入法律规范，从法律的角度规定环境教育的内容和方式以及资金支持等。该法出台的主要目的在于通过自主教育机构，增强社会对环境问题的关注和对环境政策的理解，主要包括技术支持、环境教育、资金支持等内容。该法认为，环境教育是帮助人们理解自然环境与人类社会之间关系的有效途径。依据该法，政府为环境教育课程提供了大量资金，如 1972 年提供了 300 万美元资金支持，用于支援环境教育课程开发、教师培训、野外教育基地、成人环境教育计划，同时其他政府部门、协会、科研机构以及民间环保组织，也资助环境教育发展。在这些资源的支持下，许多环境教育课程和教材被开发出来，有些至今仍然在使用。20 世纪 70 年代，美国环境教育总投入达到 1.2

亿美元，当时成立的许多环保教育协会至今仍然在发挥作用，比如
1971 年成立的北美环境教育联合会，已经向全世界超过 60 个国家和地
区的环保组织和志愿者提供环境教育的信息和项目。

　　日本的环境教育，也起源于因工业化和城市化而导致的严重环境污
染问题。从 20 世纪 50 年代，在资本利益驱动下，日本相继爆发了以
"水俣病"为代表的系列公害事件，引起社会广泛关注。在多方共同努
力下，逐步形成了比较完善的环境教育体系。同时，日本政府也逐渐意
识到加强环境保护，节约资源对于经济社会发展的巨大价值和意义。20
世纪 70 年代，日本政府提出了"树立生态环境观念的更新理论"。通过
各种宣传教育，将缺乏自然资源、保护自然的意识植入社会普通民众，
让每个人都认识到日本是一个资源匮乏的国家，需要加强环境保护，提
高资源利用率。1990 年，日本环境教育学会成立，环境教育开始理论
化、系统化；同时，一系列法律法规的颁布使环境教育的发展和实施更
加具体化。[1] 日本的环境教育设置有许多特点。一是学校不设置专门的
环境教育课。因为导致环境问题原因复杂多样，所以环境教育需要结合
不同的课程来具体设计，于是日本将环境教育的内容融入到各个课程
中，包括美术、道德、社会、理工等各个学科，在不同的课程教育中具
体体现。比如，在中高年级的社会课程中，相关环境教育的内容是学习
自然生态结构、现代工业部门、日常生活环境因素等。在学习过程中，
学校会要求学生对周边的自然环境和社会环境进行调查，从生活超市垃
圾回收、生活用水处理、纸张的生产与回收等同生活实践密切相关的环
境教育素材着手，让学生们在实际生活体验中增强环境保护的意识，学
习环境保护的相关知识。二是根据学龄阶段来开展相关环境教育。日本
环境省制定《课堂环境教育指南》，要求根据学生的年龄阶段来设定环
境教育的内容和目标，使环境教育同学生实际情况相适应，提高环境教
育的效果。小学低年级的环境教育，重点培养学生对环境的感受，通过
体验的方式让他们逐渐认识环境的重要性，比如组织学生观察自然的花
草树木和虫鱼鸟兽，饲养小动物，许多学校还组织学生种植土豆，并将
收获的土豆端上学生餐桌，让学生通过各种体验和观察、劳动，亲近自
然、感悟自然、热爱自然。在中高年级，环境教育的重点是培养引导学

---

① 郭崇：《日本的环境教育对我国生态文明建设的启示》，《文化学刊》2015 年第 2 期。

生的理性思考能力，运用一些科学理论去发现问题、调查原因、思考判断等，重点是提高反思和行动能力。三是政府组织下的全社会参与。日本政府主张各行各业相互配合，全员参与维护生态环境。各级政府和学校合作开展环境保护宣传教育，使每个人都重视和开展环境保护工作。也就是说，每个家庭和每个公民都可以借助家庭和学校教育，分享垃圾分类方法和资源回收的详细信息，逐步掌握相关技能。此外，日本政府还要求所有环保组织、协会和政府组织向公众详细宣传生态和环境保护资源节约的知识。例如，日本政府规定，应当在幼儿时期开展环境保护宣传和教育活动，从幼儿园到中小学的所有教学课程都应包括环境保护教育，以及教师应该指导学生开展环境保护活动。日本家庭也参与进来，教育孩子们外出时应将垃圾装入袋中，带回家进行单独处理，以使处理垃圾成为人们日常的生活习惯。

在韩国，环境教育在社会教育和学校教育两个层面开展。在社会层面，环境教育最开始以民间知识分子和团体活动为雏形。20世纪70年代，韩国一些有良知的知识分子自发组成基督教学院对话小组，开展一些环境教育相关问题的对话与研究，但影响力和覆盖面都还局限于部分知识分子群体。进入80年代后，由于韩国发生了一系列环境污染和公害事件，引发社会普遍关注，以环境公害问题为焦点的大众环境教育开始普及，针对性较强。从1987年开始，相关环境教育团体邀请公共卫生和环境治理领域专家，针对环境问题，开展环境教育讲座，主要目的是引导公众认识了解环境问题，普及环境知识，宣传环境权益。进入90年代后，韩国的社会环境教育逐渐成熟，环保组织大量兴起，在各地依托市民中心，广泛建立了"大学生环境夏令营""妈妈环境大学""市民环境学校"等各类环境教育参与平台，环境教育主题广泛，覆盖人群大大增加，影响力也显著提升。进入21世纪后，韩国环境教育出现两个重要特点：其一，从事社会环境教育的专业团体开始增多，开始同互联网相结合，环境网络教育活跃起来，并成为环境社会教育的重要方式；其二，韩国颁布"环境教育振兴法"，以立法的形式规范环境教育的内容、形式、人才培养和资金支持等重要事项。在学校层面，一是在学校中引入环境教育，实施环境教育示范学校评选制度。从1985年开始，国家对小学和中学的环境教育进行评估，选出若干环境教育示范学校。同时，进行课程设置改革，1992年正式将环境教育列为中学阶段的独立科目，这同日本将环境教育融入各个学科的做法有明显的区别。此外，在一些大学开始设立环境教育专业，为社会培养专业的环境教育人才。二是在各地广泛建立环境学校。根据 2017 年韩国环境部相关调查结果显示，以自然体验为主的环境教育中心、自然学校及展示机构，如自然学习馆、环境研究所、自然学校、生态体验中心、绿色生活体验村等，在全国有 300 多家，与当地文化艺术和旅游休闲活动相结合的自然体验场所及机构数量明显扩大，全国增至 4000 多家。①

四　生产方式转型

如前文所述，现代自然生态危机的重要根源在于，资本和大机器工业生产结合后，产生了资本主义生产方式对自然界生态平衡的严重破坏。资本利润最大化的贪婪本性和大机器工业释放的强大生产力，第一次让人类有了征服一切、掌握一切的宏大设想，借助科技和工业的力量，资本有了为所欲为、随心所欲的错觉。现代资本主义大机器工业生产首先在西欧兴起，这些地区也首当其冲，受到违背自然规律的惩罚，为环境生态问题付出了沉重的社会代价。作为反思和应对，西方发达国家普遍开始进行生产方式转型的探索和实践。

在德国，绿色技术、绿色产业是德国生产转型的重要突破口。德国政府提出建设"闭环生态国家"目标，从生产和消费、回收、再利用的各个环节，构建"最优生产、最优消费、最少浪费"绿色生产生活方式，实现资源利用的生态循环。德国高度重视绿色发展，并实施了一系列措施。首先，将促进绿色发展上升到法律制度，制定工业生产工艺流程、工业垃圾处理、废气排放、水污染处理、资源回收利用等的相关环境保护法律，从 20 世纪 70 年代开始，相继颁布了"废物处理法""大气排放控制法""可再生能源促进法"等重要法律规范。目前，德国在国家和地方层面共有 8000 多项环境法律法规，加上欧盟的 400 多项相关法律法规，形成了比较完善、覆盖全面的环境问题管控系统。其次，民间组织同政府部门在环境问题上的合作关系。在发挥市场对企业生产的导向作用的同时，注重民间组织的协同作用，引导民众对绿色生

---

① ［韩］仁允贞：《自然教育在韩国——韩国民间环境教育发展史和社会环境教育指导师制度》，盛江华译，搜狐网，https://www.sohu.com/a/320871023_712190，2019 年 6 月 15 日。

产生活方式的认同和重视，培养低碳环保意识和消费观念。1978 年，德国开始实行被称为"蓝色天使"的环境标志认证制度，旨在通过引导市场消费的方式，鼓励消费者购买那些经过认证的环保商品，从而让企业主动适应市场，进行技术创新和改进工艺，进行生产升级转型，从而达到绿色生产的目的。在引导社会环保意识方面，积极发挥非政府组织在民间的活力和影响力，开展各种环境宣传和体验、参与活动。[①] 再次，创新绿色科学技术，鼓励中小型绿色科技企业发展。创新绿色技术为实施生产转型提供技术支持。德国借助互联网的整合优势，提出工业4.0 构想，在德国工程院、弗劳恩霍夫协会、西门子公司等学术界和产业界的大力推动下，德国联邦教研部与联邦经济技术部于 2013 年将"工业 4.0"项目纳入了"高技术战略 2020"的十大未来项目中，计划投入 2 亿欧元资金，支持工业领域新一代革命性技术的研发与创新，通过应用物联网等新技术提高德国制造业水平。同时，德国对高新技术的投入力度非常大，绿色科技企业一般将年收入的 3% 左右投入研发。最后，德国还非常注重发展循环经济。德国采取了末端治理和全过程的管理方式，在产品生产、绿色产品推广、材料闭环回收和资源再利用等方面，发展循环经济。德国先后五次修订"可再生能源优先法"，鼓励资本投资新能源产业，分散可再生能源投资风险，积极推动可再生能源产业发展，落实可再生能源发展目标。

在日本，提高垃圾处理技术，推动垃圾资源化，建立垃圾统一回收的生态工业园，这是日本政府发展循环经济的重要内容。垃圾回收工业园致力于资源回收与循环利用，建立完善的垃圾回收处理系统，进行资源转化，着力于将垃圾回收技术与低碳技术相结合，将发展生态经济和循环经济产业作为新的经济增长点。[②] 日本凭借其在绿色产业方面积累的技术优势，着力打造新能源产业的竞争优势，力图在未来全球竞争中占据主导地位。随着日本循环经济的发展和资源利用向绿色、低碳、清洁、安全的转变，日本经济已初步摆脱了能源资源和生态环境的制约，促进了产业集聚和产业发展，在提升区域竞争力方面发挥了窗口引领

---

① 於素兰、孙育红：《德国日本的绿色消费：理念与实践》，《学术界》2016 年第 3 期。
② 王福全、庞昌伟：《日本发展循环经济低碳社会的基本经验及其启示》，《当代世界》2017 年第 5 期。

作用。

在英国，绿色产业的重点放在建筑、电力、交通运输和重工业等领域。2009 年，英国能源和气候变化部、商业创新与技能培训部联合发布了"英国低碳产业战略"，指出发展低碳经济的重要意义，应当采取的政策措施，低碳技术创新和低碳经济转型发展战略。在同年发布的"英国低碳迁移——国家气候能源战略"中，对发展低碳经济的具体任务进行分解和落实。根据该政策，英国的碳排放到 2020 年要比 1990 年减少 34%，为此要创造 120 万个绿色行业从业岗位，汽车的排放要在2009 年基础上减少 60%，帮助 150 万个家庭生产绿色能源。由于绿色产业发展具有典型的经济外部性，私营企业通常不会主动介入，因此，英国政府对绿色产业发展发挥了重要的推动作用，解决绿色产业发展中市场失灵的问题，比如为企业项目研究提供资金、技术、税收、成果转化等方面的支持，为企业解决产品服务过程中的商业化问题。英国政府发挥金融杠杆作用，利用金融工具，对绿色产业进行大量投资，积极推动低碳生产。值得一提的是，英国绿色投资银行为英国绿色产业发展发挥了积极的作用。建立英国绿色投资银行的目的，是吸引更多的社会资本加入，从而为英国绿色产业发展提供资金和技术支持。英国绿色投资银行已经通过 18 亿英镑的直接投资带动 60 亿英镑的民间私人资本，投资超过 4000 万个项目，所产生的效益相当于减少了 160 万辆汽车的碳排放，减少 150 万吨废弃物，为 310 万个家庭提供可再生能源，英国绿色投资银行产生了比较好的经济社会效益。因为其股权结构合理，所有投资项目都兼顾了绿色发展和投资效益的要求，满足了投资者的投资回报需求。[①]

西方发达国家虽然在环境保护和绿色文化方面做出了许多创新和贡献，但是，也绝不能高估西方国家的环境保护主义，认为他们就是环境正义的代表，而其他国家的环境污染和生态破坏则是环保意识落后和政策失当的结果。实际上，第三世界许多环境问题的根源是西方国家环境污染转移的结果，第三世界国家承受了西方发达国家经济繁荣的环境代价。换句话说，并不是西方发达国家真正实现了经济繁荣与生态保护的

---

① 董必荣：《国外绿色发展模式借鉴——以英国为例》，《毛泽东邓小平理论研究》2016年第 11 期。

平衡，资本的本性决定了西方国家所做的一切都无助于从根本上解决生态问题，他们所做的补救措施不过是局部的小修小补。西方发达国家以资本为核心和驱动，资本奴役一切、支配一切、吞噬一切，把所有社会资源和自然资源都货币化，涂上价格标签，纳入到利润最大化的指标体系中来，资本放纵的本性决定了对自然资源的无限占有和无限使用，这正是现代生态危机爆发的总根源。许多资本主义国家，不论是西方发达国家，还是非西方发展中国家，在选择经济发展与环境保护方面，许多国家的选择是发展经济，这充分说明了资本集团对政策选择的重大影响，左右着国家基本政策走向，由此也导致在国家环境政策制定和执行上存在着的某种不确定性。有西方学者指出："我们仍在试图以不痛不痒的方式做些小小的改变，甚至这些微小的改变也都受到最有势力的公司的抵制。"[①] 最为显著的例子，是美国政府关于气候问题的政策决定，淋漓尽致地表现了资本蔑视自然、无视自然规律的本质。鉴于气候变化导致的自然生态灾难和人类社会所面临的严峻问题，1992 年联合国颁布了"气候变化框架公约"，当时考虑到发达国家和发展中国家在历史上温室气体排放量存在差异，以及发展中国家经济社会发展的需要，对不同国家的减排作了不同安排。根据该公约，1997 年国际社会制定了"京都议定书"，时任美国总统的克林顿虽然于 1998 年签署了这份协议，但并没有将其提交国会批准。2001 年布什政府直接拒绝签署该协议。而当时美国是世界上最大的温室气体排放国，占到全世界温室气体排放的四分之一。从 1990 年到 2004 年，当西方国家的温室气体排放总量减少 3.3% 时，美国同期增加了 16%。[②] 2011 年，加拿大也宣布退出"京都议定书"。由此可见，资本主义无视自然规律和人类基本福祉的狰狞面貌表露无遗。

第二节　发达国家保护生态的经验对中国的启示

推动中国绿色文化发展，既要着眼于中国的发展实际，传承好传统

---

① ［美］小约翰·柯布：《论生态文明的形式》，董慧译，《马克思主义与现实》2009 年第 1 期。

② 胡德胜：《西方国家生态文明政策法律的演进》，《国外社会科学》2018 年第 1 期。

绿色文化；同时也要放开眼界，不能闭门造车，要有比较有借鉴，尤其是那些先发国家的生态治理经验和教训，对我们发展绿色文化，促进经济社会可持续发展，建设美丽中国，具有十分重要的意义。

一　引入公民参与

长期以来，在中国的环境保护行动中，居于主导地位的是政府部门，民众参与作用不明显，尤其是民间环保组织在数量上和作用上都还有待提高。随着经济社会的发展，人们对环境保护的意识日益提高，人们参与环境决策和环境治理的呼声越来越高。这是经济社会发展和人们环保意识提高后的必然结果。近年来，因环境问题引发的社会问题显著增加，一些地方因为不善于、不习惯于就项目建设中的环境保护问题同社会进行有效沟通，再加上信息公布不及时，导致有些人很容易陷入焦虑与恐慌中，从而引发群体聚集，甚至演化为社会事件，形成高昂的社会治理成本。如2017年安徽太湖县拟建立生活垃圾焚烧发电项目，遭到选址附近村民的强烈反对。2017年广东省清远市垃圾焚烧发电项目在选址附近居民的强烈反对下，原选址地点被迫取消。在诸多因环境引发的社会事件中，2007年厦门PX事件具有典型性。2006年该项目在通过国家环保局环境评价和国家发改委审批后，2007年开始在厦门施工建设。厦门普通民众起初对此并不知情，许多人也不清楚PX的性质、用途、危险性等。相关信息通过网络披露后，在民间引起巨大反应，随之而来的是各种真假难辨的信息和传闻，民众因信息不充分和相关知识缺乏而陷入惶恐和不安中，导致情绪上的愤怒与焦虑。许多厦门市民采取"集体散步"的方式到厦门市政府前集结，并表达反对意见。在群众的反对和质疑声中，该项目宣布缓建并重新进行区域环评。厦门市启动网络投票和市民座谈会的形式，征集市民意见，结果都遭到绝大多数参与者反对，最终该项目被迁往漳州古雷半岛。

在市民环保意识越来越强的背景下，政府传统的为民做主，主导一切、规划一切的思维已经过时了，群众的意见、群众的声音、群众的利益必须被尊重和倾听；否则，政府就会遇到强大的社会质疑和反对，丧失社会公信力，因此地方党委政府的决策和行政、执法等各项工作必须适应这种社会新情况。厦门PX事件最初群众是不知情的，也没有参与项目决策，群众参与是缺位的。幸运的是，厦门市政府采取了对话交流的方式，组织网络投票和市民座谈会的方式来推动政府、企业与市民的交流沟通，并最终尊重民意，取消该项目建设。这些事件最大的启示，是通过观念转变、制度完善、平台搭建，更好地将公民吸纳到环境治理和保护的过程中来，充分尊重民众意见，让政府同民众参与之间形成对话、合作和共赢局面，使环境保护更具有公共色彩。中国正在经历社会转型时期，对环境治理来说，同计划经济时期相比，最大区别在于多元群体的出现和阶层分化，群众的自主意识和权利意识明显增强，维护自身权益的能力和愿望也在增强。当前，社会环境治理必须尊重和适应这种深刻变化，以民主协商和对话交流形式，加强交流和沟通，这对地方政府部门如何面对利益分化的社会，整合不同群体诉求，寻求最大公约数，克服分歧，达成合作，是一个巨大的挑战，也是考验地方政府执政能力的关键。从中国环境治理中群众参与的实际情况看，环境治理领域中公民参与还没有系统建立起来，制度设计和参与平台都还有待完善，部分地区仍然习惯于主管部门拍板决定，既没有意识到同社会沟通的重要性，也没有成熟的经验和做法。前文所提到的厦门 PX 项目中，厦门市召开的市民座谈会是后来在事件演变过程中，厦门市政府在社会压力下的应对举措，具有临时性，并不是制度化的程序规定。从目前的实践来看，中国在环境保护领域尚未建立有效的、系统的公众参与机制，公众参与的制度设计尚未建立。公民参与环境保护主要还停留在环境影响评估阶段，而且相关信息公布不及时不全面，许多利益相关人并不清楚项目实施对自身利益和本地生态的确切影响；同时，相关学者专家参与在提供专业意见时，也存在偏颇和立场上的问题，甚至有部分人成为资本和权力的附庸，为权力发声，为资本唱赞歌，违背学术使命，没有责任担当，显示出丑恶的嘴脸。

西方国家在环境公众参与方面，尤其是在程序方面和信息透明方面，积累了许多比较成熟的经验和做法，有的可以为我们打开思路，有的可以为我们所借鉴，这对破解我们现有的公众参与存在的问题，改进公众参与的方式和机制，是有现实意义的。结合中国社会参与环境治理的实际情况，应着重做好以下几方面工作：一是充分重视发挥公众在推进环境治理方面的巨大作用。我们常说人民是创造历史的动力，群众的力量是无穷的。问题的关键在于怎么看待群众，怎么引导群众，怎么组织群众。环境问题关系到社会全体成员的生命健康和环境权益，包括日照权、景观权、清洁水权、静稳权、公园利用权、历史环境权、环境知情权、环境侵害请求权等，范围非常广泛，涉及每一个人，因此环境问题是典型的公共问题，具有经济学上的外部性，所以每个人在环境治理上都有相应的权利和义务。仅靠政府的力量是难以完成环境治理这项庞大的工程的，因为政府在资源、技术、人才等各个方面的投入都是有限的，需要社会组织和个人的协同配合。政府是环境治理的重要主体，但不是唯一主体，政府不能揽下所有的工作。二是政府要及时地、准确地、全面地公开相关信息，让社会民众及时了解和掌握关键信息。当前，我们在环境治理中面临的突出难题是，政府信息公开中存在的公开不及时、信息不全面、信息不关键的问题，往往公布那些无关紧要的信息，或隐瞒关键信息，甚至公开的信息存在不准确、错讹的问题。这些都为民众环境治理制造了障碍，也是引发群众集聚，甚至酿成社会冲突的根源。政府必须切实改进这种局面，凡是与环境相关的水体、空气、土壤、地貌、动物和植物等相关信息，以及可能对环境造成影响的各类行政管理和项目施工，政府都要及时准确地以方便公众获取的方式向公众公开。三是完善环境诉讼制度。根据中国环境法的规定，任何单位和个人都有保护环境的义务，对环境污染、破坏环境的行为，都有权向相关部门检举和控告。但在实践中，公众参与环境诉讼制度还需要进一步完善。早在2005年，云南省多家法院挂牌成立环保法院，但很快就在司法实践中暴露出了一些问题，比如原告承担举证责任，诉讼费用承担问题。应当通过明确的环境公益诉讼制度为社会参与环境保护提供司法救济。四是完善公众参与环境决策的制度设计。在中国环境法律体系中，关于公众参与的制度保障主要有《环境影响评价法》《行政许可法》《全面推进依法行政实施纲要》和《国务院关于落实科学发展观加强环境保护的决定》等法律和法规性文件。其中，2006年国家环保总局发布的《环境影响评价公众参与暂行办法》是为数不多的对公众参与环境决策作出具体规定的政策法规。但该"暂行办法"存在的主要问题是适用范围相对狭小，仅针对三类在建项目公众影响评价，其他的环境问题并不在此范围，包括非常重要的排污标准、土地规划等，都无法适用。这情况需要通过法律的完善，扩大公众参与环境决策与治理的范围、完善操作程序和评价办法，切实保障公民环境参与权。

二 加强绿色文化的法治保障

随着中国工业化进程和城市化水平的不断提高，各类环境问题也日渐增多，环境承载能力也受到极大冲击和考验，资源消耗和生态失衡问题为我们敲响警钟。由于不少地方对经济发展和环境保护的关系认知上存在某些误区，片面强调经济发展，忽视环境效益和生态平衡，环境治理执法上的"软""弱"等问题，导致中国环境污染问题非常严重。比如大面积河流污染、北方地区地下水位下降、"雾霾"等空气污染、土壤结构退化等问题，以及严重影响群众生命健康的各种环境污染事件，这些问题引起了中央高度重视。为了加强环境执法，提高环境治理的效果，党的十八届三中全会提出司法体制改革方案，旨在促进省级以下地方法院的财产统一管理，探索建立与行政分开的司法管理体制，为环境司法机制的有效运作提供了良好的制度环境。但是，环境诉讼涉及许多复杂的问题，需要我们在法律实践中继续完善。

目前，西方那些生态文明建设良好的国家，除了在前文中所说的向第三世界国家转移环境污染代价外，严格的生态法律制度，明确政府责任，严肃执法活动，也是西方国家当前生态环境较好的重要因素，其主要特点有以下几点。一是不断完善环境法律体系，提高环境生态标准，严格环境执法，建立生态监测体系，引入居民、社会公益资助和专家学者参与程序，构建政府、社会与企业的对话机制和交流平台，让社会参与制度化，共同承担环境治理和保护的责任和义务。比如美国生态执法强调信息公开透明，环境保护部门应向公众披露环境执法的所有行政、民事和刑事细节，并接受公众的监督和限制。二是人与自然和谐共处的生态立法理念。经过早期资本的野蛮扩张和疯狂掠夺后，西方国家经历了环境污染和生态失衡带来的惨痛教训，在可持续发展生态伦理学、地球生物圈中心主义和生态现代化理论指导下，西方国家逐步摒弃了以人为中心的传统立法价值观，将人与自然、社会之间协调发展、和谐共存作为生态文明立法的指导思想。

观察西方国家生态文明法制建设进程，我们可以得到以下启示。首先，应建立和完善生态文明建设的法律体系。生态文明建设，需要法律保护。对于转型期的中国，有必要确立生态文明的立法地位，制定促进生态文明建设的法律。建立与生态文明建设有关的法律体系和生态环境经济政策体系，完善生态运行机制，从源头上进行预防和控制，实行政府与市场相结合的治理机制。在行政、经济和技术等方面，促进生态文明建设机制的市场化，大胆采用资源有偿使用，征收生态税，实施碳排放权，开展排放权和水利权的试点交易，将生态补偿和生态转让等纳入生态经济体制安排。其次，严格环境保护的执法机制。明确政府生态文明建设的目标，绿色 GDP 应该被视为各级政府评估的重要指标，建立政府生态责任机制。严格执行生态监督执法责任，落实生态责任制，促进生态民主和生态信息公开，加强公众参与生态立法、司法、执法和监管体系的建设。建立科学的司法、执法和监督程序，扭转"违法成本低，守法成本高"的局面。

三　加强社会绿色文化教育

环境问题是当前诸多社会矛盾中的一种。在现代社会，环境问题突出地表现在人类的活动之中，尤其是现代化工业扩张、城市化迅速发展和大型工程设施的建设，深刻改变了地球的地貌特征、地理环境和生态平衡，使环境污染和生态失衡成为一个社会突出问题。地球是人类目前唯一赖以生存的家园，生态环境直接决定了人类生活质量。因此，必须树立尊重自然、顺应自然、保护自然的绿色文明观，让人类社会走可持续发展道路。党的十八大作出大力推进生态文明建设的重要决策。党的十九大提出加强生态文明体制改革，建设美丽中国的重要目标。生态文明建设是国家倡导下全社会共同参与的伟大事业。提升国家环境教育质量和水平，普遍提高民众环境意识，传播环境保护科学知识，让全社会都积极行动起来，参与到环境保护中来是加强国家环境教育的重要途径。在加强国家环境教育的过程中，要重点把握以下几个方面。

一是环境教育的目标，是普遍提升公众环境素养，让每个人都自觉行动起来，通过自身实际行动，实现社会可持续发展。建设可持续发展社会是国家环境教育的长远目标。实施国家环境教育，着眼于民众环境综合素养，不仅是具体的环境知识和理论，也要培养正确的环境行为和环境责任，使自己的行为符合环境保护要求，还要了解人类在环境保护中的责任和义务，在环境治理中提高环境保护和解决环境问题的能力，从而为可持续发展社会提供强大动力。二是将学校、社会和家庭纳入到环境教育过程中来，充分发挥各参与主体在各自领域的作用。环境教育主要在学校、家庭、社会组织等场域展开，只有形成多个层面有机结合的环境教育体系，才能避免单一环境教育带来的覆盖面有限、方式单一和内容不丰富等问题，将各种方式和组织结合起来，形成良好的教育环境。三是根据不同对象、不同阶段、不用人群，制定相应的环境教育方法。社会环境教育包括各个年龄阶段的人，有儿童、青少年、中年人和老年人，他们有各自的需求点；有不同社会阶层的人，这些人也有不同的环境认知；有不同人生经历，有的受过较高层次教育，有的受教育程度较低。因此，要根据不同人的特点来因材施教，切实做好不同人群的环境教育工作。四是根据特定环境问题，从实践出发，采取具体问题具体分析的办法，推进环境教育。首先倡导大家重点关注周边的环境治理，帮助他们培养关注周围特定问题的意识，从实践中学习，从具体的环境问题开始，从周围的小事情开始；其次关注更大范围的环境问题，从而提高整体意识。五是倡导绿色消费。消费是拉动供给的主要动力，如果全社会都养成理性消费、绿色消费的习惯，就能够大大减少资源消耗，从源头上减轻环境负荷。奢侈消费、挥霍浪费、过度消费的行为必须进行纠正，倡导消费者进行适度消费、绿色消费，有助于降低污染，减少废物的产生，这是环境教育的重要内容。

四　全方位推行绿色生产方式

习近平总书记在党的十九届五中全会上强调指出："要加快推动绿色低碳发展，持续改善环境质量，提升生态系统质量和稳定性，全面提高资源利用效率。"[①] 绿色生产方式是建设资源节约型和环境友好型社会的必然要求，也是解决经济发展同保护生态环境之间的矛盾的根本之策。构建绿色生产方式，重点是调整产业结构，淘汰那些高污染高消耗的产业，推动新能源等绿色产业发展，积极发展节能环保技术，大力发展循环经济，促进生产、运输、消费各个环节的减量化、再利用和资源化。推动绿色生产方式，关键在于调整产业结构，鼓励和引导建设科技水平高、资源消耗少、环境污染小、附加值高的产业，逐步淘汰那些产能落后、效益低下的企业，逐步实现产业结构的转型升级。调整产业结构的重点是"促进技术创新和结构调整，提高发展的质量和效率"和

---

① 《中国共产党第十九届中央委员会第五次全体会议公报》，《人民日报》2020年10月30日第1版。

"全面促进资源节约，循环利用和有效利用，促进利用方式的根本转变"①。总的来看，要在绿色工业、绿色农业和绿色服务业等环节，全面贯彻绿色生产要求。

具体来说，在绿色工业方面，在工业生产的源头，要提高工业原料的利用率，开发更优的工艺流程和开采技术，增强资源综合利用率，在生产过程中，推进清洁生产，积极研发推广节能减排技术，降低能源和水资源的消耗，促进节约材料技术的应用，严格监督排放标准，降低废物的排放量。大力推进循环经济模式，积极构建循环经济产业链，鼓励消费后回收再利用。在绿色农业方面，重点推动农业生产方式转型，加强土地、水、肥料的节约利用，提高农业资源综合利用率。积极推广管道输水、滴灌、水肥一体化等高效农业灌溉技术，推动农田改造和土地平整项目，改良土壤，推广使用农业有机肥，减少化肥使用，建设高标准基本农田。加强清洁农业生产，加强对农作物秸秆、家畜家禽粪便、废旧薄膜等的综合利用，减少农村垃圾和农业污染产生。引导形成农、林、牧、渔相互促进、联动发展的格局，建设复合型农业产业体系。建立绿色服务业体系，大力发展金融服务、电子商务、文化、卫生、养老等低消耗、低污染的服务业。落实国务院《关于加快发展生产性服务业促进产业结构调整升级的指导意见》的要求，"以显著提升产业发展整体素质和产品附加值为重点"，"充分发挥生产性服务业在研发设计、流程优化、市场营销、物流配送、节能降耗等方面的引领带动作用"，以产业转型升级需求为导向，进一步加快生产性服务业发展，引导企业进一步打破"大而全""小而全"的格局，分离和外包非核心业务，向价值链高端延伸，促进中国产业逐步由生产制造型向生产服务型转变。

① 《中共中央国务院关于加快推进生态文明建设的意见》（2015年），人民网，http：//politics. people. com. cn/n/2015/0506/c1001 - 26953754. html。

第七章　国内先进地区绿色文化

　　保护生态环境，合理利用资源能源，坚持绿色发展和可持续发展战略，是中国经济社会发展过程中面临的一项特别紧迫的任务。党的十八大把生态文明建设纳入"五位一体"总体布局，融入经济建设、政治建设、文化建设、社会建设各方面和全过程，确立了建设美丽中国的宏伟目标。党的十八届五中全会又将绿色发展作为五大发展理念之一，"以 GDP 论英雄"的发展模式正在改变，资源消耗、环境损害、生态效益等指标被列为绩效考核重要内容，绿水青山就是金山银山的绿色发展理念正在全社会牢固树立。习近平总书记在党的十九大报告中指出，现代化建设是人与自然和谐共生的现代化，既要创造更多物质财富和精神财富以满足人民日益增长的美好生活需要，也要提供更多优质生态产品以满足人民日益增长的优美生态环境需要。必须坚持节约优先、保护优先、自然恢复为主的方针，形成节约资源和保护环境的空间格局、产业结构、生产方式、生活方式，还自然以宁静、和谐、美丽。全国各地也以中央部署的绿色发展目标和绿色发展理念作为指导，竞相发展绿色农业、绿色工业、绿色旅游业，倡导生态、绿色、环保成为各地发展经济的主旋律。

第一节　国内绿色文化先进经验

　　中国实行改革开放以来，国民经济得到快速发展，成为世界第二大经济体，经济建设方面取得举世瞩目的成就。在肯定经济建设巨大成绩的同时，中央和地方政府也在思考经济发展过程中存在的短板和问题，诸如地区发展不平稳、产业发展不协调、经济发展方式不合理、创新创造力不强等问题，不少地区经济发展结构和发展方式依然落后，仍然以破坏环境、浪费资源、依赖资本和劳动力为代价，导致生态环境问题日益严峻、产业发展效率低下。北京、上海、江苏、浙江、福建、广东等沿海省市，已经开始认真思考、正确处理保护生态环境和发展社会经济之间的关系，并且取得显著成绩，形成绿色文化先进经验。

一　绿色北京

改革开放以来，北京在加速发展经济、推进城市化的同时，生态环境问题也日益突出，由于城市规模的不断扩大和城市化进程的不断加快，城市基础设施建设滞后，忽略城市污水及废弃物的整治，城市下游水体污染严重。另外，水土流失和风沙危害也不断加剧。20世纪90年代以后，北京的环境问题已经非常严峻。首先，大气污染严重。据世界卫生组织全球监测网监测结果显示，北京成为世界上大气污染最为严重的十大城市之一，据国家环保总局公布的全国18个城市空气污染调查报告，北京市污染程度最为严重，北京的环境问题已经到了"最危急的关头"。其次，水体污染严重。由于工业用水过多或者浪费、污染严重，造成水资源短缺，地下水质不断恶化、水位严重下降。最后，固体废弃物排放严重。"仅1990年全市产生的生活垃圾和工业固体废弃物就达900多万吨，每年还以10%的速度增长。"①

进入21世纪以后，北京市不断加大环境治理工作，尤其是北京市成功申办2008年奥运会，为改善北京环境质量带来重要契机。2002年3月，北京市正式推出"绿色奥运"生态环境建设行动计划。该计划明确提出要创建绿色社区、绿色校园、绿色商业、绿色旅游、绿色单位、绿色企业，通过宣传和实施绿色奥运行动计划，切实改善北京市城市环境面貌，提升市民的生活质量，促进北京可持续发展。该计划以绿色造林为主体，总体目标是：按照跨越式发展的要求，努力建设首都高标准的生态环境体系、高效益的绿色产业体系、高水平的森林资源安全保障体系，构筑山区、平原和城市隔离地区三道绿色生态屏障，形成三面青山环保、宽带绿色通道、市区森林环绕的自然生态景观。到2007年，

---

① 汤爱民：《大整合：21世纪中国综合发展战略建言》，中国经济出版社2000年版，第180页。

全市森林覆盖率由 2006 年的 44% 提高到 50% 以上，城区人均绿地面积由 39 平方米提高到 50 平方米以上。① 经过绿色奥运行动，资源节约、污染防治和生态建设加速推进，绿色发展理念深入人心，"绿色北京"的理念上升为城市发展战略，节能减排工作走在全国前列，清洁能源、绿色交通、垃圾处理、污水处理等设施承载能力实现新跨越，政策法规、工作机制、宣传教育等绿色发展机制建设进一步创新健全。

为巩固扩大"绿色奥运"成果，实践绿色北京发展理念，促进社会经济效益可持续发展。2010 年 3 月，北京市发布《"绿色北京"行动计划（2010—2012 年）》，该计划的指导思想是：全面贯彻"人文北京、科技北京、绿色北京"发展战略，将城市发展建设与生态环境改善紧密结合，以切实提升首都可持续发展能力为核心，把发展绿色经济和循环经济、建设低碳城市作为首都未来发展的战略方向；以科技进步、制度创新为动力，深入推进节能减排，积极开展低碳经济试点，全力打造绿色生产体系，积极创建绿色消费体系，加快完善绿色环境体系，努力把北京建成更加繁荣、文明、和谐、宜居的首善之区。计划到 2020 年经济发展方式实现转型升级，绿色消费模式和生活方式全面弘扬，宜居的生态环境基本形成，实现将北京初步建成生产清洁化、消费友好化、环境优美化、资源高效化的绿色现代化世界城市的远景目标。具体目标主要由绿色生产、绿色消费、绿色环境三大类共 16 项指标构成。实施措施主要有以下几点。一是打造绿色生产体系，包括发展高端产业、实行清洁生产、淘汰劣势产业。二是构建绿色消费体系，包括打造绿色政务、倡导绿色商务、营造绿色生活。三是完善绿色环境体系，包括完善绿色空间、改进水域环境、加强污染防治。四是实施九大工程，提升绿色发展承载力。九大工程是指清洁能源利用工程、绿色建筑推广工程、绿色交通出行工程、节能环保新技术和新产品推广工程、废弃资源综合利用工程、大气污染综合防治工程、循环型水资源利用工程、城乡绿化美化工程、绿色典范打造工程。五是完善十项机制，提升政策综合保障能力。十项机制是指组织领导机制、法规引导机制、标准准入机制、价

---

① 北京市人民政府、第 29 届奥运会组委会：《北京推出"绿色奥运"生态环境建设行动计划》，人民网，http://www.people.com.cn/GB/huanbao/55/20020312/685662.html，2002 年 3 月 28 日。

格调控机制、财政金融机制、科技支撑机制、市场服务机制、评价考核机制、协调协作机制、社会参与机制。① 该计划实施一年以来，三大体系初见成效，九大工程稳步推进，垃圾处理、环境整治、污水处理等工作得到落实，绿色发展机制不断完善，为实施"十二五"绿色北京建设计划打下了基础。

2011年9月，北京市政府发布《北京市"十二五"时期绿色北京发展建设规划》。该规划的指导思想是：以科学发展观为指导，加快推进"人文北京、科技北京、绿色北京"发展战略，把建设资源节约型、环境友好型社会作为加快转变经济发展方式的主要路径，将绿色发展理念贯穿北京发展全过程，重点发展循环经济，推广应用低碳技术，加快构建绿色生产体系、绿色消费体系和绿色环境体系，满足人民群众对美好生活的新期待，为建设中国特色世界城市奠定坚实基础。该规划提出坚持以人为本、坚持创新驱动、坚持结构优化、坚持节约优先、坚持生态建设、坚持多方参与等六大发展原则，主要建设目标包括：在推动科学发展、加快转变经济发展方式中当好标兵和火炬手；努力推动北京率先形成"创新驱动、内涵促降"的科学发展新格局；初步形成人与自然和谐共处的集约、高效、生态型绿色城市发展新模式；打造成为生产清洁、消费友好、环境优美的绿色发展先进示范区；进一步完善和深化绿色生产、绿色消费、生态环境三大体系。绿色生产体系涉及降低城市系统消耗、提升产业发展质量、调整能源结构、发展循环经济。绿色消费体系涉及推广绿色建筑、扩大绿色出行、完善绿色食品供应、倡导绿色消费、打造绿色发展试点。绿色环境体系包括加强大气治理、美化城乡市容环境、合理利用城市矿产、提升环境绿化水平、建设人文和谐园林。② 经过"十二五"规划以后，北京市环境治理水平明显提升，空气中二氧化硫、二氧化氮、可吸入颗粒物和总悬浮颗粒物等主要污染物年均浓度平均下降27.4%，其中二氧化硫浓度值优于国家环境空气质量标准一级限值。细颗粒物浓度比2012年下降15.8%。密云水库等主要集中式饮用水水源地水质稳定达到国家标准。不达标水体断面中的化学

---

① 北京市社会科学界联合会编：《2011北京社会科学年鉴》，北京出版社2011年版，第62—70页。

② 《北京市"十二五"时期绿色北京发展建设规划》，北京市发展和改革委员会网，http://fgw.beijing.gov.cn/zwxx/ghjh/wngh/125sq/202001/t20200107_1565887.htm，2011年9月。

需氧量、氨氮年均浓度分别下降 16.0%、23.6%。区域环境噪声、交通噪声分别稳定在 55 分贝、70 分贝以下。全市林木绿化率、森林覆盖率分别提高到 59%、41.6%。①

2016 年 12 月，北京市人民政府发布《北京市"十三五"时期环境保护和生态建设规划》，提出牢固树立创新、协调、绿色、开放、共享的发展理念，准确把握新时期首都发展阶段性特征，以生态文明建设为统领，以改善环境质量为核心，以保障环境安全为底线，以大气、水和土壤污染防治为重点，综合运用法律、经济、技术、行政手段，推进污染源头管控，补齐生态环境短板，增强环境治理能力，努力为建设国际一流的和谐宜居之都奠定良好的环境基础。计划到 2020 年，主要污染物排放总量持续削减，大气和水环境质量明显改善，土壤环境质量总体清洁，生态环境质量保持良好，环境安全得到有效保障。该规划明确提出推进形成绿色发展格局，具体措施有：一是积极开展联防联控，包括推动环境管理一体化，完善区域协作机制，着力在重点区域实现突破。二是落实首都城市战略定位，包括疏解非首都功能，控制用能总量，控制用水总量，控制建设规模。三是努力拓展绿色发展空间，包括划定生态保护红线，推进生态环境建设，加强自然保护区建设。此外，还提出开展环境污染防治、加强环境风险防控、提升环境治理能力等举措。

二 绿色浙江

2002 年 6 月 12 日，浙江省召开第十一次党代会，明确提出建设"绿色浙江"。时任省委书记张德江指出，"建设'绿色浙江'是浙江省实现可持续发展的大事，必须从全局利益和长远发展出发，把发展绿色产业、加强环境保护和生态建设，放在更加突出的位置"。② 建设"绿色浙江"实质上是走可持续发展道路，发展"绿色经济"，尤其是发展"绿色工业"。发展"绿色经济""绿色工业"，走的是一条不同于传统的工业化路子，不是照搬欧美、日本等发达国家的发展模式。以往各国的工业化发展历程往往是不惜牺牲环境、浪费资源为代价，就是破坏环

---

① 《北京市"十三五"时期环境保护和生态建设规划》，北京市人民政府网，http：//www. beijing. gov. cn/zhengce/gfxwj/sj/201905/t20190522_ 60069. html，2016 年 12 月 28 日。

② 徐震：《着力建设绿色浙江、生态浙江、美丽浙江》，《浙江日报》2013 年 4 月 12 日第 14 版。

境—发展经济—保护环境的循环发展模式，这种发展路子不是科学的、绿色的经济发展模式，而建设"绿色浙江"就是从源头上、从根本上保护生态环境，在不破坏环境、不浪费资源的前提下发展经济，是在尊重自然、顺应自然、保护自然的基础上发展工业。2003 年 1 月，浙江省成为全国第 5 个生态省建设试点省份，在可持续发展理论和生态经济学原理的指导下，建设以省级行政区域为范围的社会经济高度发达、产业结构合理、生态环境良好、自然资源得到充分合理的利用与保护、实现经济和生态两个良性循环的生态经济系统。海南、吉林、黑龙江、福建、浙江等省份率先打造生态省建设试点省份，是在探索一条新型的绿色经济发展之路，更是谋求生态环境与社会经济良性发展之路。2003 年 7 月 12 日，时任浙江省委书记习近平同志在省委十一届四次全会报告中，把"进一步发挥浙江的生态优势，创建生态省，打造'绿色浙江'"纳入"八八战略"，重提发展绿色经济与营造绿色环境的重要性，浙江省成为生态环境建设的先行者。

　　习近平同志的"两山理论"成为发展"绿色浙江"的重要指导思想。2005 年 8 月，习近平同志考察安吉余村后在《浙江日报》发表政治短评《绿水青山也是金山银山》，指出浙江省拥有良好的生态优势，"如果能够把这些生态环境优势转化为生态农业、生态工业、生态旅游等生态经济的优势，那么绿水青山也就变成了金山银山。绿水青山可带来金山银山，但金山银山却买不到绿水青山。绿水青山与金山银山既会产生矛盾，又可辩证统一。在鱼和熊掌不可兼得的情况下，我们必须懂得机会成本，善于选择，学会扬弃，做到有所为、有所不为，坚定不移地落实科学发展观，建设人与自然和谐相处的资源节约型、环境友好型社会。在选择之中，找准方向，创造条件，让绿水青山源源不断地带来金山银山"①。这是习近平同志首次提出"两山理论"。这一理论不仅在浙江省得到实践，而且推广至全国范围。2017 年 10 月，习近平总书记在党的十九大报告中指出："必须树立和践行绿水青山就是金山银山的理念，坚持节约资源和保护环境的基本国策，像对待生命一样对待生态环境，统筹山水林田湖草系统治理，实行最严格的生态环境保护制度，形成绿色发展方式和生活方式，坚定走生产发展、生活富裕、生态良好

---

① 习近平：《之江新语》，浙江人民出版社 2007 年版，第 153 页。

的文明发展道路，建设美丽中国，为人民创造良好生产生活环境，为全球生态安全作出贡献。"① "绿水青山就是金山银山"，是浙江省建设生态文明的重要指导思想。2020 年 3 月，习近平总书记前往浙江余村考察后，再次强调："'绿水青山就是金山银山'理念已经成为全党全社会的共识和行动，成为新发展理念的重要组成部分。实践证明，经济发展不能以破坏生态为代价，生态本身就是经济，保护生态就是发展生产力。"② "两山理论"为浙江省生态文明建设指明了方向。从 2005 年到 2020 年，浙江省一以贯之地实践"两山理论"，把绿色浙江、美丽浙江作为最主要的发展目标，将"绿水青山就是金山银山"化为生动的现实，尤其是安吉余村依托"竹海"资源优势，着力发展生态休闲旅游，开农家乐、民宿、办漂流，实现了从"石头经济"到"生态经济"转型，从一个污染村，完美蜕变成了国家 4A 级景区、全国文明村、全国美丽宜居示范村。2019 年，全村实现农村经济总收入 2.796 亿元，农民人均收入 49598 元，村集体经济收入达到 521 万元，成为远近闻名的全面小康建设示范村。③

"绿色浙江"工程始于习近平同志亲自部署的"千村示范、万村整治"工程（以下简称"千万工程"）。2003 年 6 月，时任浙江省委书记习近平同志在全省"千万工程"会议上作出总体部署，从全省选择 1 万个左右的行政村进行全面整治，把其中 1000 个左右的中心村建成全面小康示范村。2008—2012 年，以垃圾收集、污水治理等作为重点，从源头上推进农村环境综合整治；2013—2015 年，全省 70% 的县达到"美丽乡村"目标。④ "千万工程"是先从"最脏""最乱"，而且容易被忽视的农村着手，以农村的生态环境建为重点，不是简单地发展农村、农业，而是要实现农村农业与生态环境的协调发展，让农村现代化与城市现代化协调发展，让"美丽乡村"环绕"美丽城市"，建设"美丽浙江"，实现"绿色浙江"的宏伟蓝图。十余年来浙江省坚持实施

---

① 《十九大以来重要文献选编》（上），中央文献出版社 2019 年版，第 17 页。

② 《习近平在浙江考察时强调：统筹推进疫情防控和经济社会发展工作 奋力实现今年经济社会发展目标任务》，《人民日报》2020 年 4 月 2 日第 1 版。

③ 王晓东、龚琬茹、金坚：《习近平浙江行 十五年后再访余村》，中国新闻网，http：//www.chinanews.com/gn/2020/03-30/9142402.shtml，2020 年 3 月 30 日。

④ 王慧敏、方敏：《群众关心什么就做什么——浙江推进"千村示范、万村整治"工程纪实》，《人民日报》2018 年 4 月 25 日第 6 版。

"千万工程"，浙江省农村发生翻天覆地的变化，全省农村实现生活垃圾集中处理建制村全覆盖，卫生厕所覆盖率 98.6%，规划保留村生活污水治理覆盖率 100%，畜禽粪污综合利用、无害化处理率 97%，村庄净化、绿化、亮化、美化，造就了万千生态宜居美丽乡村，为全国农村人居环境整治树立了标杆。① 2018 年 11 月，浙江省召开深化"千万工程"、建设美丽浙江推进大会，提出要全力打造"千万工程"升级版，其工作要点如下：一是突出城乡融合，坚持规划引领、区域协调、陆海联动，形成"全域秀美"的格局；二是加快绿色发展，推动新旧动能转换，进一步打通"绿水青山就是金山银山"转化通道，强化"生态富美"的支撑；三是下足绣花功夫，高起点规划、高品质建设、"高压线"管控，追求"景致精美"的卓越；四是注重内外兼修，深入推进社会主义核心价值观和生态文化建设，提升"心灵之美"的内涵；五是勇立时代潮头，加强省内、省际和国际合作，敞开"合作共美"的胸怀；六是全力跨越关口，高标准打好污染防治攻坚战，实施好乡村振兴战略，扫除"康庄健美"的障碍。升级版的"千万工程"强调统筹城乡发展、重视城乡环境同步治理，在具体的实践过程中以习近平总书记的"绿水青山就是金山银山"理论及社会主义核心价值观来指导，并且注重跨省、跨国合作，吸收省外乃至国外环境治理的先进经验，重点整治城乡环境污染问题，坚定不移地执行"绿色经济"发展模式。实践证明，"千万工程"极大改善了浙江农村面貌、调动了农村经济活力、提高了农民生活水平，成为打造绿色浙江、建设美丽中国的经典案例。

践行绿色浙江、发展美丽浙江的第二个经典案例，即四轮"811"专项行动。"811"专项行动，即开展 11 项专项行动，实现 8 个方面的主要目标。通过绿色经济培育、节能减排、五水共治、大气污染防治、土壤污染防治、三改一拆、深化美丽乡村建设、生态屏障建设、灾害防控、生态文化培育、制度创新等 11 项专项行动，实现绿色经济培育、环境治理、节能减排、污染防治、生态保护、灾害防控、生态文化培育、制度创新等 8 个目标。② 从 2004 年开始，浙江省委省政府先后组织

① 《中办国办发出通知要求扎实推进农村人居环境整治工作：深入学习浙江"千万工程"经验》，《浙江日报》2019 年 3 月 7 日第 6 版。

② 《四轮"811"专项行动，浙江成为美丽中国先行区》，浙江环保新闻网，http：//ep-map. zjol. com. cn／。

开展四轮"811"生态环保三年行动,即 2004—2007 年"811"环境污染整治行动、2008—2010 年"811"环境保护新三年行动、2011—2015年"811"生态文化建设推进行动、2016—2020 年"811"美丽浙江建设行动。第一轮"811"生态环保行动着重抓八大水系和 11 个设区市的环境治理,第二轮环保新三年行动要求解决突出的环境污染问题,第三轮"811"生态文化建设推进行动重点抓全省生态文明建设,第四轮"811"美丽浙江建设行动继续突出生态文明建设,经过五年的努力,到 2020 年实现完善的生态文明制度体系,形成人口、资源、环境可持续发展的空间格局、产业结构、生产方式和生活方式。① 第一、二轮"811"行动侧重环境污染治理,第三、四轮"811"行动转向生态文明建设,是在前两轮"811"行动的基础上提出更高要求、更好发展。浙江省长达十余年的四轮"811"生态环保行动经验在于,始终以"两山理论"为科学指导,建设生态文明为根本目标,维护人民群众环保权益为核心任务,加强环境保护法制建设作为根本保障,坚持改革创新作为根本动力,以共建共享、依靠最广大人民群众作为行动指南。

"大花园"建设行动是发展绿色浙江和美丽浙江的又一重大实践。2017 年 6 月,浙江省第十四次党代会提出,谋划实施"大花园"建设行动纲要,以"两山理论"作为行动指南。"大花园"建设行动主要包括生态环境质量提升、全域旅游推进、绿色产业发展、基础设施提升、绿色发展机制创新等五大工程,其特色亮点是将衢州、丽水打造成为大花园的核心区,提出美丽城市 + 美丽乡村 + 美丽田园 + 国家公园的大花园空间形态,提出了建设全域旅游七带一区、"两环三横四纵"骑行绿道网,支持十大名山公园纳入国家公园体系,探索建立生态产品价值实现机制,推进一批集生态、旅游、康养为一体的重要平台,开展"处处是花园、人人做园丁"行动。② 具体实践措施是:重视保护和治理,建设"诗画"浙江、美丽浙江;调整产业结构,发展高水平绿色产业和绿色经济;重视文化旅游产业的开发和发展,打造浙东唐诗之路、钱塘

① 《四轮"811"专项行动,浙江成为美丽中国先行区》,浙江环保新闻网,http://epmap.com.cn/。
② 浙江省长三角城镇化研究院编:《2018 浙江省新型城市化实践报告》(上册),浙江工商大学出版社 2018 年版,第 409—410 页。

江唐诗之路、瓯江山水诗之路、大运河（浙江段）文化带；打造"绿色交通网"，建设美丽经济走廊和骑行绿道网；进一步提升人文生态质量，创造高品质美好生活。"大花园"建设行动有助于改善浙江生态环境；推进绿色浙江和美丽浙江的建设；助力经济转型和产业结构调整；实现城乡之间、人与自然之间的协调发展。根据该行动规划，到 2022 年把浙江全省打造成为全国领先的绿色发展高地、全球知名的健康养生福地、具有国际影响力的旅游目的地，形成"一户一处景、一村一幅画、一镇一天地、一城一风光"的全域大美格局，建设现代版的"富春山居图"；到 2035 年，浙江全省生产空间集约高效、生活空间宜居适度、生态空间山清水秀、生态文明高度发达的绿色发展空间格局、产业结构、生产生活全面形成，建成绿色美丽和谐幸福的现代化大花园。[①]

三　绿色广东

广东作为改革开放的前沿阵地，从 1978 年开始迅猛发展，经济增长速度 35 年来平均达到 13.3%，是全国的 1.4 倍，经济总量实现了跨越式增长，1989 年开始成为中国经济第一大省，陆续超过亚洲经济四小龙，2019 年超过澳大利亚和韩国经济总量，排名世界经济体第 13 位。在短短 30 余年，广东成功实现了由落后农业省份向经济强省的跨越，顺利完成了先进工业化国家和地区上百年才能走完的历程。[②] 平均每年以 13.6% 的速度增长，增长速度位居全国前列。[③] 然而，广东不少地区在发展经济、实现工业化过程中出现急功近利，甚至不惜牺牲环境、浪费资源为代价来发展经济，导致生态环境恶化、人与自然之间不和谐的现象时有发生，最终又影响到经济社会和谐发展，也影响人民生活质量提升。广东省生态环境问题主要是以下几个方面：一是粗放型经济增长方式不仅浪费大量资源，还破坏了生态环境。进入 21 世纪以后，广东省尚未调整经济结构，仍未改变经济增长方式，不少企业以高投

---

① 刘乐年、金梁、陈佳莹：《大湾区大花园大通道建设亮出路线图》，《浙江日报》2018 年 5 月 29 日第 3 版。

② 李惠萌、于江丽、陈有根：《珠三角区域生态文明建设研究》，中山大学出版社 2016 年版，第 23 页。

③ 朱小丹主编：《富裕 公平 活力 安康：加快构建和谐广东》，广东人民出版社 2005 年版，第 179 页。

入、高消耗、高污染的方式盈利，其结果是部分企业虽然获利，但是严重破坏了生态平衡。如 2003 年广东二氧化碳排放 107.5 万吨，比上年增加 10.2%；废水排放 54.1 亿吨，比上年增加 10.3%；[①] 二是水污染严重，成为环境安全最紧迫的生态问题。在工业化高速推进的同时，广东省不少城市河流受到污染，2003 年全省废水排放量达到 54.6 亿吨，废水处理率却只有 40.6%，以至于影响到城市饮用水的供应，饮用水安全问题、供应问题日益严峻，有相当部分民众竟喝不到达到卫生标准的饮用水，出现"守着江河没水喝、从外地购买饮用水"的窘境，而且由于水污染问题不能解决，造成每年直接经济损失高达 200多亿元；三是空气污染严重。广东省大部分城市空气中的二氧化碳、二氧化硫、颗粒物等主要污染物浓度增加明显，空气质量下降、空气污染严重。不少地区遭受酸雨危害，每年损失高达 40 多亿元，有 17个城市被认定为酸雨控制区，占全省总面积的 63%；四是在开发山区或农村过程中，不惜破坏当地的生态平衡，城市环境污染蔓延至农村。[②] 总之，广东省环境问题呈现污染范围广、污染程度高、治理难度大等特点，不仅影响广东省经济发展，而且影响人民群众的生活。归根到底是因为不惜破坏生态环境为代价来推进工业化，造成人与自然不能和谐共处、生态环境不断恶化，最终严重影响社会经济效益，乃至人民群众的基本生存空间。

惨痛的经验和教训说明，转变经济发展方式、加强生态文明建设，是广东省真正实现社会经济环境协调发展、平衡发展的必由之路。2002年 12 月 23 日，中共广东省委九届二次全会在广州召开，在环境保护、生态建设方面发出三个信号：一是注重产业结构调整，"调整优化城乡结构、产业结构、工业结构和所有制结构"；二是注重集约式发展，"坚持速度与结构、质量、效益相统一的原则，推动经济发展从量的扩张向质的提高转变，在提高质量和效益的基础上努力实现量的新扩张"；三是注重协调发展，不仅要重视城乡协调发展、区域协调发展、发达地区与贫困地区的协调发展，更要重视经济与社会的协调发展，要"促进

① 朱小丹主编：《富裕 公平 活力 安康：加快构建和谐广东》，广东人民出版社 2005 年版，第 180 页。

② 陈池：《市场化大趋势：陈池改革文集》，新华出版社 2009 年版，第 164 页。

人口、资源、环境协调发展"①。2004 年 12 月 30 日，时任广东省委书记张德江在全省学习贯彻胡锦涛总书记视察广东重要讲话精神大会上首次提出建设"绿色广东"。"绿色广东"是以科学发展观为指导，坚持以人为本，运用生态学和循环经济的理念，依靠科技进步，强化环境意识，有效保护和合理利用自然资源，促进经济增长方式的转变，从而实现人与自然的和谐发展，实现自然资源系统和社会经济系统的良性循环。②

"绿色广东"具体涉及绿色经济、绿色文化、绿色环境等三个方面。绿色经济，核心是遵循减量化、再利用、再循环三原则，要求在经济发展过程中实行可持续发展原则，转变经济增长方式、优化产业结构，最大限度地减少对资源的依赖、避免对环境的破坏，发展科技含量高、经济效益好、环境污染少、资源消耗低的新型绿色产业。绿色文化，主要倡导人与自然和谐共存的科学发展观，基本理念是对大自然要有敬畏之心，要顺应自然规律、珍重自然资源、保护生态环境，坚决摒弃先污染后治理、先破坏后修复，甚至不惜破坏环境、违背自然发展规律的粗放式发展模式，绿色文化是建设"绿色广东"的灵魂，更是建设"和谐广东"的指导思想。以崇尚自然、保护环境、资源的永续利用为基本特征，它是"绿色广东"的灵魂，又是"和谐广东"的重要组成部分。绿色环境，是指符合可持续发展原则、高品质高质量的宜居环境。建构绿色环境的具体实践表现为，加强水环境的综合治理，建立完善高效安全的水环境体系，实现水资源的可持续利用；加强大气污染整治，探索新能源发电技术、减少汽车尾气排放、发展低碳经济、提倡节能减排的生活方式，最终全面改善环境质量，让全省人民群众喝上干净的水、呼吸清新的空气、吃上放心的食品，在高品质的宜居环境下生活。③ 2005 年 4 月，广东省与国家环保总局联合制定省级环保规划——《广东省环境保护规划》，正式开启建设绿色广东的实践步伐。同年 9 月，广东省出台《关于构建和谐广东的若干意见》，进一步提出以发展

---

① 《中共广东省委九届二次全会在穗举行》，南方网，http://finance.southcn.com/finan-cenews/guoneicaijing/200302190524.htm，2003 年 2 月 19 日。

② 参见《让"绿色广东"观念深入人心——访广东省环保局局长李清》，广州市生态环境局网站，http://sthjj.gz.gov.cn/hjzs/content/post_2904428.html，2005 年 1 月 6 日。

③ 李清主编：《广东省环境保护干部读本》，广东人民出版社 2007 年版，第 177 页。

绿色经济、培育绿色文明、建设绿色环境、构筑绿色生态为具体发展目标，积极推进绿色广东战略。2006 年 6 月，《广东省国民经济和社会发展十一五规划纲要》明确提出实施绿色广东战略，走绿色发展之路，促进经济增长方式转变，构建资源节约型和环境友好型社会。①

2007 年 5 月，广东省人民政府通过《广东省环境保护与生态建设"十一五"规划》，提出以"三个代表"重要思想和科学发展观为指导思想，按照全面建设小康社会、实现社会主义现代化和构建和谐广东的要求，实施绿色广东战略，坚持经济与环境协调发展，努力建设资源节约型和环境友好型社会。具体目标是全省环境污染和生态破坏的趋势基本得到控制，生态与环境质量总体保持稳定；主要大江大河水质维持良好，局部有所改善；城市空气质量明显提升；危险废物及放射性废源、废物基本得到安全处置；陆域自然保护区占全省陆地面积的比例增加；环境保护法制建设得到进一步加强，环境管理能力得到进一步提高。主要措施有：一是发展循环经济，建设资源节约型社会。调整优化产业结构，积极发展科技含量高、资源消耗低、环境污染少的新型产业；积极推进循环经济试点工作，从企业、园区和城市与社会多层面推进循环经济试点。二是加强环保法制建设和监管力度。完善环境保护法制法规的制定，完善综合决策机制，强化环保责任考核机制，创新环境监管制度。三是加强环境创新，推进污染治理市场化。创新环境经济政策，大力发展环保产业，开展环境科学技术研究。四是加强能力建设，提升环境管理水平。健全环境管理体制，加强环境监测能力建设、环境监察能力建设、核安全与辐射环境监测能力建设、环境信息能力建设、固体废弃物管理能力建设、环境监测预警体系建设、环境宣教能力建设。五是加大环保投入，落实六大重点工程，即区域污水处理及河道整治工程、电厂脱硫工程、固体废物处理处置工程、生态环保与建设工程、放射性尾矿及放射性废物（源）处理工程、环境监测预警工程等六大重点工程建设。②

"十一五"期间，广东省全力推进污染减排，大力开展环境整治，

---

① 《广东省国民经济和社会发展十一五规划纲要》，广东省人民政府网，http：//www. gd. gov. cn/govpub/jhgh/sywgy/200607/t20060726_ 5543. htm，2006 年 6 月 29 日。

② 《广东省环境保护与生态建设"十一五"规划》，广东省人民政府网，http：//www. gd. gov. cn/gkmlpt/content/0/136/post_ 136809. html#7，2007 年 5 月 16 日。

不断强化环保监管，取得了明显成效。首先，污染减排成效显著。全省实现县县建成污水处理厂，新增污水处理规模 1105 万吨，日处理能力达 1739 万吨，位居全国首位；新增脱硫机组装机容量 3137 万千瓦，12.5 万千瓦以上燃煤火电机组全部安装脱硫设施，脱硫机组装机容量累计达 3557 万千瓦，是 2005 年的 7 倍多。全省共关停小火电 1221 万千瓦，淘汰落后水泥产能 5782 万吨、钢铁产能 1275 万吨、造纸产能 34 万吨，均超额完成国家下达的任务。2010 年全省化学需氧量和二氧化硫排放量分别比 2005 年下降 18.88% 和 18.81%，均超额完成国家下达减排 15% 的任务。其次，环境综合整治成效明显。2010 年广东全省 21 个地级以上市饮用水源水质总达标率为 97.1%，全省江河水质达标率和省控断面水质优良率分别提高了 17.9 和 13.3 个百分点；21 个地级以上市空气质量全部达到国家二级标准，全省空气中二氧化硫、二氧化氮和可吸入颗粒物年均浓度比 2005 年分别下降了 21.9%、5.6% 和 14.8%，区域空气质量达到一级水平天数的比例超过 20%，大气能见度显著改善；19 个地级以上市、11 个县（市）城区实现了生活垃圾无害化处理，全省共建成生活垃圾无害化处理场 42 座，日处理规模达 4.2 万吨，市县城区生活垃圾无害化处理率达到 70%。再次，生态示范创建工作取得新突破。截至 2010 年底，广东省"国家环境保护模范城市"达到 10 个、国家环境优美乡镇 38 个、国家级生态村 2 个、省级生态示范村镇 513 个，建成国家级自然保护区 11 个、省级自然保护区 66 个。最后，环保执法监管体系不断完善。先后制定《广东省饮用水源水质保护条例》《广东省排污费征收使用管理办法》《火电厂大气污染物排放标准》等环保法律法规；持续开展环保专项行动，共立案查处环境违法案件 52463 家、限期整改及治理企业 42037 家、关停企业 14793 家；完成国控重点污染源在线监控系统建设，21 个地级以上市全部建成污染源监控中心（平台），全省安装污染源在线监控设备的企业达 1200 多家；21 个地级以上市均建成环境空气自动监测系统，建成 57 个水质自动监测站，基本实现对区域环境质量的实时监控。[①]

2011 年 7 月，广东省人民政府通过《广东省环境保护与生态建设

---

① 《广东省环境保护和生态建设"十二五"规划》，广东省人民政府网，http：//www. gd. gov. cn/gkmlpt/content/0/139/post_ 139975. html？ jump＝false#7，2011 年 7 月 28 日。

"十二五"规划》，提出以邓小平理论和"三个代表"重要思想为指导，深入贯彻落实科学发展观，积极实施绿色发展战略，以"加快转型升级、建设幸福广东"为核心任务，以改善环境质量、确保环境安全为目标，以解决危害群众健康和影响可持续发展的突出环境问题为重点，以环境管理机制体制创新为动力，持续推进污染减排、强化环境治理、严格环保准入、提升环境监管水平，加快建设资源节约型、环境友好型社会，为全省全面建设小康社会、率先基本实现现代化提供坚实的环境支撑。计划到 2015 年，主要污染物排放得到持续有效控制，环境综合整治取得明显成效，环境安全得到有效保障，珠江三角洲地区环境质量得到进一步改善，粤东西北地区生态环境保持良好，全省环境质量稳中有升，实现经济社会持续发展、污染排放持续下降、生态环境持续改善的良好局面。实施绿色发展战略的具体措施有以下几点：一是分区引导，优化产业布局。加强主体功能区环境管理，加快实施分区域环境保护战略，加强产业转移的空间引导。二是减排倒逼，促进产业结构转型升级。严格污染物排放总量前置审核，建立完善规划环评体系，强化落后产能淘汰。三是绿色提升，构建环境友好型产业体系。大力推动绿色低碳产业发展，强化产业集聚区生态化建设，大力推进清洁生产。此外，还提到加强对水域环境、大气环境、重金属污染、固体废弃物、农村生态环境等的整治，强化风险防控、提升环境监管水平及环保综合管理水平等方面。[①]

广东省实施环境保护与生态建设"十二五"规划后，成效明显，参与评价的 18 项指标中有 17 项顺利完成"十二五"规划目标。环境质量改善方面，2015 年全省城市集中式饮用水源水质 100% 达标，比 2010 年提高 2.9 个百分点；省控断面水环境功能区水质达标率为 82.3%，优良率为 77.4%，分别比 2010 年提高 12.2 和 6.5 个百分点；全省城市空气质量指数（AQI）达标率为 91.5%，其中珠三角地区为 89.2%，比 2013 年上升 12.9 个百分点，全省环境质量总体稳中趋好。主要污染物减排方面，2015 年全省化学需氧量、氨氮、二氧化硫、氮氧化物排放总量分别比 2010 年减少 16.9%、15.1%、19.2%、24.6%，均超额

---

① 《广东省环境保护和生态建设"十二五"规划》，广东省人民政府网，http：//www. gd. gov. cn/gkmlpt/content/0/139/post_ 139975. html？jump = false#7，2011 年 7 月 28 日。

完成国家下达"十二五"减排任务。①

2016 年 9 月，广东省环境保护厅印发《广东省环境保护"十三五"规划》，提出新时期环保工作的机遇有：绿色发展列入五大发展理念，环境保护战略地位进一步加强；环保领域改革创新加快推进，制度红利全面释放；经济发展进入常态，环境压力有所减缓；全社会高度重视环保，保护环境达成共识。环保工作面临的新挑战表现在：环境问题复杂多变，治理难度逐渐加大；转变经济发展方式、调整产业结构任务依然艰巨；局部地区生态环境持续恶化，环保投入不足的矛盾日益凸显。"十三五"规划要求坚持创新、协调、绿色、开放、共享的发展理念，全面践行"两山理论"，争当绿色发展的排头兵，以生态文明建设为统领，以改善环境质量为核心，实施最严格的环境保护制度，推动供给侧结构性改革，打好污染防治战役，严密防控环境风险，着力推进环境治理体系和治理能力现代化，努力打造"天蓝、地绿、水净"的生态环境面貌，促进人与自然和谐共生，为率先全面建成小康社会和建设美丽广东奠定坚实的环境基础。计划到 2018 年广东全省大气和水环境质量持续改善，珠三角地区空气质量全面稳定达到国家空气质量二级标准，省控江河湖库水质达标率达到 90% 以上，全面达到小康社会环境类指标目标。到 2020 年，主要污染物排放持续稳定下降，大气环境质量持续改善，全省各地级以上市空气质量全面稳定达到国家空气质量二级标准，水环境质量全面提升，土壤环境质量总体保持稳定，生态系统服务功能增强，环境风险得到有效管控，环境监管能力显著提升，基本实现环境治理体系和治理能力现代化。具体实践措施有：一是强化环境调控，大力推进绿色发展。包括环境空间管控、资源环境调控、传统产业绿色化升级改造。二是深化污染防治，全面改善环境质量。包括实现空气质量稳定达标、全面提升水环境质量、加强土壤污染防治、推进美丽乡村建设、强化生态系统保护。三是强化风险管控，保障生态环境安全。包括排查未达标工业污染源、完善环境风险防控体系、深化重金属污染综合防控、强化危险废弃物及化学物质管理、加强核与辐射安全监管。四是深化改革创新，完善环保制度体系。包括完善环保法规制度、

① 《广东省环境保护"十三五"规划》，广东省生态环境厅网，http://gdee.gd.gov.cn/jc5871/content/post_ 2287570. html，2016 年 9 月 26 日。

健全污染防治机制、完善环保市场体系、强化基层政府管理、落实企业污染治理的主体责任、鼓励全民参与环保行动。五是加强能力建设,提升环境治理水平。包括建设国际先进的立体环境监测网络、建立高效精准的环境监察执法体系、构建高水平多层次环保科教体系、建设大数据及"互联网＋"智慧环保体系。①

2017年1月,广东省人民政府通过《广东省生态文明建设"十三五"规划》,提出生态文明建设指导思想,坚持创新、协调、绿色、开放、共享的发展理念,把生态文明建设放在突出的战略位置,融入经济建设、政治建设、文化建设、社会建设各方面和全过程,协同推进新型工业化、信息化、城镇化、农业现代化和绿色化,以建设美丽广东为目标,大力推进绿色发展、循环发展、低碳发展,形成绿色清洁的生产方式、低碳健康的生活方式、崇尚自然的生态文化。具体发展目标为:到2018年污染防治设施建设取得显著成效,生态建设不断强化,生态文明建设取得新进展,达到率先全面建成小康社会指标体系中生态环境各项指标要求。到2020年资源节约型和环境友好型社会建设取得重大进展,主体功能区布局和绿色低碳发展格局基本形成,经济发展质量和效益显著提高,生态文明制度体系基本形成,生态文明主流价值观在全社会得到推行。到2030年生态文明理念深入人心,全社会形成自觉保护生态环境的良好氛围和行为习惯,国土空间格局清晰合理,生产方式绿色清洁,生活方式低碳健康,自然生态环境明显改善,生态文明制度体系健全完善,生态系统稳定性增强,可持续发展能力显著提高,建成人与自然和谐发展的生态文明模范省。此次规划明确提到推动产业经济绿色发展、实施新一轮绿化广东大行动、发展绿色科技、建立健康生活新模式。推动产业经济绿色转型发展的具体措施有:一是加快经济结构战略性调整,包括推动先进制造业发展,大力发展服务型经济,积极发展生态产业,淘汰落后产能和过剩产能,推进产业高端化、智能化、绿色化、集约化发展。二是大力发展清洁生产和循环经济。遵循"减量化、再利用、资源化"的原则,在生产、流通、消费各环节促进资源高循环利用,构建覆盖全社会的资源循环利用体系。三是培育发展节能环保产

---

① 《广东省环境保护"十三五"规划》,广东省生态环境厅网,http://gdee.gd.gov.cn/jc5871/content/post_ 2287570. html,2016年9月26日。

业。包括大力发展节能环保技术，加快节能环保产品和设备推广。新一轮绿化广东大行动，主要是构建五大森林生态体系、加快造林抚育、开展雷州半岛生态修复、强化森林资源保护管理、加强湿地保护与建设，到 2020 年基本建成完善的森林生态体系，生态景观林带全面建成。发展绿色科技措施有以下几方面：一是加强绿色科技创新。包括加大绿色科技研发力度，加强绿色核心科技攻关。二是支持绿色科技研发组织发展，包括完善绿色科技研发组织创新保障机制，扶持绿色科技研发组织发展，加强生态文明人才体系建设。三是推动绿色科技成果产业化。包括完善绿色科技成果与产业需求对接机制，提高科技成果转化率。建立健康生活新模式，主要行动有：一是改善人居环境。包括建设低碳生态城市，建设秀美乡村。二是倡导绿色生活方式。包括倡导绿色消费，倡导低碳出行，倡导绿色居住。三是推动绿色产品。包括鼓励绿色产品生产使用，政府有限采购绿色产品。[①]

第二节　国内绿色文化典型模式

近年来，北京、浙江、广东等地在处理经济发展和环境保护问题上，取得明显成效，形成绿色文化发展典型模式。北京强调绿色生产、绿色消费、生态环境三大体系建设，浙江省倡导市场化和生态化有机结合、发展绿色经济模式，广东省践行资源节约型和环境友好型的绿色工业发展理念，这些典型模式为全国各地发展绿色文化提供了有益借鉴。

一　北京的三大体系建设

从"绿色奥运"生态环境建设行动计划到"绿色北京"行动计划，到"十二五"时期绿色北京发展建设规划，再到北京市"十三五"时期环境保护和生态建设规划，都在强调绿色生产、绿色消费、生态环境三大体系建设，成为绿色北京建设的最主要内容。绿色生产，实质上是要调整产业结构和经济增长方式，是节约资源、保护环境，以绿色理念为指导、以科学管理和技术为手段，进而实现节能减排环保的一种生产

---

① 《广东省生态文明建设"十三五"规划》，广东省人民政府网，http://www.gd.gov.cn/gkmlpt/content/0/145/post_ 145806. html#7，2016 年 12 月 31 日。

方式。北京市进一步提出绿色生产举措：一是优化城市功能布局，降低城市系统消耗。包括疏解中心城区城市功能，推进发展新区与产业布局融合发展，推动生态涵养区绿色产业发展，加强产业园区生态化与集群化发展；二是提升产业发展质量，形成内涵增长模式。包括推动科技创新驱动，调整产业结构，淘汰落后劣势产能；三是调整能源结构，促进清洁低碳转型。包括控制煤炭消费总量，推动天然气利用实现跨越式发展，加快推广应用可再生能源，试点建设智能电网；四是大力发展循环经济，提高资源产出效率。包括构建全流程绿色管理体系，推动资源多级循环利用，全面推行清洁生产。分析上述绿色生产举措，科学规划城市布局、降低能源消耗、转变生产方式、发展循环经济、实行低碳清洁生产是主要举措，将预防污染理念贯穿于生产的全部过程，绿色生产既可以满足人们的需要，又可以合理使用自然资源和能源、保护生态环境，实现人与自然的和谐发展。

绿色消费体系，其含义主要有三点：一是提倡消费者在消费上选择有利于公众健康的绿色无污染产品；二是在消费期间注意处理废弃物问题；三是指导消费者改变传统消费观念，转向接受推崇自然、寻求健康的消费观念，在追求高品质生活的同时，注意环境保护、节约资源与能源，达到健康、绿色、环保、可持续消费。[1] 绿色消费的具体要求是使用无公害商品、使用能源利用率高的物品、购买能够循环再利用的商品、购买节能电器、使用新能源交通工具。绿色消费有助于节能减排和生态文明建设，可以改变传统的消费观念和消费方式，形成健康、环保、科学、文明的消费方式，进而减轻人口、资源和环境的压力，实现可持续发展战略目标，达到人与自然的和谐共存。对此，北京市专门出台绿色消费举措。一是推广绿色建筑，建设生态居所。包括推行绿色建筑标准，实行建筑节能改造，推行住宅产业化和绿色装修。二是优化城市交通网络，扩大绿色出行。包括发展城市轨道交通，完善道路交通网络和设施，健全智能交通引导系统，鼓励使用绿色交通工具出行。三是强化食品安全供给，保障健康饮食。包括完善绿色食品供应体系，加强食品安全检测，健全食品安全追溯体系。四是倡导绿色消费，提倡节约行为。包括加强绿色政务垂范，推行绿色商务服务，培育引导绿色生

---

① 吴真：《节能减排与环境责任研究》，吉林人民出版社 2018 年版，第 217 页。

活。五是打造绿色发展试点，加强示范引导。包括建设绿色城市试点，推进绿色区域试点，树立绿色消费典范。北京市的绿色消费体系主要涵盖了广大民众的吃、住、用、行等方方面面，形成绿色饮食、绿色居所、绿色出行、绿色生活，并且重视绿色消费典范作用，带动全市转变以往的消费观念和消费习惯，形成健康、环保、科学的消费理念。

绿色环境体系，主要是以提升生态承载能力，改善人居环境为核心，落实空气清洁、园林绿化、废弃物综合治理等措施，进而打造蓝天青山绿水的绿色环境体系，构建生态宜居新家园。绿色环境体系建设的目标是，在习近平总书记"两山理论"的指导下，不断加大生态环保力度，重点抓好大气、噪声、水域、废弃物污染防治工作，尽快形成崇尚绿色发展、绿色生活的新风尚，明显改善生态环境质量，形成绿色、洁净、宜居的环境。北京市出台的绿色环境体系建设举措有：一是加强大气治理，营造洁净蓝天环境。包括加强交通运输系统污染减排，实现能源消费清洁化，削减工业污染排放总量，全面防治"三尘"污染，拓展大气污染治理新领域。二是提高精细管理水平，美化城乡市容环境。包括深化环境薄弱地区整治，加大公共空间环境整治力度，开展噪声辐射污染防治。三是加强水污染防治工作。包括严格保护饮用水源，提高污水处理能力，减少农业农村污染排放，严格工业废水达标管理，提高水域自净能力。四是推进废弃物综合处置，合理利用城市矿产。包括促进源头分类回收，加快处理设施建设，提高资源化利用水平。五是扩大绿色发展空间。包括划定生态保护区域，扩大森林绿地面积，扩大绿色休闲空间，推进湿地恢复建设，加强自然保护区建设，形成山区绿屏、平原绿网、屏网相连、绿满京华的城市森林格局。

二　浙江省的绿色经济模式

所谓"绿色经济"，是一种融合了人类现代高科技文明，以高新技术为支撑，使人与自然和谐相处，能够可持续发展的经济，是市场化和生态化有机结合的新型经济，也是一种充分体现自然资源价值和生态价值的循环经济，是经济再生产和自然再生产有机结合的良性发展模式，是人类社会可持续发展的必然产物。绿色经济与传统经济的本质区别在于，传统产业是建立在破坏生态环境、过度消耗资源与能源的基础之上的，其结果是生态环境失衡、资源能源枯竭、人与自然走向对立面，而绿色经济是要从根本上转变这种牺牲环境、浪费资源的发展方式，是以改善人类生存环境、合理利用资源和能源、采用清洁生产的新型经济，具体包括绿色生产、绿色科技、绿色能源、绿色贸易、绿色流通、绿色投资、绿色消费等诸多领域。浙江省重视发展绿色经济，其绿色发展指数位居全国第三位，全省能源、水源、土地、矿产等资源利用率在全国保持前列，资源综合利用和再生资源利用达到国内先进水平，主要污染物减排达到国家制定的环保要求和任务。浙江省的绿色经济发展模式主要包括：优化产业结构和布局，发展绿色产业，加大科技创新力度，发展循环经济等方面。

优化产业结构和布局。改革开放以前，浙江省是一个典型的农业大省，第一产业增加值占国内生产总值的比重在45%以上，第二产业比重超过35%，第三产业不超过20%，仍然是一个更重农工业的产业结构。改革开放初期浙江省加速工业化发展，第二产业超过40%，出现更重工农业的产业结构布局。直到20世纪90年代后期，第三产业加速发展，其比重达到30%以上，浙江省初步实现工业化向现代化转型。针对产业结构调整问题，浙江省出台一系列举措。首先，推进产业结构优化升级。加快发展信息、环保、健康、旅游、时尚、网络及其他文化产业，利用智能技术、网络技术、环保节能技术，推动传统产业优化升级，淘汰高排放、高消耗、高污染的传统落后产业。其次，优化产业空间布局。有计划、分阶段将工业，尤其是重工业转移至城市郊区，城市中心区域发展高端、环保、绿色产业，并积极向西部内地拓宽其他产业空间，形成以四大都市为主体、海洋经济区和生态功能区为两翼的区域发展新格局。最后，重视生态环境保护。依法在重点生态功能区、生态环境敏感区和脆弱区等区域划定生态环保红线，严格执行环保法律法规，确保生态功能不降低、面积不减少、性质不改变。科学划定森林、湿地、海洋等领域生态红线，严格自然生态空间征用管理，遏制生态系统退化的趋势。①

绿色产业，是采用绿色技术进行生产和盈利，强调使用清洁能源、注重清洁生产、供应清洁产品，在消费过程中注重循环再利用，绿色生

---

① 浙江省发展和改革委员会办公室：《浙江省绿色经济培育行动实施方案》，新能源网，http://www.china-nengyuan.com/news/105726.html，2017年2月17日。

产、绿色管理、绿色服务、绿色消费是其主要发展理念。绿色产业主要涉及绿色农业、绿色工业、绿色服务业、新兴产业等领域。绿色农业，实质上就是发展生态农业，运用高端、科学、环保的技术和管理，减少农药、化肥的使用，生产和供应绿色、健康、环保的农产品。具体措施有：抓好土壤污染防治、控制化肥农药用量，推广绿色种植、绿色养殖等高效生态循环农业，推动粮食生产功能区、现代农业园区和重要产品保护区向绿色发展转型。绿色工业，实质上是调整传统产业结构、转变经济增长方式，转向发展绿色、环保、低碳、循环产业。具体措施有：开发节能降碳和清洁能源、环保、资源循环利用等方面的工业技术，培育节能环保新材料、节能环保信息、节能环保服务业等新型业态，形成研发、设计、制造、服务"四位一体"的节能环保产业体系。绿色服务业，是指有助于保护生态环境，节约利用资源和能源，重点发展无毒、无害、无污染、健康环保的服务产业。浙江省绿色服务业，注重发展金融、物流、文化创意、信息、会展等生产性服务业，鼓励发展文化旅游、健康养生等生活性服务业，强调生产性服务业向专业化和产业链高端延伸，生活性服务业向精细化和高品质发展。新兴产业，是指适应经济增长方式转变和产业结构调整，具有高技术含量、高附加值、低碳清洁生产、可循环再利用的新型业态。浙江省积极推进云计算、大数据、物联网、智慧城市、分享经济、智能经济等发展，重视人工智能、集成电路及航空航天产业发展。

加大科技创新力度。创新是一个民族进步的灵魂，是一个国家兴旺发达的不竭动力，科技创新越来越决定一个民族和国家的发展进程。浙江省重视创新驱动发展战略，具体措施有：一是开展重大科技攻关，发展创新引领型经济。包括发展新一代信息网络技术，发展新材料技术，发展智能绿色高端装备制造技术，发展清洁高效能源技术及节能环保技术，发展绿色智能交通技术，发展生态绿色高效安全的现代农业技术，发展先进高效生物技术与精准医疗技术，发展支撑商业模式创新的现代服务技术，发展引领产业变革的颠覆性技术。二是打造科技创新大平台，汇聚融合高端要素。包括聚力建设杭州城西科创大走廊，加快建设国家自主创新示范区，提升国家级高新区发展水平，建设一批各具特色的高能级科技城，培育环杭州湾高新技术产业带。三是培育创新主体。包括培育企业创新主体，提升企业技术创新能力，深化产学研用协同创新，完善区域协同创新体系。四是加快科技成果产业化，培育创业创新新动能。包括重视科技大市场建设、科技成果转化应用、创新创业平台建设等方面。五是重视培育高科技创新人才。包括培育科技创新人才和重大团队，完善奖励创新机制，提升原始创新能力。六是重视国际化开放创新。包括重视区域间科技合作、面向全球布局创新网络。七是深化体制改革。包括加大激励创新制度供给，优化科技创新资源配置，深化科研体制机制改革，推进科技资源开放共享，促进科技金融深度融合。八是实施知识产权战略。包括加快知识产权强省建设，促进知识产权全面运用，强化知识产权严格保护。九是注重科技创新指导工作。包括重视科技创新组织领导、科技创新财政投入及创新创业文化培育。①

发展循环经济。循环经济一般是将人类的社会活动融入自然生态的整体物质能量循环之中，研究人类如何最大限度地对资源进行合理高效的开发利用，并将经济活动对自然环境的不良影响降到最低程度，简而言之就是最低限度地使用资源和能源，保护生态环境、实行清洁生产的经济发展模式。20 世纪 90 年代，西方发达国家广泛实践循环经济理念，并出台一系列促进循环经济的法律、法规，进入 21 世纪以后，中国开始提倡和宣传发展循环经济。浙江省非常重视发展循环经济，尤其在生态环境保护"十三五"规划期间，浙江省循环经济发展水平明显提升，为其生态文明建设和绿色发展奠定了基础。浙江省发展循环经济的经验和举措主要有以下几个方面：一是形成了绿色循环发展的经济体系。包括建立起循环型农业、工业、服务业、节能环保产业体系，重视国家级、省级园区循环化改造示范点建设，构建清洁环保的能源体系。二是构建绿色循环发展的城乡体系。包括健全城市循环发展体系，加快循环发展助推乡村振兴，推动生产系统和生活系统循环链接，建设节水型社会。三是健全绿色循环发展的制度体系。包括完善生态文明评价标准，加快绿色金融改革创新，探索地方绿色循环体制机制创新。四是培育绿色循环发展新动能。包括构建绿色循环技术创新体系，创新绿色消费和商业模式，注重循环经济国际交流合作。②

① 浙江省人民政府办公厅：《浙江省科技创新"十三五"规划》，浙江省科学技术厅网，http：//kjt.zj.gov.cn/art/2017/2/20/art_1228971355_40879106.html，2017 年 2 月 20 日。
② 浙江省发展和改革委员会：《2017 年浙江省循环经济发展报告》，兰溪市人民政府网，http：//www.lanxi.gov.cn/zwgk/zdlyxxgk/zdxm/201808/t20180831_2637982.html，2018 年 7 月 2 日。

浙江省的绿色经济发展模式涉及绿色农业、绿色工业、绿色服务业、绿色旅游、绿色能源、循环经济等各方面。为进一步发展绿色经济，浙江省还推出几大重点工程建设，即绿色农业培育工程、绿色制造示范工程、创新平台建设工程、节能环保产业发展工程、电子商务提升工程、绿色能源推进工程、生态旅游推进工程，计划到2020年初步建成绿色经济产业体系，不断扩大绿色经济发展规模，不断提升绿色经济发展水平，日益完善绿色经济发展体制机制，基本形成绿色生产、绿色消费、绿色生活，确保绿色发展水平保持全国前列。

三 广东省的绿色工业发展模式

绿色工业是指践行资源节约型、环境友好型发展理念的新型工业，包括两个层面的含义：一是企业在生产过程中能够节约资源和能源，保护生态环境；二是生产和供应节能环保的产品。发展绿色工业具有重要战略意义，是适应发展循环经济、建设节约型社会、转变经济增长方式等国家大战略的需要，是提高企业自身竞争力的需要，也是企业承担社会责任的需要，同时也是适应居民消费结构升级的需要。① 广东省非常重视发展绿色工业，绿色工业发展战略构成绿色广东发展战略的重要内容。2013年广东省人民政府通过《加快推进广东省绿色发展战略实施方案》，2016年出台《广东省工业绿色发展实施方案（2016—2020年）》《绿色制造工程实施指南（2016—2020年）》，2017年制定《广东省绿色制造体系建设实施方案》，加快推进绿色工业化发展历程，计划到2020年工业绿化发展理念成为企业和政府的普遍共识，工业绿色发展推进机制基本形成，绿色制造产业成为广东省经济发展新引擎和国际竞争新优势，工业绿色发展整体水平显著提升。广东省的绿色工业发展模式，主要包括节能降耗、清洁生产、循环发展、绿色制造等方面。

节能降耗。广东省发展绿色工业，首重节能降耗、提高工业能效，具体措施有以下几个方面：一是优化工业和能源消费结构。首先，淘汰并取缔高污染、高能耗、高排放的传统"三高"产业，重视节能评估

---

① 国家发展和改革委宏观经济研究院编：《中国经济社会发展若干问题研究》，中国计划出版社2010年版，第276页。

审查和后评价，进一步提高能耗、环保等准入门槛，严格控制高耗能行业产能扩张，依法淘汰危害生态环境平衡的产业。其次，加快发展能耗低、污染少的先进制造业和绿色环保的新兴产业，促进生产型制造向服务型制造转变。大力调整产品结构，积极开发高附加值、低消耗、低排放产品。最后，积极开发利用清洁的新能源，提高可再生、可循环利用能源在能源消费结构中的比重，加强对能源利用的监督管理和技术指导，提倡新能源代替传统能源。二是能源利用高效低碳化改造。推广先进节能低碳技术，重点推广原料优化、能源梯级利用、可循环、流程再造等系统优化工艺技术；提升能源利用率，实施煤炭清洁高效利用、高耗能设备系统节能改造，持续开展电机能效提升及注塑机节能改造；落实工业用能低碳化，积极开发利用新能源，推进光伏、风能、太阳能等可再生、可循环利用新能源。三是强化能源利用管理和指导。完善节能环保政策法规，强化节能监察管理、节能评审、清洁生产审核；严格节能执法，完善各级节能监察等执法队伍建设；积极推广节能环保新技术、新能源，在利用和管理新能源期间重视技术指导。

清洁生产。《中国 21 世纪议程》提出："清洁生产是指既可满足人们的需要又可合理使用自然资源和能源并保护环境的实用生产方法和措施，其实质是一种物料和能耗最少的人类生产活动的规划和管理，将废物减量化、资源化和无害化，或消灭于生产过程之中。同时对人体和环境无害的绿色产品的生产亦将随着可持续发展进程的深入而日益成为今后产品生产的主导方向。"① 清洁生产的核心理念是将预防污染贯穿于企业生产、管理和供应产品的全部过程，最大限度减少、避免环境污染，实现健康、环保、绿色生产。广东省积极开展绿色清洁生产行动，具体措施有：一是创新清洁生产推进模式。建立清洁生产工作统一协调机制，统一清洁生产审核、验收、评价管理；实行差别化清洁生产审核制度，对于资源消耗低、环境污染少的企业，简化审核流程，对于能耗高、环境影响大的企业，严格审核流程；完善奖惩机制，奖励清洁生产的企业，整治污染严重的企业。二是抓好重点行业清洁生产。推动高能耗、高污染、高排放的企业向清洁生产转型，建立对实施清洁生产审核企业的长效管理机制，重点对未实施审核企业开展清洁生产监管工作。

---

① 鲁明中、张象枢主编：《中国绿色经济研究》，河南人民出版社 2005 年版，第 286 页。

三是提升重点流域清洁生产水平。加大省内重点流域工业企业清洁生产工作力度，对流域内污染企业实施严格的清洁生产审核，鼓励企业采用节能、环保、绿色生产技术，从源头上减少污染。四是提高园区企业清洁生产覆盖率。提高开发区、工业园区、专业园区或基地的清洁生产力度，推广先进的清洁生产技术和设备，推动工业园区生态、循环、绿色化改造。

循环发展。广东省在推进绿色工业化过程中，强调循环发展理念，注重工业产品在生产、流通和消费过程中的降能耗、再利用、重环保，提高资源和能源的利用率，减少对生态环境的破坏，重视可持续发展战略。广东省工业循环发展举措有以下几个方面：一是完善工业循环经济示范体系。重视培育具有广东特色的循环发展示范典型，加快"省循环经济工业园—省市共建循环经济产业基地—省循环经济试点单位"示范体系建设，探索具有广东特色的循环经济发展模式。二是推进工业园区循环化改造。鼓励国家级和省级经济开发区、产业基地及各类工业园区的循环化改造，加快工业集中地的废物利用、资源能源分类使用和循环利用，重视节能减排环保资金、技术和管理投入，建设资源循环利用基地。三是加强工业资源综合利用。加快推进工业废水、废气、固体废弃物的资源化利用，推广废弃物无害化处理和循环再利用的先进技术和设备，培育资源综合利用的典型示范企业，建立重点领域资源综合利用产业联盟。四是开发节能环保绿色产品。支持企业建设生态设计公共平台，加快节能环保技术研发，推广节能清洁生产技术、工艺和产品，尤其是发展符合循环经济要求、资源利用效率高、污染排放量少的技术、工艺和产品。五是加强管理和扶持力度。完善促进清洁生产、可再生能源利用、建筑节能、绿色采购等法规规章；加大对循环产业、环保节能产品的支持和推广，推进工业园区循环化改造；开展可再生能源转化利用关键技术研发，推动节能、节水、新能源开发、再生资源循环利用的技术进步。①

绿色制造。绿色制造是一种综合考虑优化的资源利用和环境影响的现代制造体系，其目标是使产品从设计、制造、消费到报废处理的整个

---

① 《加快我省（广东省）循环经济发展的实施方案》，广东省人民政府网，http://www.gd.gov.cn/gkmlpt/content/0/142/post_ 142843.html#7，2014 年 4 月 9 日。

生命周期对环境影响最小，不损害人体健康，资源利用效率最高的生产方式。① 为推进绿色制造体系建设，广东省打造一批绿色工厂、绿色园区，形成具有本土特色的绿色制造体系和绿色制造机制。其措施主要有以下几点。一是重视开发绿色产品。以绿色生产、绿色管理、绿色消费理念为指导，遵循能源资源消耗最低化、生态环境影响最小化、可再生率最大化原则，创建绿色设计和科研平台，研发和推广健康环保、节能减排、可循环利用的绿色产品，提升绿色产品的市场占有率，引导绿色生产、绿色管理及绿色消费。二是创建绿色工厂。按照集约生产、清洁生产、健康环保、绿色低碳、可持续发展、循环再利用原则，分类创办绿色工厂；采用环保清洁的原料和能源，引进先进的清洁生产技术和设备；重视生产过程的监管，预防资源过度消耗和生态环境破坏；做好资源能源循环再利用，如废水循环再利用、固体废物资源化和无害化利用；推行资源能源环境数字化、智能化管控系统，加强资源能源及污染物动态监控和管理。三是打造绿色工业园区。开展绿色工业园区试点建设，创建一批省级、国家级绿色低碳工业园区，形成具有本土特色的绿色园区发展模式；实行工业园区综合能源资源一体化解决方案，推进工业园区分布式光伏发电、集中供热、集中处理污染等工程项目，提升工业园区能源资源利用率。四是打造绿色供应链。按照产品全生命周期理念，发挥引领带动作用，确立企业可持续的绿色供应链管理战略，实施绿色伙伴式供应商管理，优先纳入绿色工厂为合格供应商，强化绿色生产，建设绿色回收体系，搭建企业供应链绿色信息管理平台，带动上下游企业同步绿色发展。五是培育绿色制造服务体系。制定绿色制造评价体系、绿色工厂评价指标及评分标准，培育一批集标准创制、计量检测、评价咨询、技术创新、绿色金融等服务内容的专业化绿色制造服务机构，为企业、工业园区提供各类绿色制造技术、服务和资金。②

第三节　国内先进经验对江西的启示

　　无论是北京的三大体系建设模式，还是浙江省的绿色经济模式，抑或是广东省的绿色工业发展模式，都有共同之处：强调节约资源、保护生态环境，重视绿色和循环发展，尤其重视人与自然和谐发展。这些地区践行绿色发展理念后，社会经济平稳发展，生态环境明显改善，并且带动中西部地区走上绿色发展道路。当前江西省社会经济发展正处于转型时期，正确处理经济发展与生态环境的关系，合理调整产业结构和发展方式等问题亟待解决，北京、浙江、广东等地的绿色发展经验为江西省提供了有益借鉴和参考，具体有以下几点。

第一，始终把绿色发展放在首位。工业革命以来，人类盲目追求经济高速增长、加速推进城市化、无限扩张工业化，导致生态环境遭到破坏、生存环境不断恶化，不少国家和地区开始探索新型发展模式，并且提出绿色发展理念。绿色发展是在传统经济发展模式的基础上进行创新和改革，是在充分考虑生态环境容量和资源能源承载力前提下，坚持将生态环保作为实现可持续发展重要原则的一种全新发展模式。具体含义有三点：一是将保护生态环境、合理利用资源能源作为发展社会经济的基本前提；二是将人类与自然、经济与环境的和谐共存，经济、社会与环境的可持续发展作为绿色发展最终目标；三是将经济发展过程和生产结果的"绿色化""生态化"作为绿色发展的核心理念。进入 21 世纪以来，中国在应对生态环境变化、资源能源短缺及重大突发卫生公共事件等问题和挑战时，开始反思、聚焦绿色发展理念和绿色增长模式，北京、上海、江苏、浙江、福建、广东等地成为绿色发展的先锋典范，北京市提出绿色生产、绿色消费、绿色环境三大体系，浙江省提出绿色农业、绿色工业、绿色服务业、绿色旅游、绿色能源的绿色经济发展模式，广东省积极推进绿色发展、低碳发展、循环发展，重视绿色清洁的生产方式、低碳健康的生活方式、崇尚自然的生态文化，无论什么发展模式、经济增长方式，绿色发展成为主旋律，不仅贯穿生产、管理、消费全部过程，而且深入农业、工业和其他第三产业，不仅要发展"绿色乡村"，而且要发展"绿色城市"，最终目标是要打造"美丽中国""绿色中国"。

第二，坚持先进的绿色发展理念。科学的理论指导为绿色发展指明了方向。北京市提出以科学发展观作为指导思想，在建设绿色北京过程中，坚持全面、协调、可持续的发展观，做到经济社会和人的全面发展；提出贯彻落实党的十八大、十九大精神，学习贯彻习近平总书记重要指示精神，牢固树立"绿水青山就是金山银山"的指导思想，坚持创新、协调、绿色、开放、共享五大发展理念。这些科学的指导思想为建设绿色北京、建设国际一流的和谐宜居之都指明了方向。浙江省先后提出以"绿水青山也是金山银山""绿水青山就是金山银山"的"两山理论"作为绿色发展指导思想，按照经济建设、政治建设、文化建设、社会建设、生态文明建设"五位一体"总体布局和全面建成小康社会、全面深化改革、全面依法治国、全面从严治党"四个全面"战略布局，确保生态环境安全，全面提升绿色发展能力水平，全面改善全省生态环境质量，建设全国生态文明示范区和美丽中国先行区。① 前述指导思想为实现"两美""两富"（两美：美丽浙江、创造美好生活，两富：物质富裕、精神富裕）现代化浙江建设目标任务指明了方向。广东省提出以邓小平理论、"三个代表"重要思想、科学发展观为指导，深入贯彻习近平总书记的"绿水青山就是金山银山"理论，坚持绿色发展主旋律，把生态文明建设放在突出战略位置，正确处理经济发展与生态环境保护的关系，坚定走生产发展、生活富裕、生态良好的可持续发展道路，打造"天蓝、地绿、水净"的美丽广东，促进经济社会与人的协调发展。前述科学指导思想，为广东省全面建设小康社会和实施绿色广东战略指明了方向。

第三，坚持依法治理。习近平总书记指出，"人类社会发展的事实证明，依法治理是最可靠、最稳定的治理"②，"法治是国家治理体系和治理能力的重要依托"③。党的第十九届四中全会提出要"加强系统治理、依法治理、综合治理、源头治理"。中国共产党将全面依法治国引入国家治理，并将法治作为推进国家治理体系和治理能力现代化的重要抓手和依托。④ 为保护生态环境、促进绿色发展，中国先后制定《中华人民共和国环境保护法》《中华人民共和国环境噪声污染防治法》《中

---

① 浙江省人民政府办公厅：《浙江省生态环境保护"十三五"规划》，浙江省人民政府网，http://www.zj.gov.cn/art/2017/1/5/art_12461_289891.html，2016年11月18日。
② 中共中央文献研究室编：《习近平关于全面依法治国论述摘编》，中央文献出版社2015年版，第63页。
③ 中共中央文献研究室编：《习近平关于全面依法治国论述摘编》，第6页。
④ 胡建淼：《依法治理是最可靠最稳定的治理》，《光明日报》2020年1月15日第11版。

华人民共和国大气污染防治法》《中华人民共和国水污染防治法》《中华人民共和国清洁生产促进法》《中华人民共和国固体废弃物环境防治法》《中华人民共和国节约能源法》《中华人民共和国循环经济促进法》等法律法规，为发展绿色农业、绿色工业、绿色服务业、绿色生产、绿色产品、绿色消费及绿色生活提供了法律保障，各省市相当重视利用生态环保法来推进绿色发展。北京市明确提出，突出环境保护立法的实用性、时效性和针对性，加快油烟污染防治、机动车排放污染防治、环境噪声污染防治和危险废弃物污染防治等立法工作，严格执行国家及北京市环境保护法律法规，从法律上保护生态环境、推进绿色发展。① 浙江省提出加强生态环保地方立法工作，实施最严格的环境管理制度，全面强化环境执法监管，积极创新执法监管方式，健全环境监管法治机制。广东省明确提出要完善环境法律法规，鼓励地市推进地方环境立法；构建精准高效的环境监察执法体系，全面提升环境监察执法机构的标准化建设水平和执法队伍专业化水平。

第四，"共建"和"共享"绿色发展。《中共中央关于构建社会主义和谐社会若干重大问题的决定》提出："我们要构建的社会主义和谐社会，是在中国特色社会主义道路上，中国共产党领导全体人民共同建设、共同享有的和谐社会。"人民群众是改革发展成果的创造者，也是改革发展成果的享有者。共同建设是全体社会成员的共同责任；共享发展成果是人民群众的应有权利。"共建"是"共享"的前提，"共享"是"共建"的目的。对于推进绿色发展，建设美丽中国的伟大事业来说，也要坚持共建共享原则，组织动员广大群众参与生态文明建设。习近平总书记指出："生态文明建设同每个人息息相关，每个人都应该做实践者、推动者。"② 各地在推行绿色发展战略过程中非常重视共建共享原则。北京市提出拓宽公众参与渠道，在行政许可、法规规章制定、重大政策出台等过程中，广泛征求意见建议；健全政府环境信息公开机制，依法公开环境质量、污染源监管、行政许可、行政处罚等各类环境

---

① 《北京市"十二五"时期环境保护和建设规划》，北京市发展和改革委员会网，http://fgw.beijing.gov.cn/zwxx/ghjh/wngh/125sq/202001/t20200107_1565839.htm，2011 年 7 月 8 日。

② 《习近平谈治国理政》第 2 卷，外文出版社 2017 年版，第 396 页。

信息，保障公众知情权。浙江省提出动员全面参与生态环保建设，营造全社会共同关注与监督生态环境保护的良好氛围，利用各种方式引导公众参与，发挥公众和新闻媒体等社会力量的监督作用，充分发挥环保志愿者作用，建立规划实施公众反馈和监督机制。广东省提出鼓励全民广泛参与，建立完善公众参与环境管理决策的有效渠道和合理机制，建立沟通协商平台，鼓励公众对政府环保工作、企业排污行为进行监督，广泛听取公众意见和建议，保障公众知情权、参与权、监督权和表达权。[①]

① 《广东省生态文明建设"十三五"规划》，广东省人民政府网，http：//www. gd. gov. cn/gkmlpt/content/0/145/post_ 145806. html#7，2017 年 1 月 26 日。

第八章　绿色文化时代价值

　　2020 年 4 月 3 日，习近平总书记在参加首都义务植树活动时强调："要牢固树立'绿水青山就是金山银山'的理念，加强生态保护和修复，扩大城乡绿色空间，为人民群众植树造林，努力打造青山常在、绿水长流、空气常新的美丽中国。"① 良好的生态环境是最基本、也是最重要的公共财富。美丽中国为世人描绘了一幅诗意盎然的生态图景，不仅直观、形象，而且科学、准确，具有强大的话语感召力和亲和力，关乎每个人的切身利益和全社会的共同福祉。每一个人的点滴力量和共同努力，将为美丽中国建设汇聚起磅礴的力量。作为一种文化现象，绿色文化是"与环保意识、生态意识、生命意识等绿色理念相关联的，是以绿色行为为表象的，体现了人类与自然和谐相处、共进共荣、共发展的生活方式、行为规范、思维方式以及价值观念等文化现象的总和"。② 绿色文化作为一种先进的、科学的文化，是站在以现代科技和大机器工业生产的现代文明基础上，是对人与自然、经济社会发展与生态环境承载之间关系的整体反思和自觉选择，具有鲜明的时代特征和时代价值。

　　改革开放 40 多年来，中国共产党的发展理念经历了一个不断深化和丰富完善的过程。从物质文明与精神文明并举，到"十八大"正式提出"五位一体"总体布局，执政党对生态文明建设的科学认知和重视程度在不断提升，生态文明建设成为中国共产党治国理政"五位一体"总体布局的重要组成部分。在此基础上，习近平总书记在党的十八

---

① 习近平：《在参加首都义务植树活动上的讲话》，《人民日报》2020 年 4 月 4 日第 1 版。

② 王玲玲、张艳国：《"绿色发展内涵"探微》，《社会主义研究》2012 年第 5 期。

届五中全会上提出了创新、协调、绿色、开放、共享的发展理念。新发展理念是中国在经过改革开放近 40 年经济社会高速发展，社会生产力、人民生活水平和综合国力显著提高，社会主要矛盾即将转变的重要历史时刻提出的具有里程碑式的发展指导思想。在五大新发展理念中，绿色发展首次作为指导中国发展全局的重要理念被提出，将全面贯穿在政策制定、生产生活、环境治理、生态保护的全过程，协调经济社会发展与生态环境承载之间的关系。正如习近平总书记所指出的："绿色是永续发展的必要条件和人民对美好生活追求的重要体现。"① 党的十九大报告明确指出："人与自然是生命共同体""我们要建设的现代化是人与自然和谐共生的现代化"②。牢固树立社会生态文明价值观，是新时代落实绿色发展和推进人与人、人与自然和人与社会和谐相处的坚实基础。

第一节　绿色文化促进人与自然和谐共生

在前现代社会，人依赖和服从自然，从大自然中获得天然的物质和资源维持生存。在先人的眼里，自然是人类生命的源泉，它限制着人、也塑造着人，人对自然始终保持着敬畏和谦卑的基本态度。随着以资本和现代理性主义为核心的资本主义工业文明的到来，科学技术和生产力的迅猛发展赋予人类认识自然规律和改造自然的强大能力，人对自然的依赖关系也发生根本性变化。在资本贪婪的本性和现代理性主义驱使下，人类开始试图主宰自然，凌驾于自然之上，肆无忌惮地开发和破坏自然资源，给自然和环境造成严重破坏，人与自然的关系也完全对立起来。正如马克思所说："资产阶级在它已经取得了统治的地方把一切封建的、宗法的和田园诗般的关系都破坏了。它无情地斩断了把人们束缚于天然尊长的形形色色的封建羁绊，它使人和人之间除了赤裸裸的利害关系，除了冷酷无情的'现金交易'，就再也没有任何别的联系了。"③ 20 世纪中叶以来，水资源的缺乏和污染、森林的破坏、生物多样性的

---

① 习近平：《深化合作伙伴关系 共建亚洲美好家园——在新加坡国立大学的演讲》，《人民日报》2015 年 11 月 8 日第 2 版。

② 《党的十九大报告辅导读本》，人民出版社 2017 年版，第 49 页。

③ 《马克思恩格斯选集》第 1 卷，人民出版社 2012 年版，第 402—403 页。

丧失、空气污染、温室效应等问题困扰着全人类，环境问题也成为一个综合性、全球性、累积性和社会性的普遍问题。如何重新理解人与自然的关系、调适人与自然的关系、和解人与自然的关系等成为社会普遍关注的问题。在这样的背景下，绿色发展和环保主义成为人类面对生态危机，解决环境问题的必然选择。

人们往往赋予绿色以和平、安全、健康、纯净等特别意义，以文化符号的形式集中展现人们对美好生活的追求和向往。绿色本来是自然界一种色彩，赋予色彩以文化属性，充分反映了现代文明的科学价值理念和生活方式。习近平总书记指出："绿色是永续发展的必要条件和人民对美好生活追求的重要体现。绿色发展就是要解决好人与自然的和谐共生问题。人类发展活动必须尊重自然、顺应自然、保护自然，否则就会遭到大自然的报复，这个规律谁也无法抗拒。"① 党的十九大报告明确提出了"人与自然和谐共生"的生态文明观。绿色文化的核心是协调人与自然的关系，使人的发展建立在生态环境的可持续基础上，追求人与自然之间的和谐共生，达到人类社会的可持续发展。

一　"人与自然和谐共生"的思想具有继承性、整体性、包容性的特点

"人与自然和谐共生的现代化新理念，是中国共产党以马克思人与自然关系理论为基石，在反思西方现代化模式的弊端和我国处理人与自然关系问题的经验教训过程中所作的理论创新，体现了我国作为全球生态文明建设的重要参与者、贡献者和引领者的责任担当。"② "人与自然和谐共生"生态文明观正式被写入"十九大"报告，反映出新时代党对生态文明的重视及可持续发展的根本诉求，具有继承性、整体性、包容性的特点。继承性是指"人与自然和谐共生"思想不仅发展了马克思主义关于人与自然关系的理论，而且深化了人类社会发展，具有世界意义；整体性是指"人与自然和谐共生"的思想从宏观上融入到经济、政治、文化和社会建设中，通过多方力量整合生态保护和治理，从微观

---

① 习近平：《深化合作伙伴关系共建亚洲美好家园——在新加坡国立大学的演讲》，《人民日报》2015 年 11 月 8 日第 2 版。

② 解保军：《人与自然和谐共生的现代化——对西方现代化模式的反拨与超越》，《马克思主义哲学》2019 年第 2 期。

上涉及生态文明认识论、生态文明方法论和生态文明价值层面等问题；包容性是指"人与自然和谐共生"的思想不仅要求人与自然环境和谐共生，也要求人与社会之间的和谐共处。

继承性。"人与自然和谐共生"思想的继承性，是指立足于新时代中国特色社会主义建设的伟大实践，突破西方国家资本支配下的生态文明悖论，真正将经济社会可持续和生态保护、环境治理结合起来。体现在以下几方面。第一，习近平总书记关于"人与自然和谐共生"的理论继承和发展了马克思主义关于人与自然关系理论。马克思在《1844年经济学哲学手稿》中指出："没有自然界，没有感性的外部世界，工人什么也不能创造。自然界是工人的劳动得以实现、工人的劳动在其中活动、工人的劳动从中生产出和借以生产出自己的产品的材料。"① 马克思提出了人与自然的和解以及人与自身的和解的思想，认为人和人结成的共同体对物质资料的生产过程和结果的控制，合理开发利用自然资源，通过人和自然、人和人之间的"两个和解"才能实现人与自然的和谐共生。马克思和恩格斯认为，"'自然—社会—人'这一有机整体之间的相互依赖和谐统一关系，是推进生态系统发展和促进社会全面协调和可持续发展的牢固基础，也是促进人的自由而全面发展的重要条件"②。良好的生态环境是人类永续发展的自然基础，而自觉地将人类生产生活限制在自然环境可承受范围内，使人的发展与自然资源、生态环境相适应。习近平总书记指出："山水林田湖是一个生命共同体，人的命脉在田，田的命脉在水，水的命脉在山，山的命脉在土，土的命脉在树。"③ 人是自然界的产物，也是自然界的一部分，人类生存须臾离不开自然环境。自然系统是一个有机整体，各要素之间相互联系，必须尊重自然、顺应自然、保护自然。"生命共同体"就要顺应自然万物之间我中有你、你中有我的交融共生局面，同时坚持经济发展和生态环境协同发展的原则，把自然生态环境纳入生产力的范畴，即"牢固树立保护生态环境就是保护生产力、改善生态环境就是发展生产力的理念"④，

---

① 《马克思恩格斯选集》第1卷，人民出版社2013年版，第52页。
② 方世南、储萃：《习近平生态文明思想的整体性逻辑》，《学习月刊》2019年第3期。
③ 中共中央文献研究室编：《习近平关于全面建成小康社会论述摘编》，中央文献出版社2016年版，第172页。
④ 中共中央文献研究室编：《习近平关于全面建成小康社会论述摘编》，第165页。

丰富了马克思主义关于人与自然关系的理论。第二，习近平总书记关于构建"人与自然和谐共生"深化了人类社会发展规律。习近平总书记将人类发展史与自然史融会贯通，看成一个整体，揭示了人类社会发展和生态文明的客观规律，即生态兴则文明兴，生态衰则文明衰。恩格斯在《自然辩证法》中指出："我们不要过分陶醉于我们人类对自然界的胜利。对于每一次这样的胜利，自然界都对我们进行报复。每一次胜利，起初确实取得了我们预期的结果，但是往后和再往后却发生完全不同的、出乎预料的影响，常常把最初的结果又消除了。美索不达米亚、希腊、小亚细亚以及其他各地的居民，为了得到耕地，毁灭了森林，但是他们做梦也想不到，这些地方今天竟因此而成为不毛之地，因为他们使这些地方失去了森林，也就失去了水分的积聚中心和贮藏库。"① 回顾人类文明兴衰史，古中国、古埃及、古巴比伦文明的兴起都是靠着良好的生态环境、优渥的土壤、充足的水源、茂密的森林。正是有了"生态兴"，才有了"文明兴"。但随着森林的过度开采、土地资源的滥用、水资源的破坏等人为破坏因素，最终导致这些地区文明的破坏和衰落。这充分说明，人类善待环境，环境对人类就是友好的；人类污染环境，违背了自然规律，自然界就会毫不留情地报复人类。这是自然界的客观规律，不以人的意志为转移。第三，习近平总书记关于构建"人与自然和谐共生"具有世界意蕴。习近平总书记指出："建设生态文明关乎人类未来。国际社会应该携手同行，共谋全球生态文明建设之路。"② 生态文明事关人类共同命运，是构建"人类命运共同体"的环境基础和空间承载。在地球村这样一个共同体中，面对全球生态环境的恶化，任何一个国家、民族、地区、个人都不能独善其身，需要所有国家和民族同舟共济，只有携手共进，才能共谋全球生态文明建设。习近平总书记在多个场合公开表明，我国在世界生态环境保护方面，能够也愿意承担应尽的责任，愿意携手世界各国共建人类共有的美好家园，共谋全球生态文明建设，为全人类的科学发展提供中国思路和中国方案。

　　整体性。从宏观上讲，"人与自然和谐共生"思想的整体性是指将

---

　　① 《马克思恩格斯选集》第 3 卷，人民出版社 2013 年版，第 998 页。
　　② 习近平：《携手构建合作共赢新伙伴，同心打造人类命运共同体》，《十八大以来重要文献选编》（中），中央文献出版社 2016 年版，第 697 页。

其融入到经济、政治、文化和社会建设中，通过多方力量整合生态保护和治理。习近平总书记强调："党的十八大把生态文明建设纳入中国特色社会主义事业五位一体总体布局，明确提出大力推进生态文明建设，努力建设美丽中国，实现中华民族永续发展。"① "在'五位一体'总体布局中生态文明建设是其中一位；在新时代坚持和发展中国特色社会主义基本方略中坚持人与自然和谐共生是其中一条基本方略；在新发展理念中绿色是其中一大理念。"② "五位一体"的生态社会观体现在社会发展的整体性和系统性。从微观上说，"人与自然和谐共生"思想的系统性还体现在"什么是人与自然和谐共生""怎么样促成人与自然和谐共生""为什么要促成人与自然和谐共生"等结构性问题。这三个问题本质上是体现在生态文明认识论、生态文明方法论和生态文明价值观层面，反映了习近平新时代生态文明建设的整体性和系统性。对于"什么是人与自然和谐共生"，习近平总书记强调，"人不负青山，青山不负人。绿水青山既是自然财富，又是精神财富"③ "人与自然是生命共同体，人类必须尊重自然"④。针对"怎么样促进人与自然和谐共生"，习近平总书记提出了"整体谋划国土空间开发，科学布局生产空间、生活空间、生态空间，给自然留下更多修复空间""节约资源是保护生态环境的根本之策""实施重大生态修复工程，增强生态产品生产能力""实行最严格的制度、最严密的法治"等具体措施和策略，逐渐形成节约资源和保护环境的空间格局、产业结果、生产方式和生活方式。关于"为什么要促进人与自然和谐"，习近平总书记强调："建设生态文明是中华民族永续发展的千年大计。"⑤ 生态文明的核心就是坚持人与自然和谐共生，这既是自然的福祉，也是人类的福祉，如有学者指出："人

---

① 中共中央文献研究室编：《习近平关于全面建成小康社会论述摘编》，中央文献出版社2016年版，第163页。

② 新华社中央新闻采访中心编：《2019年全国两会记者会实录》，人民出版社2019年版，第227页。

③ 《人不负青山 青山不负人——共同建设我们的美丽中国》，《人民日报》2020年8月15日第5版。

④ 习近平：《决胜全面建成小康社会 夺取新时代中国特色社会主义伟大胜利——在中国共产党第十九次全国代表大会上的报告（2017年10月18日）》，人民出版社2017年版，第50页。

⑤ 习近平：《决胜全面建成小康社会 夺取新时代中国特色社会主义伟大胜利——在中国共产党第十九次全国代表大会上的报告（2017年10月18日）》，第23页。

类生活在天地之间，与天地自然遵循着同样的变化规律和生命节律，所以在利用自然、改变自然的同时，应充分尊重乃至敬畏天地万物的生命本性，关爱其中的一山一石、一草一木，自觉与天地自然保持和谐。"① 贯彻落实人与自然和谐共生的生态文明价值观，有助于推进中华民族永续发展，为人类全面而自由的发展优化生态和生存空间。

3. 包容性。"人与自然和谐共生"追求绿色发展、循环发展、低碳发展，将经济发展、社会发展和生态建设统一起来。包容性发展要求人与自然环境相协调，使人类在自然资源和环境可承载的条件下注入综合性因素的新型发展模式。"人与自然和谐共生"的第一要义是发展，即"推动绿色发展"，核心是以人为本，即"关系人民福祉，关系民族未来"，目的是改善民生，即"良好生态环境是最普惠民生福祉"。"人与自然和谐共生"的理念将经济效益、社会效益和生态效益协调统一，正确处理好长远利益与眼前利益、整体利益与局部利益、工具尺度和价值尺度之间的关系，实现健康有序的科学发展。人类文明的发展是在"人—自然关系系统"和"人—社会关系系统"这两大系统的相互作用、协同共进的作用下实现的。这意味着，不仅人与自然不可分离，而且人与社会也不可分离，人们相互联系和相互作用，构建人类社会不可或缺的共同组织。人类文明是自然与社会的有机体，突出表现在系统发展的整体性、协调性，要求满足当代人的需要，又不对后代人满足其需要的能力构成危害的发展，发展模式的重心从单纯追求经济增长转向既要增长又要公平正义的方向转变。"人与自然和谐共生"的发展模式就是推动工业发展向绿色发展方式转型，将公平正义作为发展的基本准则，打破过去人与自然、人与社会割裂的传统思维，构筑人类"诗意栖居"的"地球家园"，其精神内涵与可持续发展强调的公平性、发展性和持续性具有一致性。

二 绿色文化有助于重构价值理念、规范人对自然的实践行为、提升生态文明意识

有学者指出："一定时代的文化形态和文化境界标识和刻写着该时代人类的精神状态和精神境界，而人类对真、善、美、利的不懈追求，

———————————

① 李振刚：《人与自然和谐共生文化渊源和时代创新》，《河北学刊》2019 年第 6 期。

对未来理想世界的不懈探索，则是人类文化中蕴含的最珍贵因素，也是其坚韧的内核。"①"人与自然和谐共生"的发展理念催生绿色文化，它所蕴含的继承性、整体性和包容性等特点决定了绿色文化思想含有的继承性、结构的系统性和内容的包容性等特点。绿色文化思想的继承性是人类文明不断发展和突破的产物，是对经济增长机制的崩溃、生态环境的严重破坏、生态伦理道德的丧失等现代性危机的精神反思和价值重建，是人类对于新生产模式的诉求。绿色文化结构的整体性指的是人的思维方式、价值评估、心性结构、消费方式、生产方式、社会评判标准等从全方位地、系统性地转变和改造，强调自然、人和社会的整体性。绿色文化内容的持续性表现在追求人类文明的可持续发展，是人类代代传承，代代因袭的，吸取一切有益于人类和自然和谐发展的理念和制度，为人类文明发展提供精神力量和信仰支撑。绿色文化展示了人类对于更加美好的世界的不懈追求和改造，它的时代价值之一就是促进人与自然和谐共生，主要体现在价值维度、实践维度和认识维度三方面：一是价值维度反映人与自然需要和被需要、目的与目的实现的价值关系，在这一维度，绿色文化具有重构价值理念的功能；二是实践维度反映了人与自然改造和被改造的关系、作用和反作用的实践关系，绿色文化在这一维度具有指导人类创造活动的功能；三是认识维度反映了人与自然认识与被认识、反映和被反映的关系，绿色文化在这一维度具有提升生态认知和培育生态情感的功能。

1. 绿色文化重构价值理念，抛弃传统的人类中心主义观

在原始文明和农耕文明时代，"自然界起初是作为一种完全异己的、有无限威力的和不可制服的力量与人们对立存在的，人们同自然界的关系完全像动物同自然界的关系一样，人们就像牲畜一样慑服于自然界"②。由于当时的生产力偏低，人类对客观世界的认识不足，人与人之间的关系又是以血缘为纽带构成的集体力量，人离开了集体，就无法生存，难以进行独立自主的个人活动，自然界作为一种外部的神秘力量主宰着人类活动。工业文明的到来打破了"自然主宰人类"的局面，人与自然的关系发生根本转变，"在前一种情况下，在对感性世界的直

① 欧阳康：《哲学研究方法论》，武汉大学出版社 2004 年版，第 647 页。
② 《马克思恩格斯选集》第 1 卷，人民出版社 2013 年版，第 161 页。

观中，他不可避免地碰到与他的意识和他的感觉相矛盾的东西，这些东西扰乱了他所假定的感性世界的一切部分的和谐，特别是人与自然界的和谐"①。工业革命以人类征服自然为主要特征，世界工业化的发展使征服自然的文化观达到极致，人类中心主义应运而生。人类中心主义是西方文化中一种根深蒂固的精神传统，它将人类的利益居于首位，认为人是自然的征服者和主宰者，强调人的利益是衡量自然价值的唯一标准。随着西方文化逐渐渗透世界，"人类中心主义"在全球逐渐拥有绝对话语权。这一狭隘的社会心态造成人类实践活动走向极端，人与自然的关系呈现完全对立甚至异化的局面，"人们在处理与自然界的关系时，总是不自觉地处于'掌控'的位置，不论衣食住行，还是生产消费，似乎人就是宇宙的'中心'，人是自然界的主人，自然界是人的奴仆，自然处于边缘位置。自然界存在的理由和价值就是充当人的手段和工具，自然界只能是'一切为了人、为了一切人、为了人一切'而存在"②。一系列现代危机的出现就是真实写照，如人的需求无限与资源有限之间的矛盾；温室效应、水土流失、生物多样性丧失、水污染严重等生态问题；教育、社会福利、公平等社会问题层出不穷；集团利己主义、代际利己主义、人类主宰论、粗鄙的物质主义和庸俗的消费主义、无限进步论与发展至上论等充斥个体心性结构；泛滋补主义造成的公共卫生事件等。

价值理念左右着人们的价值选择和价值追求方向，通过影响个体心理和行为而影响社会存在，重构社会心态。因此，需要以促进社会进步和人的全面发展为价值尺度，结合新时代特点，帮助人们建立科学、合理、正确的价值评价体系。"人类中心主义"本质上就是一种傲慢、偏见、自以为是的社会心态问题，要想破解人与自然之困局，不是简单地归因于工具理性主义，而是要彻底抛弃、告别、摆脱"人类中心主义"。文化与价值理念密切联系、相互建构。价值理念是文化的外化，文化是价值理念的内化。相比于"人类中心主义"，绿色文化致力于重新建构人与自然的有机整体关系，倡导绿色价值体系，建立自然价值论，重视自然权利，树立生态世界观、价值观和生态思维方式，从而形成一种不同于现代文化的新思

① 《马克思恩格斯选集》第1卷，人民出版社2013年版，第155页。
② 刘瀚斌：《疫情引发对"人类中心主义"的反思》，《社会科学报》2020年3月26日。

想体系。在构建生态文明的人类活动中，"人与自然和谐共生"的理念作为一种新思想被提出来，是在一定的文化基础上形成的，价值理念的重构始终离不开文化因素。绿色文化引导"人与自然和谐共生"价值理念的生成，实质上就是重构文化心理、融化积淀于人内心的过程，便于更好地指导社会实践，主要表现如下：一方面，绿色文化倡导和谐的价值理念，和谐脱胎于中国传统文化中的"天人合一""和合""民胞物与""互爱互助"等思想文化，它们直接构成了绿色文化的内核。与"人类中心主义"强调"以人为中心"不同，绿色文化强调人与自然的关系不是被征服或对立的关系，而是融为一体或相互契合的关系。和谐作为调整人与自身、人与自然、人与社会行为的方式，是化解冲突和矛盾、实现人与自然和解或共生的价值向导和准则。绿色文化重申"和合""天人合一"等价值理念，赋予其时代内涵，推动"人与自然和谐共生"向更高、更广、更深层次发展。另一方面，绿色文化强调生命整体性的价值理念。随着工业文明的持续发展，"人类中心主义"逐步走向极端，它是一切应当以人的利益为出发点和利益的生存价值观，把自然看成完全满足人的需求和工具，可任意被人类索取、主宰和征服。人类对自然的专制行为，使人与自然的关系逐步走向分裂、割裂甚至对立，最终导致了自然对人类的报复。绿色文化强调要正确理解和认识人与自然的关系，重申人与自然之间的生命整体性，厘清人在自然界中的地位、权利和义务，告诫人类的不良，其行为将导致严重后果，要尊重自然、顺应自然和保护自然。绿色文化价值理念的建构，应当始终坚守生命整体性的文化心理，为实现人与自然和谐共处做出贡献。

2. 绿色文化指导人的创造活动，践行人与自然和谐共生的绿色生活方式

人与自然和谐共生，不只是一种主体对客体的需要与被需要的关系，更是一种创造和被创造的实践活动。绿色文化作为一种价值理念，不只是人们从事价值认识和价值评价的重要参照系统，更是指导人类活动的行动指南。马克思和恩格斯指出："正是在改造对象世界的过程中，人才真正地证明自己是类存在物。这种生产是人的能动的类生活通过这种生产，自然界才表现为他的作品和他的现实。"① 人和动物不同，动

---

① 《马克思恩格斯选集》第 1 卷，人民出版社 2013 年版，第 57 页。

物是被动地适应自然，而人是主动适应自然，具有主观能动性，根据自己的需求改造自然。自然从不会主动满足人类，人类的需要和满足并不是通过自身而得到实现，必须通过改造自然的实践活动才能得以完成。"在实践上，人的普遍性正是表现为这样的普遍性，它把整个自然界——首先作为人的直接的生活资料，其次作为人的生命活动的对象（材料）和工具——变成人的无机的身体。"① 实践是人与自然之间首要和最基本的关系，人类需求的实现和满足必须通过实践活动来实现，如果没有实践活动，人类就无法从自然界中获得吃、喝、住、行等基本生活资料。通过生态文明实践活动，人与自然和谐共生才能落到实处。习近平总书记强调，要以"系统工程思路抓生态建设"为指导思想，实现人与自然和谐共生，同时提出"设定并严守资源消耗上限、环境质量底线、生态保护红线，将各类开发活动限制在资源环境承载能力之内""优化国土空间开发格局""统筹人口分布、经济布局、国土利用、生态环境保护"②。

绿色文化是新时代实现人与自然和谐相处的实践途径之一，能够指导人的创造活动，践行人与自然和谐共生的绿色生活方式。在精神层面，绿色文化是人与自然协调发展中形成的文化，它不仅仅是森林文化、花卉文化、草原文化等文化现象的综合体，更重要的是一种价值理念。这种价值理念的作用体现在：首先，它对于广大人民群众绿色意识的觉醒和提高起着教育作用，规范和引导人们的言行，有助于正确处理好人与自然的关系；其次，人与自然和谐共生是整体人类的利益，生态平衡、环境恢复、资源保护是需要经过世世代代的努力才能够实现，绿色文化对广大群众积极参与构建人与自然和谐共生的活动具有一定的感召力和凝聚力；最后，绿色文化可以培养和陶冶人类欣赏自然、热爱自然和保护自然的高尚情操，是正确认知美好生活、现代生活和时尚生活的标准和方式。在物质层面，"绿色文化发展"是基于绿色理念和绿色价值取向进行的绿色文化行为，其表现形式多种多样，其中"有附着于经济活动中的'绿色营销''绿色设计''绿色消费''绿色管理''绿

---

① 《马克思恩格斯选集》第1卷，人民出版社2013年版，第55页。
② 中共中央文献研究室编：《习近平关于社会主义生态文明建设论述摘编》，中央文献出版社2017年版，第44页。

色旅游'等盈利活动；有附着于政治活动中的'绿色新政''绿色组织''绿色政党'等进行的环境保护、扩大民主、维护人类和平等政治宣传活动；也有附着于非经济、非政治形式的'绿色教育''绿色传播''绿色文学'等文化宣传活动"①。绿色经济、绿色传播、绿色教育等实践活动都是绿色生活方式，反映了现代文明人的科学价值理念和文明生活态度。绿色文化发展为人类生活和发展提供物质基础和生态空间，在给人类提供经济效益的同时也获取环境效益，绿色文化的生活方式是走可持续发展的绿色道路。

3. 绿色文化提升生态意识，培育广大人民群众的生态情感

人与自然和谐共生，也反映了人与自然之间认知与被认知、反映与被反映的主客体关系。马克思指出："社会力量完全像自然力一样，在我们还没有认识和考虑到它们的时候，起着盲目的、强制的和破坏的作用。但是，一旦我们认识了它们，理解了它们的活动、方向和作用，那么，要使它们越来越服从我们的意志并利用它们来达到我们的目的，就完全取决于我们了。"② 人与自然之间是主客体的认识关系，人是主体，自然是客体，认识既是人掌握自然规律的途径，也是改造自然的必要前提。人们对人与自然关系的认识越来越深刻、越来越接近本质，在处理人与自然关系时，人们的观点和行为会随之迭变。坚持人与自然和谐共生，就是要重构人与自然的新型关系，人与自然是生命共同体，人类只有顺应自然运行、遵循自然规律、主动保护自然，才能防止因为伤害了大自然而危及人类自身安全，防止在开发利用自然时遭损失、走弯路。

人对自然的认识包括生态意识和生态情感，"生态意识是由知（生态认知）、情（生态情感）和意（生态意志）构成的有机整体。生态认知是人们对自然系统的基本认识和对解决生态问题的方法的基本认知，它是形成生态情感的前提。生态情感是人与自然之间强烈的情感纽带，如热爱自然、尊重自然和保护自然等，它是生态认知的情感升华"③。培养广大人民群众的绿色文化意识，其核心就是培养公民的生态忧患、生态道德、生态责任和生态意识，通过提升绿色文明的社会认可度，提

---

① 王玲玲、张艳国：《"绿色发展"内涵探微》，《社会主义研究》2012 年第 5 期。

② 《马克思恩格斯选集》第 1 卷，人民出版社 2012 年版，第 811 页。

③ 蓝强：《马克思主义理论视域下"人—自然"系统的复杂结构》，《学术论坛》2016 年第 12 期。

升在心灵深处重新构建对文明模式的认识，确立对于绿色发展的正确认识，对人类赖以生存的生态环境要建立起浓厚的感情，将绿色发展的文化模式深入到人类的心理结构体系中。

第二节　绿色文化支撑经济社会发展

绿色文化贯穿在经济发展和社会生活、环境治理的各个方面，经济社会的不同环节都必须按绿色发展理念来运行。因此，绿色文化具有重要的经济属性和社会属性，大力推行绿色文化，有利于告别过去粗放式的发展模式，实现绿色文化与经济转轨、社会转型的深层共鸣和内在互动。

一　经济社会发展转型升级的必然性和迫切性

在过去，中国经济发展追求粗放型发展模式，这种发展模式虽然实现了经济的数量型增长，但也存在着发展持续力不足、增长乏力的缺点，这一缺点如果不克服，会导致中国经济社会发展陷入"中等收入陷阱"。除了发展动力不足的缺点，这种粗放型发展模式还致使中国生态环境问题高频出现，人与自然之间的矛盾异常尖锐。绿色文化在经济社会发展上追求可持续发展，它包括所有顺应、促进经济社会可持续发展的各种文化内容和形式。社会对绿色文化的主张和倡导，很大程度上体现了中国社会经济发展转型升级的必然和迫切性，具体表现在新发展理念的内在要求、化解经济发展与自然生态之间矛盾的必然要求和现代性多重隐忧的自觉反思三方面。

新发展理念的内在要求。党的十八大以来，习近平总书记在不同场合中谈过三个"陷阱定律"，即"塔西佗陷阱""修昔底德陷阱"和"中等收入陷阱"。"中等收入陷阱"的现实指向就是国家发展到中等收入水平，由于发展动能不足，发展方式陈旧滞后，增长乏力，国家发展一直深陷其中，难以再向更高层次发展。在过去，中国经济要追求外延型扩大再生产方式，通过大量的廉价劳动力和资金的投入来不断增加产品数量。这种增长模式的后果就是产能过剩、效益低下、后劲不足。以资源投入和单纯扩大生产规模来实现经济的数量型增长，这样不仅会导致自然资源的枯竭，也会给环境造成严重污染。为了避免陷入"中等收入陷阱"，步入更高水平的发展新台阶，旧的生产方式、路径、理念必须抛弃，必须树立新的发展理念，转变生产方式，调整生产结构。以习近平同志为核心的党中央直面中国经济发展的深层次矛盾和问题，提出"创新、协调、绿色、开放、共享"的新发展理念。社会发展转型升级，是新时代加强生态文明和践行新发展理念的必然要求，要求中国经济从主要依靠增加物质资源消耗实现的粗放型高速增长，转变为依靠技术进步和提高劳动者素质实现的高质量发展，即转变发展方式，增强发展的质量优势，从数量追赶转向质量追赶；走绿色发展道路，培育绿色产业体系，打造环境友好型经济；升级产业体系，向高技术含量、高附加值的产品体系迈进。

化解经济发展与自然生态之间矛盾的必然要求。中国现阶段面临诸多短板、矛盾和症结，其中一个重要表现就是经济社会迅猛发展带来的环境过载、生态失衡、环境污染、资源消耗等各类生态环境问题，生态环境问题进入高强度频发阶段，不仅严重威胁到人民生命健康，而且造成日益沉重的经济损失，由此带来的治理成本难以承受。习近平总书记指出："如果仍是粗放发展，即使实现了国内生产总值翻一番的目标，那污染又会是一种什么情况？届时资源环境恐怕完全承载不了……经济上去了，老百姓的幸福感大打折扣，甚至强烈的不满情况上来了，那是什么形势？"[1] 在改革开放之初，资源束缚相对宽松。生态环境承载能力和能源资源储备相对较大，因此当时放开手脚，搞大开发、快发展，采取靠资源投入、上项目、铺摊子的粗放方式来推动经济社会发展，这是在改革开放之初，由生产力落后、科技水平不够、发展水平低等因素决定的，符合当时的历史特点。经过改革开放 40 多年的发展，一方面，环境的承载力已经达到上限或者接近上限，生态文明警灯频频亮起，因环境问题引发的社会问题层出不穷，生态文明建设已经到了刻不容缓的地步；另一方面，随着生产力水平、科技能力和人民环境意识的提高，我们已经有条件、有能力通过调整经济社会发展方式，推动并构建绿色发展方式和生活方式，加快建构约束和激励并举的生态文明制度体系。

现代性多重隐忧的自觉反思。在过去，中国经济发展过于追求经济效益，以牺牲环境为代价的"反生态""反绿色"的科学技术备受追

---

① 《习近平关于社会生态文明建设论述摘编》，中央文献出版社 2017 年版，第 5 页。

捧，"先污染后治理"的观念给中国生态环境造成了严重损害。时代转场也要求发展理念的转变，绿色发展理念的提出，表明中国的发展理念从拔高工具理性、忽视价值理性向强调二者有机结合、协调发展的转变。依据德国学者马克斯·韦伯之意，"工具理性主要被归结为手段与程序的可计算性，是一种客观、形式的理性，其集中体现的是科学技术；而价值理性则以伦理的、美学的、宗教的价值为目的，是无条件的对固有价值的信仰，是一种主观的、实质的理性，其集中的则是宗教信仰。"① 中国过去的发展一直推崇"工具理性"的价值理念，认为只要通过科技进步和精心设计的政治、经济秩序或社会制度就能最终解决发展问题，不可否认，科学技术为政治、经济、社会发展带来了无限可能的同时，也带来了"多重隐忧"，如生态环境的严重破坏、经济增长机制的崩溃、精神文明的坍塌等。现代性多重隐忧呼吁社会转型升级，向更高层次、标准、目标迈进，即涵盖生产力、生产方式和经济增长等社会层面的经济制度转型，也包括目的旨趣、内在原则和行为模式等知识层面和个体层面的变化。

二　绿色文化与经济社会发展的深层互动

绿色文化具有推动经济社会发展转型升级的支撑作用，主要包括以下三方面：一是绿色文化与经济社会发展协同配合，统一于新发展理念的实践中；二是绿色文化对经济社会发展提出质的要求，共同增进民生福祉；三是绿色文化持有人文情怀，弥合社会发展转型升级的"多重隐忧"。

1. 绿色文化有助于落实新发展理念

党的十八届五中全会把以"五大发展理念"为核心的"新发展理念"确定为我国的基本方略，这是以习近平同志为核心的党中央对推进经济和社会发展的总体性思路。"创新、协调、绿色、开放、共享"蕴含着不同的功能和问题指向。其中，"创新"解决的是发展动力失衡问题，"协调"解决的是发展格局的失调问题，"绿色"解决的是生态失衡问题，"开放"解决的是对内对外的联动问题，"共享"解决的是价值归宿的问题，它们密不可分、共同影响、相互作用，如"创新"包

---

① 刘同舫：《中国语境的现代性及其现实意义》，《天津社会科学》2010 年第 1 期。

括理论创新、制度创新、科技创新、文化创新等全方位创新，这就要求更加"绿色"的创新环境，更为开放的融资条件以及共享的市场机制等。"协调"发展强调资源的均衡分配，注重人与自然关系的和谐，突出国内和国际两个市场的作用，具有绿色发展、开放发展的属性。"'共享'发展体现了以人民为中心发展思想的价值精神，是创新发展、协调发展、绿色发展以及开放发展的出发点和落脚点，'共享'发展为其他发展提供了实践指向。"①

　　绿色文化是关于生态平衡、可持续发展、环境保护、人与自然和谐相处的价值理念，目标在于实现人与自然、人与社会和人与人之间的和谐发展。绿色文化的外延既涉及物质层面的内容，如绿色产业、绿色科技、绿色包装、绿色教育等，也指向精神层面的内容，强调人的主观能动性、意识形态的反作用，它所蕴含的理念创新、和谐文化、和合思想都是新发展理念的内生部分。在过去，中国经济社会发展追求高投入、高消耗、粗放型的模式，"唯GDP论英雄"的发展观念深入人心，传统经济发展模式使中国综合实力大幅提升，国际地位大幅提升，但也带来诸多问题，比如发展缺乏内生动力、发展不协调、生态环境恶化、基础资源分配不均等。在国外竞争中，劳动力优势消退、贸易保护主义抬头、发达国家投资审查趋严等因素给对外开放带来了诸多挑战，时代在呼唤经济社会发展转型。习近平总书记指出："新常态下，我国经济发展的主要特点是增长速度要从高速转向中高速，发展方式要从规模速度型转向质量效率型……发展动力要从主要依靠资源和低成本劳动力等要素投入转向创新驱动。"② 社会主义生态文明建设，关键是要推动形成绿色发展方式和生活方式。

　　"创新、协调、绿色、开放、共享"的新发展理念将引领经济社会向绿色发展转型，新发展理念催生绿色文化，绿色文化将内化于经济社会发展的各个领域，推动经济社会发展高质量，这主要体现在以下两方面：一是新发展理念注重发展过程整体性和系统性，绿色文化涵盖于其中，与高质量发展的有机配合，可以有序完善社会整体机能，推动社会

① 罗家旺、曹文宏：《新发展理念的总体性方法》，《华侨大学学报》2020年第1期。
② 习近平：《在省部级主要领导干部学习贯彻党的十八届五中全会精神专题研讨班上的讲话》，《人民日报》2016年5月10日第2版。

的可持续发展；二是高质量发展和绿色文化发展具有共同的时代主题、主线和目标，具有时代内涵的同一性，即实现中华民族伟大复兴和全面建成小康社会，而这种同一性的实现靠的是绿色文化新发展理念的引领和行动的付诸。

2. 绿色文化有助于形成绿色生产生活方式

马克思主义认为，在社会整体发展中，"思想、观念、意识的生产最初是直接与人们的物质活动，与人们的物质交往，与现实生活的语言交织在一起的。人们的想象、思维、精神交往在这里还是人们物质行动的直接产物"①。经济是文化赖以产生、存在和发展的物质基础，文化对经济既有积极推动作用又有消极反作用，先进的、健康的、遵循社会规律的文化对经济发展具有积极的推动作用，反之，落后的、腐朽的、违背社会规律的文化会阻碍经济社会的发展。习近平总书记强调："推动形成绿色发展方式和生活方式，是发展观的一场深刻革命。这就要坚持和贯彻新发展理念，正确处理经济发展和生态环境保护的关系，像保护眼睛一样保护生态环境，像对待生命一样对待生态环境，坚决摒弃损害甚至破坏生态环境的发展模式，坚决摒弃以牺牲生态环境换取一时一地经济增长的做法，让良好生态环境成为人民生活的增长点、成为经济社会持续健康发展的支撑点、成为展现我国良好形象的发力点，让中华大地天更蓝、山更绿、水更清、环境更优美。"② 绿色文化，作为一种先进的文化现象，是与环保意识、生态意识、生命意识等绿色文化相关的，是以绿色行为为表象的，体现了人类与自然和谐相处、共进共荣共发展的生活方式、行为规范、思维方式以及价值观念等文化现象的总和；绿色文化又是一种观念、意识和行为取向，它要求人们对自己的行为自律、自省、自慎。

有学者指出："任何历史时代的文化，它总是主要地、本质地表现出特定精神内涵，如社会规范、价值要求、审美情趣、道德示范，等等，传达特定的文化信息和精神需求，具有陶冶性情、娱乐身心、审美物我、教育人我、净化心灵、启迪后世、认识世界等功能，对于一个民

① 《马克思恩格斯选集》第1卷，人民出版社2012年版，第151页。
② 习近平：《在第十八届中央政治局第四十一次集体学习时的讲话》，《人民日报》2017年5月26日第1版。

族所具有的科学文化思想道德素质经常地、自发地产生影响。"① 发展绿色文化，重点就是规范人们的社会行为，推动人类形成绿色发展方式和生活方式，使经济社会发展遵循自然规律，培育和树立生态文明价值观，促进社会的可持续发展。同时，绿色文化全面渗透到经济发展的方方面面，发挥春风化雨、教化人心的重要作用，主要体现在以下几方面：一是绿色文化的滋养作用。绿色文化的兴起既基于自然环境破坏产生的倒逼效应，也是由于人的自觉反思和主动选择，并在不断指导人们平衡生态、恢复环境、保护资源的实践中丰富完善。绿色文化作用和影响人的行为，促使个人树立绿色消费观，进而推动形成绿色生活方式。绿色文化影响政策制定，"绿色文化是现代文化的一部分，绿色文化主张人与自然和谐共处，在发展方式上走经济和环境协同发展的道路，推动国家政策从转变经济发展方式、环境污染治理、自然生态修复、资源节约利用和生态文明制度等，采取超常措施，全方位、全地域、全过程开展生态环境保护"②。二是绿色文化发挥着教育规范作用，绿色文化的教育规范功能主要体现在培养公民环保意识，促成公民养成绿色低碳的社会生活方式。在新时代，通过广泛的绿色文化教育和宣传活动，绿色文化正在潜移默化地转化为社会公共意识，浸润到群众日常生活，形成日常话语体系，成为调节公民绿色生活的行为规范。三是绿色文化的传承作用。绿色文化既源于中国悠久的绿色文化传统，汲取了中国传统绿色思想的精髓，协调人与自我、人与他人、人与自然、人与社会等方面的关系，又建基在中国现代化的厚实基础上，吸收了现代文明的精华，创造性转化了马克思主义生态世界观，结合了中国特色和发展实践，使其适应时代的需要，解决实际问题，凸显了时代价值。

3. 绿色文化有助于增进民生福祉

文化是一种特定时代的精神内涵，它的展现"总是要依托于一定的物质形态，表现为物化的文化形态，即文化产品，形成观念加产品的结构，造成物化加物质的组合"③，即文化观念和文化产品的有机结合。习近平总书记在党的十九大报告中指出："我们要建设的现代化是人与

---

① 张艳国：《论文化的两重性及时代意蕴》，《江汉论坛》2011年第10期。
② 《习近平关于社会生态文明建设论述摘编》，中央文献出版社2017年版，第39页。
③ 康凤云、张艳国：《用时代眼光重新审视文化的两重性》，《学习月刊》2004年第10期。

自然和谐共生的现代化，既要创造更多物质财富和精神财富以满足人民日益增长的美好生活需要，也要提供更多优质生态产品以满足人民日益增长的优美生态环境需要。""必须坚持节约优先、保护优先、自然恢复为主的方针，形成节约资源和保护环境的空间格局、产业结构、生产方式、生活方式，还自然以宁静、和谐、美丽。"① 绿色文化产品为"美好生活需要"提供物质保障，它所传达的绿色文化精神和内核又是"美好生活需要"的精神保障，两者是有机结合的，蕴含着节约资源、保护环境、人与自然和谐相处的理念，进一步弘扬绿色文化，让绿色价值观深入人心，对于中国顺利完成经济结构调整和发展方式转变，促进绿色发展、建设美丽中国具有重要的实践指导意义，为经济社会发展增添新色，"发展经济是为了民生，保护环境同样也是为了民生"②，共同增进民生福祉。

绿色文化产业正在成为经济发展的新兴力量。近年来，中国通过对传统绿色文化产业、新兴绿色文化产业和与绿色文化等相关产业的开发，进一步提高了自然资源的科学合理利用，既提升了文化效益，也产生了经济效益。传统绿色文化产业主要集中在出版、影视、广告等相关行业，如纪录片《舌尖上的中国》，围绕中国人对美食和生活的美好追求，用具体人物故事串联起中国各地的美食生态，在呈现中国美食多样性、地域差异性和农业多样性的同时，又讲述了中国人适应自然、改造自然、创造生活的生动故事，不仅向社会传达了人与自然和谐共生的绿色理念，还产生了非常可观的经济效益。《舌尖上的中国（3）》的招标冠名费已经达到 2 亿元，而其带动的相关产业规模不低于 10 亿元。《舌尖上的中国》系列纪录片向全球展示中国形象，促进代际间的文化传承，增进中外国际文化交流。还值得注意的是，在各地广泛兴起的新色文化创意园、绿色动漫、绿色数字创意、绿色大数据等新兴绿色文化产业，备受年青群体关注。其他绿色相关产业，如绿色宜居小镇、绿色旅游等，也在有力支撑经济社会发展。中国通过打造绿色文化的品牌，大力发展绿色文化产业，在推动生态建设、环境保护和资源科学合理利用

① 《党的十九大报告辅导读本》，人民出版社 2017 年版，第 49—50 页。
② 习近平：《决胜全面建成小康社会 夺取新时代中国特色社会主义伟大胜利》，《人民日报》2017 年 10 月 18 日第 1 版。

的同时，又在推动整个经济社会的进步和发展。

绿色技术为经济发展提供新的生产力。"绿色技术是一种现代的技术体系，是一个系统性、复杂性、成长性相互结合在一起的技术群，有着较高的技术含量，通过绿色理念作为引导，力图使人类赖以生存的环境平衡，以使人类对于自然资源的危害降到最小甚至没有，从而达到人类与环境的可持续的和谐发展。"① 绿色技术是一种新型生产力，是为了解决新时代提出的保护生态环境、促进生态平衡的所有科技活动的总称。绿色技术在追求经济效益的同时还追求生态效益、技术效益、社会效益以及人的全面发展及协调，它包括绿色产品、绿色生产工艺的设计、研究，绿色新材料、新能源的开发，消费方式的改进，绿色政策、法律法规的研究以及环境保护理论、技术和管理的研究等。以新能源电动汽车为例，近些年来，在政策支持下，公共领域用车的电动化进程不断加快，不少城市在这方面做出了有益探索，并取得了实效。以太原市为例，全市近万辆出租车已于 2016 年底全部更换成电动汽车，太原也因此成为全国首个实现纯电动出租车的城市。新能源电动汽车的推广不仅可以减少温室气体排放、实现产业绿色发展，而且可以同步促进配套基础设施完善和推广应用模式创新，对新能源汽车私人消费起到较强的带动作用。

绿色文化既是发展思想和指导理念上的深刻变革，它可以直接转化为绿色产品、绿色产业、绿色服务等经济效益，从思想观念和产业发展两方面推动经济社会发展。首先，从绿色文化的经济效益角度看，绿色文化直接表现为相关产业链的发展，如出版、影视、电影等传统绿色文化产业，也包括绿色动漫、绿色数字创意、绿色游戏为代表的新兴绿色文化产业，以及绿色宜居小镇、绿色旅游等绿色文化相关产业的开发，绿色产业 GDP 占比越高，国民经济增长的负面效应越低，从而推动社会的可持续发展。其次，从绿色文化的精神属性方面看，绿色文化正面引导绿色发展，如在社会实践中起着规范引导、教育规范、文明教化等重要作用，让尊重自然规律、绿色环保、低碳生活成为普遍的公民意识，让每个人都自觉行动起来，从自身做起，以此奠定生态文明深厚的

---

① 郝栋：《绿色发展道路的哲学辨析》，博士学位论文，中共中央党校，2012 年，第81 页。

群众基础。

第三节　绿色文化促进人的全面发展

人的自由、全面发展是马克思主义的重要命题，也是人类对自身发展状态的理想追求。实现人的自由全面发展是有条件的，首先必须建立在良好的生态环境之上，没有优越的生态环境承载，人类社会存在就成了无源之水和无本之木。绿色文化是人类对自身发展环境自觉反思的结果，目的就是为了社会的永续发展。

一　人的全面发展是马克思主义学说的最高命题，是中国特色社会主义的根本特征

绿色文化是生态文明建设中的重要一环，凸显了人们对自然的责任感和使命感的自觉担当，是立足于新时代、新矛盾、新要求，最终向着人的全面发展目标不断实现过程中的道德和行为的自我完善。人的全面发展是马克思主义学说的最高命题，体现了马克思对人的终极关怀，是中国特色社会主义的根本特征。

1. 什么是"人的全面发展"

马克思和恩格斯在《1844 年经济学哲学手稿》《神圣家族》《关于费尔巴哈的提纲》《德意志意识形态》《共产党宣言》和《1857—1858 年经济学手稿》等著作中都对"人的全面发展"有所论述，将人的全面发展界定为共产主义的最高命题。马克思认为，建立在私有制基础上的资本主义工业化本身具有压迫和剥削的本质，这种现象造成人的异化。"所谓'异化'是指人们的这样一种生存状态，即人们活动的目的不是为了自由全面地发展自己的本质能力，而是为了获得物质利益；劳动不是第一需要、不是目的，而是谋生的手段；人们的活动不是自由的，而是被限制在狭小的领域；人们不能自由地支配自己的活动及其带来的结果，而是受自己的活动及其结果的控制。"[①]"全面发展"是"异化"的对立面，强调人的个性、能力、潜能的充分释放，人的兴趣、知

---

① 王金福：《对马克思主义实现人的自由全面发展理论的再思考》，《南京政治学院学报》2010 年第 5 期。

识、审美、道德等发展的协调性、充分性、广泛性，也是人的自然素质、社会素质和精神素质的共同提高，同时还包括政治权利、经济权利和其他社会权利的充分实现。人的全面发展本质上体现了人与社会相统一的辩证关系。从个人能力上看，人的全面发展包括个性、能力、知识、人性自由的全面发展，而人又是一切社会关系的总和；社会关系的丰富性、全面性又决定着个人朝着更丰富、更全面的方向发展。马克思和恩格斯在《德意志意识形态》中就曾深刻地指出，在"真正的共同体"中，个人与集体应该是高度统一、和谐共存、互利共生的关系，"在真正的共同体的条件下，个人在自己的联合中并通过这种联合获得自己的自由"①。

习近平总书记站在新时代的历史方位，以深邃的历史视野，继承和发展了马克思关于人的全面发展的思想，全面阐述了人的全面发展与社会全面进步的统一关系，围绕着以人民为中心的发展思想，形成了新时代中国特色社会主义人的全面发展的思想体系。一方面，从历史方位上看，新时代关于人的全面发展具有鲜明的时代意蕴。习近平总书记在党的十九大报告中指出，中国特色社会主义进入新时代，我国社会主要矛盾已经转化为人民日益增长的美好生活需要和不平衡不充分的发展之间的矛盾，我国发展处于新的历史方位。另一方面，从理论特点上看，新时代人的全面发展继承和创造性的发展了马克思主义关于人的全面发展的学说。习近平同志在《之江新语》中对人的丰富内涵进行了阐释，"人，本质上就是文化的人，而不是'物化'的人；是能动的、全面的人，而不是僵化的'单向度'的人。人类不仅追求物质条件、经济指标，还要追求'幸福指数'；不仅追求自然生态的和谐，还要追求'精神生态'的和谐；不仅追求效率和公平，还要追求人际关系的和谐与精神生活的充实，追求生命的意义"②。人的全面发展，不仅表现在经济、政治、文化、教育等方面权利实现，也表现在人的主观认知、精神生活、人际和谐等方面。

2. 怎样追求"人的全面发展"

如何追求"人的全面发展"，这是马克思主义重点探索的问题。马

---

① 《马克思恩格斯选集》第 1 卷，人民出版社 2012 年版，第 199 页。
② 习近平：《之江新语》，浙江人民出版社 2007 年版，第 150 页。

克思曾指出："彻底消灭阶级和阶级对立，通过消除旧的分工……共同享受大家创造出来的福利，以及城乡的融合，使社会全体成员的才能得到全面的发展。"① 资本主义大机器工业的充分发展，极大解放社会生产力，为社会发展和人的发展提供了坚实的物质基础，但庞大的生产力受制于资本和私有制的约束和束缚，反而变成破坏性的力量，因此马克思主义主张通过暴力革命来变革社会关系，消除私有制和分工，用共产主义代替资本主义，建设自由人联合体，实现人的解放和人的全面发展。

从人的发展的过程看，追求人的全面发展总是从一个阶段到另一个阶段的发展过程，具有阶段性特征。江泽民曾指出："我们要在发展社会主义社会物质文明和精神文明的基础上，不断推进人的全面发展。"② 胡锦涛曾指出："坚持以人为本，就是要以实现人的全面发展为目标，从人民群众的根本利益出发谋发展、促发展，不断满足人民群众日益增长的物质文化需要，切实保障人民群众的经济、政治和文化权益，让发展的成果惠及全体人民。"③ 习近平总书记提出的"人民群众对美好生活的向往，就是我们的奋斗目标"④。从物质文明与精神文明并举，再到经济、政治、文化、社会、生态等各项权益的充分发展，表明随着社会生产力水平的提高，人的发展也会有更高要求，相应地，人的发展也会达到一个更高的阶段，从而实现社会进步与人的发展。社会生产力和经济文化的发展水平是一个不断提高、永无止境的历史过程，人的全面发展程度也是逐步提高、永无止境的历史过程。

习近平总书记围绕人的全面发展这个核心命题，提出了"坚持人民主体地位""以人民为中心""全心全意为人民服务""使人民群众有更多获得感"等重要论述。在纪念毛泽东同志诞辰120周年座谈会上，习近平总书记指出："坚持人民主体地位，充分调动人民积极性，始终是我们党立于不败之地的强大根基。"⑤ 习近平总书记在第十二届全国人

① 《马克思恩格斯选集》第1卷，人民出版社2012年版，第308—309页。
② 中共中央文献研究室编：《江泽民思想年编（一九八九—二〇〇八）》，中央文献出版社2010年版，第542页。
③ 《胡锦涛文选》第2卷，人民出版社2016年版，第166—167页。
④ 《十八大以来重要文献选编》上，中央文献出版社2014年版，第70页。
⑤ 《习近平谈治国理政》第1卷，外文出版社2018年版，第27页。

民代表大会第一次会议上的讲话中强调："我们要随时随刻倾听人民呼声、回应人民期待，保证人民平等参与、平等发展权利，维护社会公平正义，在学有所教、劳有所得、病有所医、老有所养、住有所居上持续取得新进展，不断实现好、维护好、发展好最广大人民的根本利益。"①习近平总书记还提出了要尊重劳动、尊重知识、尊重人才和尊重创造，充分释放创新激情、创新活力、创新能力，使人各尽其能、各展其才和各得其所。针对新时期如何追求人的全面发展，习近平总书记提出了"创新、协调、绿色、开放、共享"的新发展理念，根本出发点和价值归宿就是实现人的全面发展，其中，"创新"可以充分调动发挥人的创造能动性；"协调"有助于增强全体社会成员的均衡发展；"绿色"要求人与自然和谐共存；"开放"是为了构建人类命运共同体，实现人的开放发展；"共享"是倡导公平发展，追求人的发展整体性、完整性。2020年是中国全面建成小康社会的历史节点，坚持以人的全面发展，对实现"两个一百年"奋斗目标和中国梦有着重要意义。

二 绿色文化与人的全面发展之间的良性互动

绿色文化是人类迈向全面发展的一个标志性要素。人与环境的关系自从人类诞生以来就一直存在，与人类的发展始终相伴，是最基本、也是最重要的一对关系范畴。地形地貌、资源要素、气候土壤、山川河流、植被作物等自然禀赋，在很大程度上决定了一个地区生活的基本样貌。如何看待人与其所赖以存在自然环境的关系，折射出不同时代对这个问题思考的高度和深度，也反映出社会发展的不同程度。在前现代社会，由于生产力水平和科学技术水平低下，人对自然界的认识和对自然规律的把握采取的是一种经验式的、直观性的方式，很多都带有宗教和迷信色彩，反映人对自然的敬畏和屈从。随着工业时代的到来，在现代理性主义和资本的强力驱动下，自然规律和自然资源成了利润最大化的工具和手段，人类社会第一次有了掌握一切、征服世界的欲望，工业革命在提高人的认识世界、改变世界的能力的同时，也赋予人破坏世界、改变生态平衡的能力。环境问题随着资本主义生产方式向全球扩张而蔓延开来，成为一个全球性问题。为应对气候问题、水土以及各类污染和

---

① 《习近平谈治国理政》第1卷，外文出版社2018年版，第41页。

生态保护问题，解决人类生存及可持续发展的问题，绿色文化开始兴起、爱护环境、低碳生活、节约资源、降低能耗、治理污染、保护家园等诸多理念，已经成为人们广泛的社会共识。绿色文化的兴起和传播，说明人类社会已站在更高的文明层次、技术水平、道德能力上思考人的发展问题。

因此，绿色文化的精神内涵就是人与自然的和谐共生，价值目标就是为了优化个人生态空间和宜居环境，和解个人发展与自然的关系，统一个人发展与社会发展的关系，从而促进人类文明的可持续发展，其根本的价值归宿就是为了实现人的全面发展。绿色文化与人的全面发展是一种良性互动关系：一方面，绿色文化塑造人的自律性，在正确处理人与自身、人与自然、人与社会中获得自由；另一方面，绿色文化指导下的实践活动，为人的全面发展提供一定的自然基础和社会基础。绿色文化对人的全面发展主要体现在两方面：一方面，绿色文化关注的不仅是思考人对自然的改造力，还要重视人对自然行为的反思和批判、对自身行为的控制和调整，更是要提高人与自然和谐相处的能力，关注人的本质力量的展现、人的全面素质的提升、人的最终目标的实现，有助于塑造人的自律性；另一方面，绿色文化呼吁人与自然、人与社会的和谐共生，它们分别是人全面发展的自然基础和社会基础，只有同时兼顾自然环境保护和社会发展的绿色发展道路，才能为人的全面发展提供基础和保障。因此，绿色文化不仅是观念、意识和精神层面的理论主张，同时还具有强烈的现实指向，为解决绿色发展的战略规划、技术支持和实践部署等问题提供行动方案。

1. 绿色文化塑造人的自律性，在正确处理人与自身、人与自然、人与社会中获得自由

在马克思主义学说中，人们对"人的自由发展"和"人的全面发展"没有作太多区分，前者更多强调的是人的发展程度，后者更多强调的是人的发展的丰富性和广度。它们两者之间相互依存、密不可分、相互渗透、不可割裂。一方面，人的全面发展是人的自由发展的前提。只有在个人个性、能力、知识、自然素质、社会素质和精神素质、权利和义务得到全面充分发展，自由发展的条件才能更充分，人的独立性也就能够最大程度地不受限制。反之，自由发展受到限制和局限。另一方面，人的自由发展是人得以全面发展的本质体现和重要内容，是人的全

面发展的结果，没有人的自由发展，就没有人的全面、充分、和谐的发展。人的全面发展是指包括智力和体力在内的各方面的才能和工作能力的发展，同时人的社会联系和社会交往也得到发展。而自由个性则是指人的一种生存和发展状态，是在全面发展基础上的个性的极大丰富，是真正"自由的人"的实现。"显然，在马克思的自由观和人的发展理论中，自由个性比人的全面发展更具终极的性质。"① "自由个性"是马克思主义具有终极关怀性的发展目标。所谓自由个性是指："第一，个人的发展是出于自己的意愿和需要，而非迫于外力的强制，从而成为马克思主义所说的'自我实现'；第二，个人的发展表现为对外在必然性的扬弃，即影响个人发展的外在条件已为联合起来的个人所驾驭；第三，个人在掌握客观世界的规律和尺度的基础上，借助活动实现对现状的超越。"② 自由个性包含以下几个方面内容：与他律相对应的自律性，即能自己制约、支配自己；与强制性相对应的自由性；与盲目自发性相对应的自觉性，即能意识自身和外部活动条件；与依附从属性相对应的独立自主性，即自己支配自己的生存条件；与重复性相对应的独创性。这一论断强调自律是自由的前提，自由是自律的目的，"自律作为人类自由自我建构、自我实现过程的最终完成，也作为最真实、最完整的人类自由，是这样一种存在：它完全可能不存在，却永远应当、也永远能够存在，并在自身之中，既永远包含、同时又克服了自身的反面——亦即他律——自由未能最终完成——的可能性"③。

文化反映了一定的价值观，具有指导性意义。人们能够对自己存在和活动的内容、方式有所"观"，并且根据一定的"观"做出选择、采取行动。在过去，中国存在着片面注重经济价值而忽视生态价值的问题，为此也付出很大的社会代价。绿色文化就是以高度的文化自觉和行为自律，将"唯 GDP 论英雄"的观念转变过来，强调"在推动经济社会发展的过程中保护生态环境，在保护生态环境的同时推动经济发展。绿色发展从人这一自由的自然基础出发，提出人的自由在于从现代科学

① 张三元：《论马克思关于自由的三种形态——马克思自由观研究之一》，《学术界》2012 年第 1 期。
② 张艳国：《新世纪人类需要终极关怀》，《学习月刊》2000 年第 7 期。
③ 吕超：《人类自由作为自我建构、自我实现的存在论结构——对康德自由概念的存在论解读》，《哲学研究》2019 年第 4 期。

理论上把握人与自然和谐共处的内在规律，使人类社会发展同自然环境同步协调，成为一个生命共同体，实现人与人的和解，人与自然的和解"①。对于人类自身的发展，绿色文化关注的不仅是思考人对自然的改造力，还重视人对自然行为的反思和批判，对自身行为的控制和调整，重视提升人与自然和谐相处的能力，关注人本质力量的展现、人全面素质的提升以及人的最终目标的实现。绿色文化树立了全面的生态价值观，通过对人类社会生产、生活等多方面价值观的重构，实现自然价值观与人类价值观的和谐统一，正确处理人与自身、人与自然、人与社会的关系，使人的发展从全面走向自由。

2. 绿色文化指导实践活动，为人的全面发展提供社会基础

人的全面发展的理想状态，就是人与自身、人与自然、人与社会达成一种相辅相成的互促式格局，自然环境为人的全面发展提供生存基础，社会为人的全面发展创造文化条件，人自身为人的全面发展内生动力。绿色文化既是一种价值理念，一种行为指引，强调人与自身、人与自然、人与社会之间的互利共生、协调进化和可持续发展。一方面，人与自然的良性互动、互馈式地协同发展是人全面发展不可或缺的物质基础和条件，建设良好的生态环境也是人类的自我完善，良好生态文明靠的是人的全面发展；另一方面，"真善美"也是人的全面发展的准则和理性追求，"真"是遵循自然规律，"善"是人与自然的和解，"美"是建设美丽中国。正是在这种主观能动性和客观规律性、主体和客体、个体与社会和谐统一的实践活动中，"人与自然的和谐不仅符合情感法则，也符合经济法则、政治法则和意识法则"②。

马克思和恩格斯曾经指出："任何人类历史上的第一个前提无疑是有生命的个人的存在。因此，第一个需要确定的具体事实就是这些个人的肉体组织，以及受肉体组织制约的他们与自然界的关系……任何历史记载都应当从这些自然基础以及它们在历史进程中由于人们的活动而发生的变更出发。"③ 这个论断说明，人具自然属性，是自然界的一部分，

① 郝栋：《绿色发展道路的哲学辨析》，博士学位论文，中共中央党校，2012 年，第73 页。

② 李润珍、武杰：《构建人类历史科学的四大前提》，《太原理工大学学报》2011 年第1期。

③ 《马克思恩格斯选集》第 1 卷，人民出版社 2012 年版，第 146—147 页。

不管人类文明发展到任何阶段，人与自然的关系都是永恒的话题。如果人类赖以生存和发展的基础都遭到破坏，人的全面发展又怎么能实现呢？处理好人与自然的关系，推进生态文明建设，才能够为人的全面发展提供更好的物质基础。在中国特色社会主义新时代，群众的需求更加全面，对生态环境提出了更高要求，习近平总书记指出："中国将按照尊重自然、顺应自然、保护自然的理念，贯彻节约资源和保护环境的基本国策，更加自觉地推动绿色发展、循环发展、低碳发展，把生态文明建设融入经济建设、政治建设、文化建设、社会建设各方面和全过程，形成节约资源、保护环境的空间格局、产业结构、生产方式、生活方式，为子孙后代留下天蓝、地绿、水清的生产生活环境。"①

践行绿色文化，实现绿色发展，靠的是人的劳动实践。马克思认为："劳动是一切财富的源泉。其实，劳动和自然界在一起才是一切财富的源泉，自然界为劳动提供材料，劳动把材料转变为财富。但是劳动的作用还远不止于此。劳动是整个人类生活的第一个基本条件，而且达到这样的程度，以致我们在某种意义上不得不说：劳动创造了人本身。"② 劳动是人类特有的实践活动，劳动创造了人，提升了人认识自然、改造自然的能力，使人从自然界中分化出来，建立了多姿多彩的熟人社会。通过劳动实践，人不断调整与自然的关系。马克思指出："人在肉体上只有靠这些自然产品才能生活，不管这些产品是以食物、燃料、衣着的形式还是以住房等等的形式表现出来。在实践上，人的普遍性正是表现为这样的普遍性，它把整个自然界——首先作为人的直接的生活资料，其次作为人的生命活动的对象（材料）和工具——变成人的无机的体。"③ 这一论断说明人依靠自然，人是自然的一部分，同时人也是社会的人，是一切社会关系的总和，通过各种实践活动，从大自然那里获得生存物资，协调人与自然的关系。通过劳动实践，人不仅可以改造自然、利用自然，而且在这个过程中人还会按照自己的需求和审美，也就是按人的尺度重塑自然之物。马克思还指出："只要有人存在，

---

① 《习近平致生态文明贵阳国际论坛 2013 年年会的贺信》，新华网，http：//www. xinhuanet. com//politics/2013－07/20/c_ 116619687. htm，2013 年 7 月 20 日。
② 《马克思恩格斯选集》第 1 卷，人民出版社 2012 年版，第 988 页。
③ 《马克思恩格斯选集》第 1 卷，第 55 页。

自然史和人类史就彼此相互制约。"① 可见人具有自然性和社会性双重属性，自然与社会之间相互渗透、相互制约，社会的自然和自然的社会构成了人类世界。"人—自然关系系统"和"人—社会关系系统"是人的全面发展的基础。绿色文化的核心和活力就在于追求可持续发展，实现人与自然、人与社会和谐共生的整体平衡。绿色文化倡导的实践活动包括节约资源、绿色消费、绿色管理、绿色产品、绿色旅游、绿色营销等诸多内容，这既是人自觉调整社会生产生活方式、实现"人—社会关系系统"平衡的尝试，也是社会通过自我调节以维持"人—自然关系系统"平衡的努力。

① 《马克思恩格斯选集》第 1 卷，第 146 页。

第九章　构建绿色文化体系

绿色文化作为一种新兴文化，代表了当代社会对生态文明认知的新高度。加快绿色文化发展，是中国经济社会发展转型升级的客观需要，也是生态文明建设和经济社会可持续发展的必然要求。江西绿色文化建设，要立足长远，从战略高度长远系统规划，既要绘制江西绿色文化建设蓝图，打造江西绿色文化建设样板，也要加快绿色文化产业发展，还要讲好江西绿色文化建设故事，塑造江西绿色文化品牌，推动江西绿色文化纵深发展。

第一节　绘就江西绿色文化建设蓝图

绿色是江西的底色之一，绿色文化建设成效关系到江西生态文明建设、江西经济社会发展和江西人民的生态福祉，因此，紧紧围绕"绿色"这个主题，写好绿色江西这篇大文章，绘就江西绿色文化建设蓝图，在老区发展上做示范，在中部地区率先实现绿色崛起敢为先。

一　树立绿色发展理念

生态文明建设是中国特色社会主义事业"五位一体"总体布局的重要组成部分，而绿色发展则是生态文明建设的核心理念和必然要求。因此，客观上它要求牢固树立绿色发展理念，坚持人与自然和谐的价值取向，充分认识环境保护、生态建设的极端重要性，将经济发展、资源利用和生态建设有机结合，探索以生态优先、绿色发展为导向的高质量新型发展路径，努力实现经济发展与生态保护的和谐统一，实现经济发展与人民幸福的有机统一。

绿色发展，是一种尊重自然规律基础上的可持续发展，是现代化发展中对人类追求片面快速发展行为的全面审视和观照，它抛弃了"人是自然的主人"的功利、虚妄、自大的陈旧观念，而逐步认同"人是自然的成员"，以更为平等、包容、广阔的视角看待人类存在和人类发展。习近平总书记指出："绿色发展，就其要义来讲，是要解决好人与自然和谐共生问题。人类发展活动必须尊重自然、顺应自然、保护自然，否则就会遭到大自然的报复，这个规律谁也无法抗拒。"① 人类本来就是"自然之子"，人类离不开大自然而独立存在，人类社会发展必须尊重、顺应自然规律，注重经济发展与环境保护、社会进步与生态改善的有机统一，注重高质量的绿色发展。

江西省是首批三个国家级生态文明试验区之一，生态环境优良，2019 年全省空气优良天数比例达 89.7%，国家考核断面水质优良率达 93.3%，高于国家考核目标 9.3 个百分点，森林覆盖率稳定在 63.1%。② 据《江西绿色发展指数绿皮书（2019）》统计，2012—2017 年，江西、福建、贵州三个国家级文化生态文明实验区中，江西省连续六年自然资源净资产价值最高。而中部六省绿色发展指数比较中，江西省自 2014—2017 年连续四年排第一。③ 绿色生态是江西最大财富、最大优势和最大品牌，可以说，保护环境、优化生态，加快绿色新型发展，增加生态产品供给，是提高人民群众幸福指数的德政工程，也是最普惠的民生福祉。因此，要牢固树立绿色发展理念，加快江西绿色文化建设。

要牢固树立绿色发展理念，首先必须理解什么是绿色发展，对其内涵外延真正弄懂悟透。绿色发展是现代社会片面追求发展速度、效率的功利性发展的反动，是科学的发展观，是对人类经济社会发展规律的正确反映。

绿色发展就是可持续发展。绿色发展注重人类社会整体性全面性发展，关注经济社会发展与生态环境保护的有机统一，摒弃对立思维，从

---

① 习近平：《深入理解新发展理念》，《求是》2019 年第 10 期。
② 张和平：《关于国家生态文明试验区（江西）建设情况的报告——2020 年 1 月 17 日在江西省第十三届人民代表大会第四次会议上》，《江西日报》2020 年 2 月 19 日第 7 版。
③ 骆辉：《江西连续六年自然资源净资产价值最高》，《江西日报》2019 年 12 月 23 日第 1 版。

和谐共生的视角看待人与自然的关系。"从内涵看，绿色发展是在传统发展基础上的一种模式创新，是建立在生态环境容量和资源承载力的约束条件下，将环境保护作为实现可持续发展重要支柱的一种新型发展模式。"① 只有重视环境问题，将其看成是关系人类生存与发展的重大问题，人类社会才能获得真正的发展，获得真正的解放，实现生产力的大发展，经济社会的可持续发展。

绿色发展就是高质量发展。绿色发展将环境保护问题置于首位，在短期内来看，其发展会付出大量人力、物力、财力，会耗费大量资本，似乎会阻碍经济发展，但这是经济社会粗放式发展的必然代价。从长远来说，经济社会的发展不仅要注意速度，更要注意质量，坚持人民中心观，为广大民众的生命健康提供优美的生态环境，创造良好的生活环境，增强人民的生活幸福感、获得感和安全感。"绿色发展是当今世界潮流，是新时代我国人民对美好生活的迫切需要，也是经济社会可持续发展的内在要求，因而是高质量发展的重要标志。"② 因此，江西应利用自身的生态优势，倒逼发展潜能，加快绿色发展步伐，实现经济社会的高质量发展。

绿色发展就是科学发展。党的十八届五中全会上，习近平总书记首次提出创新、协调、绿色、开放、共享的五大发展理念，认为坚持绿色发展是发展观的一场深刻革命，关系我国经济社会发展全局。"绿色发展理念是马克思主义生态文明理论同我国经济社会发展实际相结合的创新理念，是深刻体现新阶段我国经济社会发展规律的重大理念，是关系我国发展全局的科学发展理念。"③ 绿色发展追求经济社会发展与环境保护的协调统一，摒弃传统粗放型发展方式，注重资源利用，控制碳排放量，关注地球承载能力，关注人的生活质量，关注人的自由与全面发展，是一种科学的理性的发展观。

---

① 李培超、张启江：《生态文明的愿景：寻求人类和谐地栖居》，湖南师范大学出版社 2015 年版，第 101 页。

② 广东省社会科学院：《跨越关口——在构建推动经济高质量发展的体制机制上走在全国前列》，广东人民出版社 2018 年版，第 8 页。

③ 《五大发展理念案例选编：领航中国》编写组编著：《五大发展理念案例选编：领航中国》，台海出版社 2017 年版，第 93 页。

二　注重绿色宣传教育

推动江西绿色文化发展，是一个系统工程，这不仅关系社会生产方式和产业结构转变，而且关系到人们生活方式和生活习惯的改变，还关系到发展理念和思想观念的转换，就其影响的深刻性来说，它是经济社会发展的全方位变革。因此，应注重绿色文化宣传教育及对外传播，从长远着眼，逐步影响、改变人们过于追求发展速度而忽略发展质量、过于追求自我需求而忽略环境保护的陈旧发展观，从而建立起健康、开放、包容的高质量绿色发展观。

绿色生产方式的宣传教育。理念的形成是一个长期潜移默化的过程，为逐步影响、改变人们陈旧的发展观，培育绿色发展理念，就要加大绿色文化宣传教育，引导企业注重环境保护，增加绿色产品供应。"加强宣传教育工作，积极倡导绿色生产方式，鼓励节能降耗和循环使用。组织新闻媒体宣传节约资源的先进典型，揭露和曝光浪费资源、严重污染环境的行为和现象。加强对企业负责人、管理人员和员工的培训……加强发展循环经济和建设节约型行业的研讨和交流。"① 在宣传教育中，政府应加强监督、引导，注重官方媒体与民间媒体、传统媒体与新兴媒体的互动，拓宽宣传渠道，采取线上、线下互动的方式，积极宣传环境保护、生态文明建设的重要性，倡导绿色生产方式，摒弃落后的粗放型生产方式，鼓励企业采用绿色节能资源，提高资源利用率，加快产业转型升级，减少碳排放量，逐步淘汰低效落后产能和"僵尸企业"，加强污染废气废水排放处理，有效防范生态环境风险，坚决打好污染防治攻坚战，努力建设蓝天、碧水、净土的美丽江西。

绿色生活方式的宣传教育。生活方式对环境的影响也非常大，近年来，全球生活垃圾泛滥，造成了土壤、海洋、空气的重大污染，不少植物、海洋生物、珍稀动物也随之消亡。因此，我们要倡导绿色生活方式，让广大民众认识绿色发展的重大意义，认同绿色生活方式、绿色消费方式，形成良好生活习惯。在生活中，积极倡导绿色生活，增强环保意识，注意生活垃圾的分类、回收利用，节约资源，注重公共生活空间的维护；同时借助民俗文化中的绿色理念，规范教育人们约束自己的浪

---

① 慈福义：《城市与区域循环经济发展研究》，中国经济出版社 2010 年版，第 277 页。

费行为，从自我做起，养成尊重自然、注重环保、热爱生活的生活理念，推动全社会积极参加环境保护，努力营造全社会共同参与的良好氛围。"要将生活方式绿色化宣传形成长效机制，应从启蒙教育开始进行思想教育，通过各种实践体验和环保志愿者活动，让各年龄段学生体会生活与自然相融的感觉，从小培养环保意识，让学生对自然产生尊重敬畏之心。在宣传手段上要多利用网络、报刊、电视等现代传媒，以多种视听的形式开展生动立体的宣传教育。用公众喜闻乐见的形式和易于接受的语言将生活方式绿色化意识灌输到公众内心，将思想意识转化为动力，使之重新审视生活并以此为行为准则，自觉践行绿色化生活方式。"① 绿色生活方式的倡导，要积极利用官方媒体、自媒体等各种传播形式，高频度、广视角、大范围、常态性地集中宣传，加强各种媒介的互动效应，充分发挥其溢散效果（spill-over effect）与共鸣效果（resonance effect），更好地提升宣传成效。当然，绿色生活方式不仅要宣传，也要重视教育。通过各种教育方式，如教学、培训，将江西绿色文化知识和绿色发展观融入国民教育体系和继续教育体系中，普及绿色政绩观、绿色生产观、绿色消费观，鼓励广大民众积极参与绿色公益行动，养成绿色、健康生活方式，在全民范围内形成崇尚节俭、低碳生活、文明消费的生活方式，在全社会形成保护自然环境、建设生态文明的浓厚氛围，让江西绿色发展观念深入人心，绿色文化馥郁芬芳。

三 构建绿色制度体系

绿色文化内涵丰富，涉及社会生活方方面面，为更好发展江西绿色文化，在体制机制层面上做好顶层设计，我们认为，可从以下三个方面进行探索。

第一方面，建立健全环境治理机制。环境治理是一个比较熟悉的名词，但因其内涵外延的拓展性，其具体内涵在学术界至今依然没有一个统一的界定。可以说，环境治理是一个综合性的概念，主要是指通过政府、市场和公众的统一行动，以完成对生态环境的修复、监督、管理等活动。"环境治理是在对自然资源和环境的持续利用中，明确环境利益相关者谁来进行环境决策以及如何制定环境决策，谁行使权力并承担相

---

① 武婵：《生活方式"绿色化"的推进之路》，《人民论坛》2018 年第 35 期。

应责任而达到一定环境绩效和经济绩效的制度框架。政府、市场和社会的互动构成现代环境治理结构的基础。环境治理强调社会和公众参与环境决策，追求政府、市场和社会协同治理环境的合作格局。"① 环境治理从其特征上来看，具有参与主体多元化、治理方式互动化、治理内容多层化、治理过程动态化等重要特点。

江西绿色文化发展，离不开绿色治理机制的建设。具体来说，又包括六个环节。

一是完善生态保护和修复制度。通过建立健全自然资源资产产权制度、完善"河（湖）长制""林长制"、完善国土空间开发保护制度、探索流域综合管理制度和健全生态系统保护与修复制度等，聚焦山水林田湖草生命共同体建设，注重生态环境的整体性系统性保护，不断健全生态保护和修复制度，创新生态保护方式，加快江西山水林田湖草综合治理样板区的打造。

二是严格生态环境保护监管制度。"聚焦生态环境保护监测预警、监督执法、司法保障等体制创新，初步构建了城乡一体、气水土统筹的环境监督管理体系。"② 在生态环境保护监管制度方面，江西省主要通过健全生态环境监测网络和预警机制及建设"生态云"大数据平台，加强部门协调，大力推动环保机构监测监察执法垂直管理制度改革，强化省级环境质量监测事权，规范环境监测预警的程序、范围和方式，健全以流域为单位的环境监测统计和评估体系。

三是改革环境保护管理机制。根据《国家生态文明试验区（江西）实施方案》，江西省近年来通过创新环境保护督查和执法体制、健全农村环境治理体制机制等措施，深入推进八大标志性战役 30 个专项行动，创新和完善 10 项工作制度，"加大环评改革力度，严格环境准入门槛，建立规划环评与项目环评联动机制，编制落实'三线一单'"③。

四是加快构建绿色产业机制。通过创新有利于绿色产业发展的体制机制、完善环境治理和生态保护市场化机制及改革绿色金融机制等，使

---

① 范纯：《环境危机与环境安全》，国际文化出版公司 2014 年版，第 134 页。
② 刘兵：《抓好生态制度建设 打造美丽中国"江西样板"》，《当代江西》2020 年第 2 期。
③ 刘兵：《抓好生态制度建设 打造美丽中国"江西样板"》，《当代江西》2020 年第 2 期。

绿色资源、产品变成重要生产力，凸显了江西的绿色文化特色和生态文明建设价值，使于构建比较完整的江西特色的绿色产业体系。

五是加快生态惠民和全民参与机制建设。通过探索生态文明共建机制、推进绿色创建机制等措施，营造出全民参与绿色发展、生态保护的良好氛围，推动生态为民、生态利民、生态惠民的政策措施的落地。

六是全过程绿色考核和追责机制。通过创新生态文明评价和考核制度、探索编制自然资源资产负债表和建立领导干部自然资源资产离任审计制度等措施，将生态文明建设与各级党政机构和领导人员的政绩挂钩，充分发挥生态文明"指挥棒"作用，建立健全生态文明绩效考核和责任追究制度体系，推动相关人员牢固树立绿色政绩观，确保江西绿色文化持续健康发展。"开展经济生态生产总值核算试点，建立生态文明建设目标评价考核制度，落实生态补偿和生态环境损害赔偿制度，实行领导干部自然资源资产任中和离任审计、生态环境损害责任终身追究制。"①

当然，在环境治理过程中，还存在工作职能重叠、条块分割、执法无依等问题。因此，在江西绿色文化建设中，要进一步加大环境治理体制机制建设，积极调动政府、企业和公众参与环境治理，形成"环境保护人人有责"的良好氛围和互动格局。

第二方面，完善绿色产权交易机制。传统社会经济活动产权交易制度有很大局限，更多关注物质的市场交易，只把社会经济系统纳入其范围，而不涵盖自然生态系统。经济活动只考虑社会物质的损耗和补偿，而不考虑自然资源的无形损耗及补偿。这种发展模式会导致两种后果：一种是促使个人为追求利润而过度耗费自然资源导致自然生态恶化，社会来支付成本，进而引发"公地悲剧"②的现象；另一种是绿色经济受益者是社会，个体来支付成本，进而引发"搭便车"③现象。传统经济活动产权交易，自然资源没有价格，被摒弃在交易体系之外，这就带来

---

① 易炼红：《政府工作报告——2020年1月15日在江西省第十三届人民代表大会第四次会议上》，《江西日报》2020年2月10日第1版。

② "公地悲剧"，其含义简单来说，就是共享性的资源或财产，每一个人对其都享有使用权，但却没有人有权阻止他人使用，由此导致资源的过度使用现象。

③ "搭便车"，是指在一个共同利益体中，有个体不承担任何成本而消费或使用公共物品的行为而导致公共物品供应不足、市场失灵的现象。

了负外部性。为解决这一矛盾就需要在明确界定环境权利的基础上，通过政府治理，建立排污权交易市场。这种产权交易制度在欧美有比较成熟的实践，如美国，20世纪70年代中期，国家环保署为缓解环境保护与经济增长的矛盾，就将排污权概念用于实践，后来又引入补偿制，在世界上最早确立了环境产权及其交易制度。随后，日本、英国、德国等国家也针对国内环境保护问题，逐步推出了环境产权交易制度或绿色产权交易制度。进入21世纪，随着绿色经济或循环经济的发展，资源消耗少、污染排放少的绿色产品逐步进入公众视线，成为人们经济社会生活的重要替代品，绿色产权交易制度也成为重要的市场产权交易方式。"有效的绿色产权制度是一种最经济、最持久的生态创新激励机制，它使生态创新者与生态创新成果之间建立最直接的绿色经济关系，是绿色产品生产者的收益率不断接近社会收益率的基本条件。"① 江西的绿色产品资源丰富，但绿色产品属于低层次的农产品，科技含量、创意水平不够，市场交易机制仍不够健全。因此，进一步完善绿色产权制度，发挥市场配置的主体地位，扩大排污权、碳排放权、用能权、用水权等交易，加大绿色产品研发力度，提升绿色产品科技含量，促进绿色产品的快速交易，是江西绿色文化的重要内涵。

第三方面，加快构建生态补偿机制。"绿水青山就是金山银山""环境就是民生，青山就是美丽，蓝天也是幸福"，保护生态环境就是保护生产力，推进生态文明建设就是推进经济社会建设，概括地说，环境保护工程就是提高人民群众生态福祉的德政工程。因此，江西省在"绿色崛起"中，应树立生态民生观，以人民为中心，推进生态产业化、生态市场化，积极抓好生态文明建设。要将环境保护、生态优化与经济社会发展捆绑起来，积极构建山水林田等自然资源的生态补偿机制。"江西列为国家生态综合补偿试点省，全年筹集流域生态补偿资金39.22亿元，建立省内上下游横向生态保护补偿机制，启动新一轮东江流域生态补偿，建立赣湘渌水流域横向生态保护补偿制度，加快构建市场化多元化生态补偿机制。"② 近年来，江西在生态文明建设中，积极

---

① 严立冬：《经济可持续发展的生态创新》，中国环境科学出版社2002年版，第144页。
② 张和平：《关于国家生态文明试验区（江西）建设情况的报告——2020年1月17日在江西省第十三届人民代表大会第四次会议上》，《江西日报》2020年2月19日第7版。

探索推进市场化、多元化生态保护补偿机制，在全国率先实施覆盖全境的流域生态补偿机制，资金激励成效显著，取得了巨大成绩。当然，由于江西经济落后，自然资源生态补偿标准偏低，在今后发展中，应积极引入社会资金，提高各类资源生态补偿标准。

四 推动绿色经济发展

伴随传统经济发展，生态环境问题日益严重，进入 21 世纪以来，对生态环境保护重要性的认识逐渐成为世界性共识，如何在保护生态环境的同时，推动经济社会的快速发展，成为各国经济社会发展必须面对的重大问题和选择，绿色经济便呼之欲出，迅速进入人们的视野。"绿色经济是一种融合了人类的现代文明，以高新技术为支撑，使人与自然和谐相处，能够可持续发展的经济，是市场化和生态化有机结合的经济，也是一种充分体现自然资源价值和生态价值的经济。它是一种经济再生产和自然再生产有机结合的良性发展模式，是人类社会可持续发展的必然产物。"① 绿色经济也称为生态经济，它本质上追求经济发展与生态保护的内在协调，是对传统经济的扬弃，将经济发展、社会进步与环境友好紧密结合起来，重视生态文明建设，从而最终实现人的自由与全面发展。绿色经济作为一种经济形式，涉及经济生产贸易全过程，包括绿色产业、绿色能源、绿色贸易、绿色流通、绿色投资等。

长期以来，江西工业生产中，重工业、资源能源产业占据重要地位，存在层次低、集聚性差、竞争力弱、区域差异大等问题。据统计，2019年，装备制造业增加值增长 18.2%，占规上工业的比重为 27.7%；战略性新兴产业增加值增长 11.4%，占规上工业的比重为 21.2%；重工业增加值增长 10.5%，占规上工业的比重为 67.0%。② 因此，江西绿色文化发展应大力提升绿色经济在工业经济中的比重，重点培育和发展节能环保、航空制造、中医药、电子信息、高端装备制造、新能源、新材料等产业，积极发展生态农业、生态旅游业、环保产业、生态工业、绿色科

---

① 李高东：《历史唯物主义视域下五大发展理念研究》，中国矿业大学出版社 2017 年版，第 166 页。

② 江西省统计局工业统计处：《工业处处长胡九根解读 2019 年全省工业数据》，江西省统计局官网，http://tjj.jiangxi.gov.cn/id_8a84cc836ee526b7016fc710d6f46dd3/news.shtml，2020 年 1 月 21 日。

技业、绿色服务业等产业，切实提高资源利用效率，提升绿色经济科技含量，增强产业、品牌竞争力。

五 加强绿色交流合作

"合作才能共赢。"江西在注重自身绿色文化发展的同时，也应加强海内外交流与合作，以项目合作为载体，增加绿色文化产品供给，推动江西绿色文化走出去。江西作为内陆省，受对外交流条件局限，改革开放以来，经济发展增速近年来位于国家前列，但经济总量仍处于后进方阵。因此，江西应全面对接"一带一路"、中部崛起、长江经济带、长三角一体化等国家战略，主动融入国家经济发展布局，积极参与沿江产业转移和分工协作，主打生态牌、绿色牌，做好治山理水、显山露水的文章，以绿色项目为载体，加强海内外绿色产品交流合作，使绿水青山产生巨大生态效益、经济效益、社会效益。在发展中，应以国家生态文明试验区为抓手，以鄱阳湖生态经济区为核心，以赣江、长江为动脉，发展生态经济，加强省内区域生态治理协调统一，推动区域经济互动，积极探索中部地区绿色崛起的新路径，不断推进江西绿色经济高质量发展，为"共抓大保护"提供绿色新动能。"精心办好世界 VR 产业大会、上合组织传统医学论坛、正和岛年会、赣台会、央企入赣洽谈会等重大活动，参加中国国际进口博览会……完善企业'走出去'服务体系，加强海外风险防控，支持航空、电子信息、汽车、农业、中医药等产能和服务走向国际大市场。"[①]

江西绿色文化发展要积极主动对接海内外市场，加强内贸、外贸交流，推动绿色文化项目技术合作，加快绿色产品研发，提升绿色产品科技水平，推动江西绿色文化"走出去""走进去""走上去"，传递江西绿色文化声音，讲好江西绿色文化故事。

第二节 打造江西绿色文化建设样板

江西在国家级生态文明示范区建设过程中，集中全省人力、物力加

---

① 易炼红：《政府工作报告——2020 年 1 月 15 日在江西省第十三届人民代表大会第四次会议上》，《江西日报》2020 年 2 月 10 日第 1 版。

快生态文明建设，积累了不少经验，绿色经济发展迅速，绿色品牌响亮，绿色文化建设取得了长足进步。当然，江西还存在经济发展后劲不足、高能耗产业比重过大、多重污染源增加、生态补偿压力过大、政策措施缺乏协调等问题。因此，江西应充分利用生态优势，打造优势生态产业，通过加强生态治理、推进制度创新、发展绿色经济、建设生态文化、引入社会风尚等措施，努力打造美丽中国的"江西样板"，更好推动江西在中部地区实现绿色崛起。

一 加强生态治理，打造江西"绿色生态样板"

绿色生态是江西的底色和亮色，为推动经济社会的持续发展，江西应始终抓好生态治理，坚持绿色发展，严守生态红线，抓好污染防治工作，节约循环利用资源，打造江西"绿色生态样板"。

严守生态保护红线，保障生态安全。生态保护红线是促进生态循环、保障生态安全的底线和生命线，是最重要的生态空间，也是生态环境保护关键、必要的抓手、基准和屏障。江西省生态保护红线划定的面积为 46876 平方千米，占全省总面积的 28.06%。通过这"一条红线"，可以有效促进全省人口结构、产业结构、产业布局的调整，使生态安全格局更加完善。根据《江西省生态保护红线》规定，按照保护红线的主导生态功能，分为水源涵养、生物多样性维护和水土保持三大类共 16 个片区，构成了"一湖五河三屏"生态保护红线空间分布格局，对生物多样性维护和水源涵养具有重要作用。[1] 在生态保护红线严控过程中，应切实贯彻"源头严防、过程严管、后果严惩"的原则，努力写好"治山理水、显山露水"的文章，尤其应积极发挥江西"千河归鄱湖，鄱湖入长江"的生态屏障的重要支撑和水资源循环的系统作用，大力推进江西绿色生态发展。

抓好污染防治工作，破解治理难题。从短期来看，污染防治与经济发展是矛盾的，严抓污染防治，直接增加了企业的运营成本，对企业发展尤其是传统产业发展带来极大制约，但是从长远来看，这又是必须面对和解决的重大问题，也有助于推进企业长期向好发展。污染防治主要

---

[1] 郑颖：《"一条红线"管控重要生态空间——解读〈江西省生态保护红线〉》，《江西日报》2018 年 7 月 28 日第 2 版。

防治大气污染、水源污染、土壤污染，即蓝天、碧水、净土三大保卫战，具体则涉及自然生态保护、长江经济带"共抓大保护"、工业污染防治、农业农村污染防治等"八大标志性战役"及实施城市扬尘治理、淘汰落后产能、入河排污口整治、农药化肥污染治理、城镇生活垃圾处理等 30 个专项行动。近年来，在全省人民共同努力下，污染防治工作取得了重大成绩，人们环境保护观念逐渐改变，环境治理收效明显。据统计，2019 年江西省 PM2.5 浓度 34 微克/立方米，达到二级标准要求，比 2017 年下降 26%。国家考核断面水质优良率 94.7%，全省县级及以上断面消灭了劣Ⅴ类水，长江干流江西段所有水质断面全部达到Ⅱ类标准。① 可以说，这些年来江西坚定不移走生态优先、绿色发展之路，成绩显著，丰富了江西绿色文化的底蕴和内涵。

节约循环利用资源，严格用途管制。生态保护、污染防治的重要路径之一是寻找替代性节能资源，通过减排节能，使用绿色能源，严格管控污染物排放指标，确保生态系统的循环有序。在能源利用中，尽可能使用太阳能、风能、水能、生物能、地热能、潮汐能、氢能等洁净能源，提高能源的使用效率，注重能源的循环利用。2019 年以国家发改委发布《产业结构调整指导目录（2019 年本）》为指导，江西省强化循环利用资源，在流动污染源（机车、船舶、汽车等）监测与防治技术，持久性有机污染物类产品的替代品开发与应用，"三废"处理用生物菌种和添加剂开发与生产，高效、低能耗污水处理与再生技术开发，废物填埋防渗技术与材料，节能、节水、节材环保及资源综合利用等技术开发、应用及设备制造，再生资源、建筑垃圾资源化回收利用工程和产业化，有毒、有机废气、恶臭高效处理技术，垃圾分类技术、设备、设施等方面不断探索，努力探索资源节约型和环境友好型社会发展的具体路径，有效推进了江西绿色文化建设。

二　推进制度创新，打造江西"绿色制度样板"

近年来，为更好建设生态文明，推动生态保护法制化，江西省在生态文明体系制度创新上蹄疾步稳、亮点频频。

---

① 《江西纵深推进污染防治攻坚战 守护蓝天碧水净净》，中国新闻网，https://baijiahao.baidu.com/s? id=1653970455278459900，2019 年 12 月 26 日。

　　建立健全生态环境保护管理制度。在环境保护管理方面,江西省出台了一系列具有可操作性的管理政策、制度,如《江西省生态保护红线》《江西省水污染防治工作方案》《江西省地下水污染防治实施方案》《江西省落实大气污染防治行动计划实施细则》《江西省土壤污染防治项目管理规程（试行）》《江西省国土资源保护和开发利用"十三五"规划》《江西省污染防治攻坚战考核办法》《江西省环境保护税核定计算管理办法（试行）》《关于建立全省国土空间规划体系并监督实施的意见》等近 10 个政策制度规范,形成了生态环境保护管理的制度体系。其中,尤其是《江西省生态文明建设促进条例》,它是江西省生态文明建设领域首部全面、综合、系统的地方性法规,也是江西省生态保护法制化进程的重要里程碑。该条例总结了近年来江西省推进生态文明建设的有益经验,内容全面,重点突出,条款详细,特色鲜明,具有较强的系统性、规范性、前瞻性和可操作性。

　　完善生态环境保护督察制度。为更好建设国家级生态文明试验区,江西省在全国率先出台了省级环保督察制度《江西省生态环境保护督察工作实施办法》,并出台了《江西省生态环境保护工作责任规定》,这是继浙江省之后,全国第二个出台该政策的省份。《江西省生态环境保护督察工作实施办法》主要针对全省突出的生态环境问题,可视情况组织开展省生态环境保护专项督察,包括省委、省政府明确要求督察的事项,在全省造成重大影响的生态环境事项及群众反应强烈、长期得不到解决的典型事项。该办法在《中央生态环境保护督察工作规定》的基础上,"对省生态环境保护督察方式、内容、程序等进行了细化补充,增加了专项督察、派驻监察等内容,注重与中央生态环境保护督察工作的有机结合,由此形成完备的生态环境保护督察体系"[①]。《江西省生态环境保护工作责任规定》是一部内容全面、权责明晰、操作规范的生态环境保护法规。它规定了全省各级党委、人大、政府、政协、纪委监委、法院、检察院以及党委、政府各有关职能部门,在生态环境保护工作中应当履行的监督管理、配合协助等职责,"按照'属地管理、分级负责''谁决策、谁负责''谁主管、谁负责''管发展必须管环保、管

---

　　① 张林霞、陈光胜:《江西率先出台省级生态环境保护督察工作实施办法》,凤凰网,http://jx.ifeng.com/a/20200110/8058536_0.shtml,2020 年 1 月 10 日。

行业必须管环保、管生产必须管环保'的要求，建立生态环境保护责任体系及问责制度"。该规定还划定了省直有关部门生态环境保护工作职责清单，凸显其操作性强的特点。

创新环境保护生态补偿制度。江西省积极探索资源有偿使用和环境保护生态补偿制度，创新生态文明建设制度体系，出台了《江西省流域生态补偿办法（试行）》和《江西省流域生态补偿配套考核办法》等政策措施。这些政策规定了明确的资金来源、补偿范围及具体补偿办法，对全省流域进行生态补偿，首期筹集生态流域补偿资金 20.91 亿元，在全国率先实行全境流域生态补偿。截至 2019 年 11 月，共计 79 个县（市、区）之间正式签订上下游横向生态保护补偿协议，全省长江流域相关市（县）70% 以上建立起横向生态补偿机制。[①] 这些政策措施的实施，有效促进了全省流域生态环境基础设施建设，落实了补偿协议，改善了流域生态环境质量。

此外，在自然资源资产产权制度、自然资源有偿使用制度、生态文明绩效评价和责任追究制度、河湖流域综合管理制度、生态保护市场体系等方面，江西绿色文化建设也取得了重大成绩，如河（湖）长制、林长制、三线一单制度、绩效考核制度等，在绿色文化建设中，形成了国家生态文明试验区建设的 38 项制度，总结出 20 项改革举措及 120 条江西特色示范经验。

三　发展绿色经济，打造江西"绿色产业样板"

为更好应对全球生态环境危机，推进生态文明建设，联合国工业发展组织（The United Nations Industrial Development Organization，简称 UNIDO）于 2009 年发起了《绿色产业倡议》，推动制造业及其相关部门为包容和可持续工业发展做出更有效的贡献，为绿色发展提供产业发展战略。2012 年，UNIDO 又启动了一个"绿色产业平台"（Green Industry Platform，简称 GIP）项目，在全球范围推动和加速绿色产业发展进程。[②] GIP 项目旨在推动能源和材料的利用率，大力发展清洁

---

① 《江西建立上下游横向生态补偿机制》，光明网，http://travel.gmw.cn/2019-12/05/content_33377111.htm，2019 年 12 月 5 日。

② 关成华、潘浩然、白英：《绿色企业评价指南》，经济日报出版社 2019 年版，第 11 页。

性、竞争性产业，减少环境污染，降低对不可持续自然资源的过度依赖。

近年来，江西认真遵循联合国环境规划署（UNEP）、UNIDO等国际环保组织及国家生态环境部对环境保护的要求，加大环境保护、生态文明建设力度，生态环境逐步改善，绿色成效显著，绿色经济发展迅速。在绿色经济发展中，江西始终坚持"一产利用生态、二产服从生态、三产保护生态"的原则，将生态保护放在首位，挖掘生态产业潜力、活力和动力，从生态保护、利用中大做文章，向环境生态要生产力、影响力和幸福力。在"绿水青山就是金山银山"理念的启发下，江西积极发挥山水林田湖草资源优势，努力探索绿色产业形式，"生态＋"模式得到有效开拓，生态旅游、生态农业、生态休闲、生态养生、生态渔业、林下经济等业态逐步涌现。以生态农业为例，江西绿色产品类型多样，品牌效益逐步显现，江西茶油、江西大米、南丰蜜桔、鄱阳湖水产、赣南脐橙等行销万里，"深入实施'百县百园'工程，推进全国绿色有机农产品示范基地试点省建设，提高农业生产综合效益。加快推进秸秆综合利用产业化，形成秸秆加工、养殖业、有机肥料、种植业四者有机循环的生态农业示范园"①。

在现代服务业方面，江西"绿"也是一道亮丽风景线，绿色产业体系不断壮大。航空制造、新能源、VR产业、5G产业、新型电子、智能装备、人工智能、云计算、绿色金融等产业方兴未艾，绿色经济取得亮眼成绩。据统计，2019年江西绿色经济的创新驱动水平持续提高，高新技术产业、装备制造业、战略性新兴产业增加值同比分别增长13.4%、18.2%和12.4%。②创新驱动新兴产业的发展，也为江西经济转型升级、产业动能转换提供了有力引擎和强力支撑，推动江西绿色经济充满活力、朝气蓬勃。

四　建设生态文化，打造江西"绿色文化样板"

生态文化内涵丰富，其具体概念仍处在发展中，学术界还没有形成

① 江西省社会科学院课题组：《生态文明试验区战略下打造美丽中国"江西样板"研究》，《江西经济社会发展报告（2017）》，社会科学文献出版社2017年版，第241页。
② 王丽君：《稳中向好的江西经济贡献"江西力量"》，中国江西网，http：//jxcomment.jxnews.com.cn/system/2019/12/24/018701472.shtml，2019年12月24日。

统一的定义。有的学者认为，生态文化其实就是绿色文化，尽管两者的内涵外延不能完全等同，但从一般意义上来讲，其交叉重叠的部分很多。"顾名思义，生态文化是有关生态的一种文化，即人们在认识生态、适应生态的过程中所创造的一切成果。由于对人而言，适宜的生态是以绿色为主要标志的，因而在某种意义上，生态文化也可称之为绿色文化。"① 生态文化本身就自成系统，包括生态知识、生态精神、生态产品、生态产业、生态制度等众多层次，彼此之间相互作用、相互影响，构成一个有机整体。

江西生态文化历史悠久，博大精深，深深融入人们的日常生产、生活实践中。在当下，建设江西生态文化，打造江西"绿色文化样板"，可从以下三方面着手。

第一方面，弘扬、传承传统生态文化。中国具有悠久的农耕文明史，生态文化底蕴深厚，辩证地看待人与自然的关系，如"天人合一"的思想，将人与自然统一起来，认为人是"自然之子"，人要尊重、服从自然规律。从古代思想家的一些观点中，我们可以看出中国古代先贤就非常重视尊重自然、顺从自然。《道德经》载："人法地，地法天，天法道，道法自然。"② 老子认为，人、地、天效法道，而道是效法自然，也就是说自然是万物的最高主宰，人来自自然，必须顺应、遵从自然规律。《论语》载"子钓而不纲，弋不射宿"③，孔子认为君子钓鱼而不用网捕鱼，射鸟却不射杀巢宿的鸟。这里揭示了古人仁义也施及禽兽，在取用自然资源时应有节制，有珍惜爱护之心，反映了孔子突出的生态观。《管子》载："山林虽广，草木虽美，禁发必有时；国虽充盈，金玉虽多，宫室必有度；江海虽广，池泽虽博，鱼鳖虽多，罔罟必有正，船网不可一财而成也。"④ 管仲认为，自然资源虽然丰富，但对其利用也要讲究度，要合理保护。《荀子》说："草木荣华滋硕之时，则斧斤不入山林，不夭其生，不绝其长也；鼋鼍、鱼鳖、鳅鳝孕别之时，罔罟、毒药不入泽，不夭其生，不绝其长也。"⑤ 荀子明确自然资源利用与保护的规制，强调自然生态的循环，以保证草木、鼋鼍、鱼鳖、鳅鳝等滋长繁盛。《吕氏春秋》载："竭泽而渔，岂不获得？而明年无鱼；焚薮而田，岂不获得？而明年无兽。"① 这也是强调人们应该遵循自然规律，不能只顾眼前利益，而应从长远着眼，正确处理人与自然的关系。这些古代文献，都突出地阐述了古人的保护资源、节约资源的生态观和发展观。

此外，在民间文化中，虽然没有成体系的生态观思想，但民间文化自古就有自己的一套习俗规制、禁忌体系、祭祀仪式等，如古代渔俗，在出海捕鱼前及返回后有"开洋""谢洋"祭祀习俗，感谢海洋的恩赐，反映渔民的一种感恩思想；同时，还有一种不捕小鱼或鱼排卵期禁渔等习俗，以维持生态平衡，"在许多地方，渔民相约不捕越冬未产卵的海鱼，不捕捉和出售幼鱼，或是捕到小鱼仍放回大海，都是基于这样一种理念。在一些地方，则会在开洋、谢洋的献祭仪礼过程中，有意识地安排'放生'的仪轨，以示对于放生的重视，表达渔民感恩大海的朴素情感"② 。这些禁忌、祭祀及"放生"渔俗，蕴含朴素的节能观、生态观，也蕴含敬畏自然、顺应自然的渔俗观，渔民在捕鱼过程中严格遵守捕鱼禁忌及相关渔俗，从而实现维护生态平衡的目的。

建设江西生态文化，必须深入挖掘、弘扬中国古代传统生态文化，促使其不断融入现代生活，通过潜移默化的影响，慢慢滋养、涵养、形塑现代人及其生活，培育现代人的生态观。

第二方面，加强生态文化宣传教育。人与自然的和谐是人类永恒的追求，也是人类生存发展的根基。现代社会"涸泽而渔"的发展观已经给人类社会生存与发展带来极大的困境。因此，促进人与自然和谐共生，尊重自然、顺应自然，将人类置于自然之下的合理位置，对人类社会的长远发展有着重要意义。人类社会在与自然相处过程中曾有诸多经验教训，需要我们及时总结，并不断宣传、教育当代人及后代人，让生态观深入人类骨髓，并成为一种文明不断传递、传承的民族文化、大众

---

① （汉）高诱注，（清）毕沅校，余翔标点：《吕氏春秋》，上海古籍出版社1996年版，第219页。

② 顾希佳：《中国节日志·渔民开洋谢洋节》，光明日报出版社2014年版，第31页。

文化和有益文化。要充分利用线上线下宣传平台，传统媒体、新兴媒体等形式，社会与学校等资源，向广大民众普及、传播生态文化、环境保护基本知识，一方面要宣传古代生态文化，古代思想家的生态观、节能观及民间的朴素生态平衡思想；另一方面也要积极宣传、传播江西当代生态文化，做好江西"生态鄱阳湖，绿色农产品"展销会品牌，办好中国绿色食品博览会（南昌绿博会）、办好鄱阳湖国际生态文化节、景德镇国际陶瓷博览会、中国赣州国际脐橙节（赣南脐橙网络博览会）等生态文化品牌，做好南昌汉代海昏侯国遗址、樟树吴城商代遗址、景德镇御窑厂遗址等文化遗址保护，做好江西非遗保护、传承及非遗小镇、非遗扶贫等"非遗＋"业态培育，积极挖掘江西生态旅游、民俗旅游、乡村旅游等旅游产业，让更多的人了解、认同江西生态文化，从而促进彼此交流与合作。

第三方面，积极开展生态文明示范创建活动。江西生态文化在宣传教育的同时，也要注重实践推动。近年来，江西积极推进国家低碳城市试点工程建设，全面开展循环经济示范创建，建设国家、省级循环化改造示范园区等生态文明示范创建活动。在生态文明示范创建活动中，江西省扎实推进，取得了靓丽的成绩。截至 2019 年 11 月，江西省拥有靖安县、资溪县、婺源县、井冈山市、崇义县、浮梁县、景德镇市、南昌市湾里区、奉新县、宜丰县、莲花县等国家生态文明建设示范市县达11 个，"绿水青山就是金山银山"实践创新基地达到 4 个（全国 52个），① 突出展现了江西省在生态保护方面的重要成绩，也是打造美丽中国"江西样板"的生动见证。

在森林公园建设方面，江西也取得了突出的成绩。截至 2018 年底，全省共建设森林公园 182 处（国家级 49 处、省级 121 处），总面积52.97 万公顷；湿地公园 93 处（国家级 39 处、省级 54 处），总面积14.97 万公顷，其中湿地面积 11.79 万公顷，不断增强城市生态功能和承载能力，让创森成果全民共享。②

此外，江西省在文明城市、卫生城市、园林城市、低碳城市等生态

---

① 《江西新增 5 个国家生态文明建设示范市县和两个"两山"基地》，凤凰网，http：// jx. ifeng. com/a/20191120/7773430_ 0. shtml，2019 年 11 月 20 日。

② 江翠芳：《江西率先实现"国家森林城市"设区市全覆盖》，新华网，http：//www. jx. xinhuanet. com/2019－04/26/c_ 1124421030. htm，2019 年 4 月 27 日。

文明示范创建活动中，也取得了突出的成绩，反映了江西生态文化已深入人心，成为江西独有的重要品牌资源。

五　引领社会风尚，打造江西"绿色消费样板"

生态文明建设的推进及成效，关系到政府、企业及个人，也就是说，它与全社会每一个人都紧密相关。在生态文明建设过程中，在生产领域，应构建绿色产业体系，注重节能减排，使用太阳能、风能、水能等清洁能源、新能源；在生活领域，应提倡绿色采购、绿色建筑、绿色交通、绿色旅游等绿色消费行为，培育绿色消费理念和模式，以形成崇尚节约、注重环保的绿色消费的良好社会风尚。江西省作为首批国家级生态文明试验区三个省份之一，承担着建设中部地区绿色崛起先行区、生态文明体制机制创新区、大湖流域生态保护与科学开发典范区的重任。近年来，不断开拓进取，在生态文明建设中取得了丰硕的成果。

绿色消费涉及人们生活的各个领域，如生产、饮食、建筑、交通、旅游等，从大的方面来说，则可分为生产领域、生活领域。因此，推动生态文明建设，引入绿色消费的社会风尚，应从两个方面着手。

积极践行绿色生产方式。推动江西绿色文化建设，或者说生态文明建设，生产领域是最重要的关键领域，一方面要推动传统产业转型升级、产能转换，淘汰落后产能，严格控制工业污染，减少碳排放，进一步深化钢铁、建材、石化、有色、焦化、现代煤化工以及燃煤锅炉污染治理，进一步加强工业固废综合利用、农业循环经济与清洁生产、资源再生利用提质升级，加强企业污染源监测、防治及督察工作，加大环境污染综合治理，加快推进生态保护修复；另一方面，要积极采用绿色能源，有效利用新技术、产业推动江西绿色经济发展，应积极发展、利用节能环保、大数据、光伏、航空制造、电子信息、大健康、生物医药、移动物联、区块链、工业互联网、人工智能、柔性电子等新产业、新技术、新平台，提升绿色产业比重和市场竞争力，提升绿色产业的科技含量，切实推进江西生产领域的"绿色革命"。

大力倡导绿色生活方式。随着全球人口的增长及人们消费能力的提升，人类生活消费产生的垃圾对生态环境的负面影响日益突出，据《2019年全国大、中城市固体废物污染环境防治年报》统计，2018年，全国 200 个大、中城市生活垃圾产生量达 21147.3 万吨。① 这仅仅是 200 多个城市产生的生活垃圾重量，而全国有 600 多个城市，如果进行全面统计，其生活垃圾总量更大。因此，绿色消费理念的社会性培育、绿色生活方式的全面倡导，势在必行。江西作为国家生态文明试验区，近年来，不仅要在生产方式方面倡导绿色生产，推进生态文明建设，而且也积极倡导绿色消费理念，引导社会公众养成良好生活方式，引领全国绿色生活的社会风尚。在这场"绿色革命"过程中，全社会积极参与，政府大力加强绿色消费的宣传教育，尤其是对青少年的教育引导，倡导绿色生活方式、消费方式，从小事做起，如节约用水、用节能灯、使用环保包装袋、使用环保家庭用品等，推动绿色消费理念真正融入社会生活、职业生活、家庭生活和个人生活，推动全社会逐步形成节能就是赋能、节约就是增加社会财富的理念，形成人人、事事、时时崇尚生态文明的社会氛围和社会风尚。

第三节 探索江西绿色文化产业新路

随着全球环境问题日益严重，转变发展方式，推动文化产业发展成为当代全球经济竞争的重要路径。文化产业也成为全球经济发展的重要驱动力，美国、英国、韩国、日本等发达国家不断推出"文化立国""文化发展战略""文化产业振兴基本法"等国策，大力推动本国文化产业发展。中国文化产业发展也得到党和国家的高度重视，改革开放之初，中国便逐步探索文化产业发展，制定了不少相关政策法规，如《著作权法》《广播电视管理条例》《电影管理条例》《音像制品管理条例》《印刷管理条例》《出版管理条例》等，2009 年，中国出台了第一部文化产业专项规划《文化产业振兴规划》。从此，文化产业作为一个重要产业形态，逐步纳入中国国民经济与社会发展规划中。2017 年出台的《文化部"十三五"时期文化产业发展规划》提出，到 2020 年，文化产业整体实力和竞争力明显增强，培育形成一批新的增长点、增长极和

---

① 章轲：《16 个"无废城市"试点方案定稿，7 万亿盛宴开席》，中华人民共和国生态环境部官网，http://www.mee.gov.cn/home/ztbd/rdzl/wfcsjssd/xwbd2/202003/t20200324_770 316.shtml，2020 年 3 月 19 日。

增长带，全面提升文化产业发展的质量和效益，文化产业成为国民经济支柱性产业。[①]

文化产业具有经济性、服务性、盈利性、文化性、娱乐性、传播性、知识性、创新性、复制性、无形性等特征。当然，它不同于传统产业，它还具有生态性，是无污染环保性的产业。当然，并非文化产业天然地具有生态性，文化企业在发展过程中不注重环保，其对资源的浪费也可能造成环境的污染、生态的破坏，如出版的图书、产业园的建筑等，在产业发展中忽略绿色发展观，都可能造成资源浪费、环境污染。因此，绿色文化产业，它虽然也源自文化产业，但它更关注的是一种绿色发展理念，是绿色发展观引领下的文化产业发展模式或产业形式。绿色文化产业对于环境保护、新型城镇化、乡村振兴及民众择业观念改变均有一定的标杆意义。大力发展绿色文化产业，可以推动中国经济发展转型升级，使中国原有依赖资源的粗放型经济增长转向依靠绿色文化消费、绿色文化投资、绿色文化出口的集约型经济增长，使生态保护与经济发展紧密结合，推动绿色经济高质量发展。

在生态文明建设的探索中，江西绿色文化产业发展取得了不少成绩，绿色文化产业整体实力不断提升，产业链条不断完善，但对比沿海发达地区，仍存在产业基数小、科技水平低、品牌知名度小等问题，产业结构也不合理，存在第二产业尤其是重工业比重过大，高能耗产业占主导，对传统资源如煤、电依赖过大，这些都制约了江西绿色文化产业发展。[②] 据统计，2016 年，江西省重工业增加值为 4839.4 亿元，全省规模以上工业增加值中重工业占到 62.01%。从增加值增速来看，重工业增长 10.0%，高于整体工业 1 个百分点。高耗能产业在工业中占主导地位。江西省钢铁、水泥、电力、有色金属冶炼、化工等六大高耗能行业实现增加值 2812.5 亿元，占全省规模以上工业增加值的 36.8%，高于全国平均水平 8.4 个百分点。[③] 重工业、高耗能行业比重过高，不

---

① 《文化部发布"十三五"时期文化产业发展规划》，中国政府网，http://www.gov.cn/xinwen/2017-04/21/content_5187654.htm，2017 年 4 月 21 日。

② 江西省社会科学院课题组：《生态文明试验区战略下打造美丽中国"江西样板"研究》，《江西经济社会发展报告（2017）》，社会科学文献出版社 2017 年版，第 237—238 页。

③ 江西省社会科学院课题组：《中部地区生态文明建设研究》，《中部蓝皮书：中国中部地区发展报告（2018）》，社会科学文献出版社 2018 年版，第 122 页。

仅远远超过沿海发达地区，就是和全国平均水平相比，也高出很多，反映了江西传统产业比重过高，转型升级的压力较大。值得重视的是，随着时间的递进，这种状况不但没有明显好转，反而有所加剧。2019 年，重工业增加值增长 10.5%，比全省平均高出 2.0 个百分点，拉动全省工业增长 7.0 个百分点，贡献率达 82.9%；从占比看，2019 年重工业增加值占规上工业的 67.0%，较上年提高 1.0 个百分点。① 重工业比重过高，成为江西经济发展的主要拉动力。因此，江西应充分利用生态优势和后发优势，淘汰落后产能加快产业结构转型升级，积极采用绿色能源和绿色科技，打造绿色生态体系，大力推进江西绿色文化产业高质量发展。

一　树立绿色发展理念

习近平总书记 2016 年 2 月视察江西时曾指出："江西生态秀美、名胜甚多，绿色生态是最大财富、最大优势、最大品牌，一定要保护好，做好治山理水、显山露水的文章，走出一条经济发展和生态文明水平提高相辅相成、相得益彰的路子。"② 时隔三年，2019 年 5 月 20 日至 22 日，习近平总书记再次来到江西视察，对江西经济社会发展再次提出指导意见："要加快推进新旧动能转换，巩固'三去一降一补'成果，加快腾笼换鸟、凤凰涅槃。要聚焦主导产业，加快培育新兴产业，改造提升传统产业，发展现代服务业，抢抓数字经济发展机遇。要完善科技成果转移转化机制，走出一条创新链、产业链、人才链、政策链、资金链深度融合的路子。要加快构建生态文明体系，做好治山理水、显山露水的文章，打造美丽中国'江西样板'。"③ 从中可以看出，习近平总书记对江西经济社会发展的指导意见，主要遵循两条路径：一是传统产业的转型升级；二是现代产业的生态发展。总之，绿色生态发展是未来经济社会发展的一条重要路径，空间、潜力巨大，应该成为江西发展的最大

---

① 《工业处处长胡九根解读 2019 年全省工业数据》，江西省统计局官网，http://www.jxstj.gov.cn/id_8a84cc836ee526b7016fc710d6f46dd3/news.shtml，2020 年 1 月 21 日。

② 陈剑：《习近平春节前夕赴江西看望慰问广大干部群众》，新华网，http://www.xinhuanet.com/politics/2016-02/03/c_1117985511.htm，2016 年 2 月 3 日。

③ 戴萌萌、王敬东：《习近平在江西考察并主持召开推动中部地区崛起工作座谈会时强调 贯彻新发展理念推动高质量发展 奋力开创中部地区崛起新局面》，央广网，http://news.cctv.com/2019/05/22/ARTIyRjmrsFTafiPrHpRbzJy190522.shtml，2019 年 5 月 22 日。

优势、最优资本和最佳选择。

推动江西绿色生态发展，加快绿色文化产业发展，一方面，要打破观念局限，摒弃传统以牺牲环境为代价的发展观，牢固树立绿色发展观、绿色生态观，将绿色文化融入生产、生活的方方面面，积极构建绿色产业体系，大力发展绿色企业、绿色旅游、绿色农业、绿色金融、绿色科技、绿色服务、绿色交通、绿色建筑等绿色经济；另一方面，要对接生态文明建设，顺应绿色经济发展趋势，加快绿色科技应用，大力发展绿色科技，提升绿色文化产业科技含量。同时，要加大科技研发，注重创新，融入创意思维，将江西生态资源有效转化为文化产业资源，转化为绿色文化产业，转化为绿色经济实力，加强产业集聚，拓展其资金链、价值链、产业链，推动江西绿色文化产业高质量发展。

在江西绿色文化产业发展中，牢固树立绿色发展观，自觉践行"创新、协调、绿色、开放、共享"发展新理念，真正将"保护生态环境就是保护生产力，改善生态环境就是发展生产力"的理念融入社会实践，引领全社会在价值取向、生产方式、生活方式、消费习惯等方面进行变革，重视节能减排，积极使用清洁能源，关注个人行为，在全社会形成良好的社会风尚。树立绿色发展观，要真正在文化产业发展中融入"生态""绿色"理念，注重文化产业的社会效益、生态效益，充分发挥文化产业的绿色产能，推动绿色文化产业快速发展，使其成为江西绿色崛起的重要驱动力。

二 加大产业扶持力度

江西绿色文化产业还处在起步阶段，在经济总量中的比重还很低，不但与沿海发达地区相比差距较大，即便与中部其他省份比较，也没有任何优势。即便如此，由于文化产业是未来全球经济发展的一种重要形式和亮点，因此它也是江西生态文明建设、绿色崛起的重要引擎和驱动力。为了更好地推动江西绿色文化产业的发展，政府需要在关键领域、环节，加大扶持力度。

优化绿色文化产业发展环境。要积极出台江西绿色产业发展惠企政策，搭建技术创新平台，重视和鼓励江西绿色文化产业与相关产业跨界融合，通过建立健全产业融合发展的政策与措施，为江西文化产业和其他产业的融合发展提供较为自由和宽松的发展环境。

加大绿色文化产业金融扶持。江西应充分利用赣江新区绿色金融改革创新试验区的有利契机，加快绿色金融改革，有效对接绿色文化产业发展，积极引入社会资本设立绿色发展基金。充分发挥绿色发展基金阶段参股、跟进投资、风险补偿、投资保障等作用，强化对绿色科技型中小企业的投入。同时，通过贷款贴息、保费补贴及设立产业投资基金等方式，引导各类金融资本和其他社会资本投入绿色文化产业，搭建江西绿色文化产业发展投融资平台。

加大绿色文化产业税费扶持。对于重点绿色文化企业，如江西出版集团、江西报业集团、江西腾王科技有限公司、泰豪动漫有限公司等，可推出优先减免增值税、营业税等税收优惠政策，推动其"走出去"，提升产业品牌影响力。对于小微绿色文化企业，要通过政府采购、信贷支持、房租减免、税费抵扣等多种形式，大力扶持其发展，引导其走"专、精、特、新"的特色发展道路，在开展特色经营、创新产品和服务、加大创意设计与研发、提升原创水平和科技含量等方面形成竞争优势。

加大绿色文化产业资金扶持。江西要积极对标优势绿色文化企业如景德镇陶溪川文创街区、南昌699文化创意园、南昌慧谷产业园、抚州汤显祖文化产业园、赣州赣坊1969文化创意产业园、徽州文化（婺源）生态保护实验区、客家文化（赣南）生态保护实验区等，加强引导和扶持，积极争取中央、江西省各类文化产业发展专项基金、生态文化保护基金、文化艺术等支持，进一步推动江西绿色文化产业发展。

三　注重绿色科技创新

习近平总书记指出："绿色发展是生态文明建设的必然要求，代表了当今科技和产业变革方向，是最有前途的发展领域。人类发展活动必须尊重自然、顺应自然、保护自然，否则就会受到大自然的报复……依靠科技创新破解绿色发展难题，形成人与自然和谐发展新格局。"[①] 江西绿色文化产业发展虽然取得了不少成绩，但其发展更多依赖于传统自然资源尤其是非物质文化遗产资源，这成为江西绿色文化产业的重要特色，如景德镇陶瓷产业、婺源乡村旅游产业、进贤文港毛笔产业、萍乡

---

① 习近平：《为建设世界科技强国而奋斗》，《人民日报》2016年6月1日第2版。

上栗鞭炮产业等，这些绿色文化产业将极大地依赖于资源，其发展也存在"非绿色"的可能。因此，积极推动绿色文化产业发展，应积极加大绿色科技应用，一方面要对资源型绿色文化产业进行转型升级，融入绿色科技影视，如互联网、物联网、大数据、云计算、区块链技术、信息技术、VR技术、人工智能等，"改造"传统绿色文化产业，建立绿色文化产业大数据库，推动资源型绿色文化产业与当代生活紧密结合，增强其时代感、科技感和体验感；另一方面，积极发展高科技绿色文化产业，提升文化产业绿色科技含量，在发展经济的同时，进一步推进江西生态文明建设，加强环境保护，壮大绿色经济。"绿色科技有利于节约资源和保护环境，不仅是解决可持续发展问题的利器，也是转变经济发展方式、发展绿色经济、促进生态文明建设的重要手段。"① 绿色科技是基于生态文明建设基础上的一次技术革命，更是人类思想观念更新，它强调一种新型的人与自然关系，突出环保、绿色、生态等元素，注重经济发展及人类社会的可持续发展发展。在江西绿色文化产业发展中，应积极使用新能源、新材料、生物工程、环保技术、绿色生产工艺的设计、开发等新能源、新技术，将人类科技最新成果应用与改变人居环境，实现江西绿色产业的跨越式发展。

四 丰富绿色文化产品

江西绿色文化产业发展要积极对接市场需求，注重内容生产，加强创意设计与开发，注重科技创新，丰富江西绿色文化产品。一方面，要注重产品形式的"绿"，积极加强生态农业、生态旅游、生态休闲、生态康养、生态牧业、生态食品加工等绿色文化产品及服务，重点发展自然、生态、环保、康健、民俗的绿色文化产业产品，积极创新产业业态，为广大民众提供优质的绿色文化产品；另一方面，要注重产品内容的"绿"，要立足生态文明建设，推动江西在中部地区绿色崛起的目标，重点培育和发展节能环保、航空制造、中医药、电子信息、高端装备制造、新能源、新材料等产业，积极发展生态工业、生态交通业、绿色科技业、绿色服务业等产业形式，大力拓展各种形式的绿色文化产

---

① 秦书生：《马克思恩格斯科学技术思想及其中国化研究》，东北大学出版社2016年版，第133页。

品，加快循环经济发展，切实提高资源利用效率，提升绿色产品科技含量，增强产业、品牌竞争力，加强绿色文化产品国际贸易，加强国际合作与交流，扩大江西绿色文化产品的国际影响力。

五　推动绿色产业集聚

大力发展绿色文化产业，不仅要深入推进绿色产业创新，还需要尊重产业发展规律，引导绿色文化产业集聚发展，不断拓展资金链、价值链和产业链，孵化新的业态，推动骨干型企业或企业集团的形成，增强产业整体实力、竞争力。

江西绿色文化产业，尽管近年来发展迅速，到处是"星火"，由于缺少骨干型企业或龙头企业，在国内、国际竞争中，往往处于劣势，也在整体上影响了江西绿色产业或绿色经济的发展势能，以至于难成"燎原"之势，因此，为更好培育江西绿色文化骨干型企业或龙头企业，有必要推动江西绿色产业集聚发展。

整合资源，推动特色文化产业集聚。江西民俗文化、非物质文化遗产资源丰富，对于这类资源型绿色文化产业，可以进一步加强资源整合，加强产业集聚，如江西文房四宝资源丰富，也有一定名气，进贤文港毛笔、婺源徽墨、上饶铅山连史纸、婺源歙砚、上饶玉山罗纹砚、赣州石城砚等，此类资源可以进一步整合，建立文房四宝文化产业集聚区。又如江西生态环境优良，名茶比较多，婺源茗眉、井冈翠绿、九江庐山云雾、抚州云林茶、上饶白眉、修水双井绿宁、遂川狗牯脑、林生婺绿、晓起毛尖、梅岭毛尖、武夷源贡茶、浮瑶仙芝等，此类资源也可以整合，建立江西名茶产业集聚区。其他如白酒、中药材、刺绣、漆画、木雕、剪纸、傩面具等，都可以通过产业集聚，拓展产业链条，打造区域性特色文化产业集群。

规范管理，加强现有文化产业集聚。江西有一批有一定品牌影响力的省级、国家级文化产业示范区（示范基地）及重点企业，如南昌791艺术街区、南昌樟树林文化生活公园、赣州国家印刷包装产业基地、上饶广丰县红木文化创意产业园、抚州黎川油画创意产业园、景德镇溪川国际陶瓷文化产业园、鹰潭余江县雕刻文化创意产业园、江西腾王科技有限公司、江西婺源朱子实业有限公司、江西丝黛实业有限公司、景德镇佳洋陶瓷有限公司、江西安源锦绣城文化产业有限公司等。这些文化产业区（示范基地）及重点企业在空间集聚上有所提升，但在产业管理、产业科技、产业关联性等方面仍需加强，产业特质性、产业规模性、产业创新性等均需进一步提炼、强化，大力提升其外部经济效应、规模经济效应、范围经济效应、扩散带动效应、创新效应、竞争力效应等。"产业集聚不仅可以使许多特定产业的企业和相关机构集中在一起，而且还能使若干相关产业也聚集在一起，可以更好地使集群内企业和产业对专业性技术、人才、劳动力、机械设备、零部件等多种要素和各种服务的需求得到相应的满足，从多方面使生产经营成本得到降低，提高经济效益，最终使得收益递增实现。"① 江西绿色文化产业应积极整合，加强科学管理，避免有"集聚"而无"效应"的问题，推动更多骨干型企业、龙头型企业甚至是领军型企业或集团的形成，提升江西绿色文化产业竞争力。

六 打造绿色知名品牌

江西绿色文化产业发展，要以绿色知名品牌建设为抓手，积极提升品牌资产、影响力，打造一批具有江西特色的知名国内、国际品牌。

加强体制改革。江西省应充分利用生态优势，抓住国家生态文明建设试验区、鄱阳湖生态经济区及赣江新区建设、发展契机，大力推进经济体制改革，下放相应管理权力，积极发挥基层市场经济主体地位，敢想敢干敢试，总结、归纳出江西绿色崛起的特色经验、做法，打造一批特色绿色知名品牌，营造良好的市场环境，以带动、影响更多绿色文化企业快速发展。

增加科技含量。江西省应加强传统产业转型升级，淘汰落后产能，加强新能源、新材料、新技术的使用，如生物科技、信息技术、VR 技术、云计算、智能装备、人工智能、航空制造、5G 技术等，提升绿色文化产业的科技含量。通过积极发展高端的科技型绿色文化产业，增加产品的科技含量，提升产品、品牌竞争力，增加品牌资产、品牌效应。

提升创新水平。"创新是一个国家兴旺发达、永葆生机的法宝，也

---

① 岳瑞波：《我国产业经济学热点问题分析》，中国商业出版社 2017 年版，第 142 页。

是一个民族发展进步、走向未来的动力。"① 江西绿色文化产业品牌的打造，也要以内容为王，提升创新创意水平，深入挖掘产品的文化内涵，积极与市场需求对接，根据市场需求来改进产品生产，加强产业跨界融合，有效利用"文化＋""生态＋"等样式，拓展新的产业业态，激活产业活力，创造新的产业品牌。

加大宣传推介。江西绿色文化产业品牌的打造离不开营销策划，离不开有组织有计划的宣传推介活动。"江西文化产业品牌应加大宣传推介力度，寻找宣传死角，抓住各类文化产业交流、推介、展销的有利时机，全方位宣传推介本土特色品牌，并推动宣传推介工作走向规范化、常态化、机制化。"② 绿色文化产业作为一种新的产业形态，人们对其了解、认识很有限，更需要进行规范化、常态化、机制化的宣传推介、营销、传播活动，积极筹划蓝海战略，抢占先机，抢占市场，打造一批海内外知名的绿色文化产业品牌，推动江西绿色文化发展。

七 加强人才队伍建设

江西绿色文化发展，绿色文化产业发展，绿色文化品牌打造，都离不开人才队伍建设。美国经济学家理查德·佛罗里达（Richard Florida）提出了技术（Technology）、人才（Talent）和宽容（Tolerance）的3T理论，他认为创意人才掌握创意资本，他们对地点的选择能够带动区域经济的增长，他们普遍愿意向多样化、宽容度较高、对新观念持开放态度的地区集聚。③ 江西省人才资源相对稀缺，教育资源落后，全省只有唯一一所211高校，没有双一流高校。因此，江西省应积极加强绿色文化产业领军型人才的引进，大力培养本地绿色文化产业人才，如"井冈学者"、"赣鄱英才555工程"、"双千计划"、百千万人才工程和文化名家暨宣传文化系统"四个一批"人才工程等。加强人才队伍建设，在当前日益激烈的人才抢夺战中，江西省在提升引进人才待遇的同时，应

① 刘爱华：《经济新常态下中部地区文化产业品牌培育策略研究——以江西省为例》，《文化产业研究》（第20辑），南京大学出版社2018年版，第231页。
② 刘爱华：《经济新常态下中部地区文化产业品牌培育策略研究——以江西省为例》，《文化产业研究》（第20辑），南京大学出版社2018年版，第233页。
③ ［美］理查德·佛罗里达：《创意阶层的崛起》，司徒爱勤译，中信出版社2010年版，第285—307页。

营造宽容自由、尊重人才的社会环境或氛围，以弥补江西人才资源短缺的"短板"，真正建设好人才大省、强省，推进江西绿色文化产业"弯道超车"。

第四节　讲好江西绿色文化建设故事

俗话说："酒香也怕巷子深。"在信息时代、网络时代、全媒体时代、自媒体时代，不仅需要做好产品，也要做好宣传推介，做好传播策略，做好营销策划，讲好故事，会讲、能讲、善讲故事。江西绿色资源丰富、绿色产业亮眼、绿色文化厚重，推动江西绿色文化发展，既要弘扬传统绿色文化知识、精神、思想及理念，也要宣传推介、对外传播江西绿色发展观，牢固树立"创新、协调、绿色、开放、共享"五大发展理念，加强环境保护，采用新能源、新材料、新技术，大力实施创新驱动发展战略，提升江西文化产业"绿色"水平和科技含量，加快江西在中部地区的绿色崛起。一句话，加快江西绿色文化发展，离不开江西绿色文化建设，离不开江西绿色文化故事的精彩讲述，离不开创新江西对外传播理念及策略。

一　构筑国际品牌，讲好绿色文化故事

江西生态环境优良，生态文明建设成效显著，是首批国家级生态文明试验区三个省份之一，承担着建设中部地区绿色崛起先行区、生态文明体制机制创新区、大湖流域生态保护与科学开发典范区的重任，因此，要认真讲好江西绿色文化故事，传播江西绿色文化正能量，构筑国际绿色文化品牌。

讲好江西绿色生态故事。绿色生态是江西最大财富、最大优势、最大品牌。近年来，江西在生态环保方面，以国家生态文明试验区为抓手，以鄱阳湖经济生态区为驱动力，大力发展绿色经济、生态经济，弘扬绿色文化，将生态优势转化为发展优势，取得了可喜的成绩。截至2018年9月，全省的森林覆盖率由20世纪80年代初的35.3%提高到63.1%，居全国第二，活立木蓄积量从25376万立方米提高到44531万立方米，增长超过四分之三。全省自然保护区数量从1984年的16个增加到189个，保护区面积占全省总面积比例提高到6.3%左右。全省自

然保护区、森林公园、湿地公园总面积达到 2551 万亩，湿地面积达到 91 万公顷。① 因此，江西在做好治山理水、显山露水文章的同时，也要加强绿色文化故事的对外传播，让海内外友人都能分享、认同江西绿色文化故事，可以说，这也是江西绿色文化建设的又一篇山水文章。

讲好江西绿色产业故事。江西依托绿色生态资源优势和生态产业基础，围绕绿色经济做文章，加快发展绿色生态产业，努力构建环境友好型的绿色生态产业体系，以绿色产业助力高质量发展。讲好江西绿色文化故事，也要讲好江西绿色产业故事，一是要讲好江西绿色生态农业故事，江西大米、江西脐橙、江西蜜桔、江西茶叶、江西茶油等生态农业产品，已经涌现出一批在海内外市场有一定知名度的生态农业品牌，要利用媒介组合的传播平台，加强对外传播，塑造江西绿色文化品牌；二是要讲好江西绿色生态旅游业故事，"庐山天下悠、三清天下秀、龙虎天下绝"，江西绿色生态旅游资源丰富，环境优美，世界瓷都景德镇、最美乡村婺源、丹霞奇景龟峰、候鸟天堂鄱阳湖、革命摇篮井冈山、禅宗圣地百丈寺等，这些生态旅游业故事也值得好好讲述；三是要讲好江西绿色科技故事，江西近年来大力发展绿色科技，如航空制造、生物科技、中医药、电子信息、信息产业、新能源、新材料、数字经济、共享经济等新能源、新业态和新商业模式，这些绿色科技故事也需要好好提炼，加大对外传播力度，展现江西绿色发展的英姿。

讲好江西绿色传承故事。绿色发展是一个综合性体系，不仅包括经济发展、社会进步，也包括文化传承。讲好江西绿色文化故事，也要重视挖掘绿色传承故事。既要深入挖掘景德镇陶瓷制作技艺、樟树中药炮制技艺、南昌瓷板画绘制技艺、南昌西山万寿宫庙会、婺源"三雕"、进贤文港毛笔制作技艺、抚州南丰傩舞、吉安永新盾牌舞等非物质文化遗产项目，也要大力展示南昌汉代海昏侯国遗址、景德镇御窑遗址、樟树吴城遗址、鹰潭仙水岩崖墓群、新干大洋洲商墓、进贤李渡烧酒作坊遗址等遗址及文物，提炼江西绿色文化内涵，打造精品文化符号，切实讲好江西绿色传承故事。

---

① 王健：《改革开放 40 年：绿色生态成为江西最大财富、最大优势、最大品牌》，中国日报网，https://jx.chinadaily.com.cn/a/201809/27/WS5becc6f0a3101a87ca93c64f.html，2018 年 9 月 27 日。

讲好江西绿色创新故事。在生态文明建设过程中,江西绿色创新也有很多故事,如景德镇陶溪川文化创意园,将废弃的国有瓷厂宇宙瓷厂厂房加以利用,打造成世界陶瓷文化创意园,建成为景德镇市融传统、时尚、艺术、科技于一体的文化地标;如婺源县加大旅游综合执法改革,创新旅游管理,率先在全省建立"1 + 3 + N"的旅游综合执法模式,成效显著,深受游客好评,2018 年,婺源入选第二批"绿水青山就是金山银山"实践创新基地;如井冈山市围绕"城在山水园林中,山水园林在城中"的理念,大力建设生态文明,致力打造美丽宜居的生态城乡,深入推进"河长制""湖长制""林长制",有序推进美丽乡村建设,大力发展生态农业,成功列为江西省绿色有机农产品示范县,2018 年,井冈山市成功跻身第二批国家生态文明建设示范市县名单,等等。这些绿色创新故事需要做好挖掘、整理工作,加强对外传播,彰显江西绿色创新的气势、气派和气象。

讲好江西绿色开放故事。江西虽然处在中部地区,对外开放先天条件不够,但在绿色发展中,江西积极利用"一带一路""长江经济带""长三角一体化"等战略,积极对接长三角、珠三角、闽三角,推动全省绿色开放,积极打造中国绿色食品博览会(南昌绿博会)、江西"生态鄱阳湖·绿色农产品"博览会、江西旅游产业博览会、中国景德镇国际陶瓷博览会、世界 VR 产业大会等会展品牌,加强海内外交流与合作,在绿色开放中很好地诠释了江西绿色发展故事,因此,讲好江西绿色文化建设故事,也应讲好江西绿色开放故事,更好展示江西绿色发展的良好形象。

二 融合传播媒介,提升对外传播效果

讲好江西绿色文化故事,要积极利用多元化的传播形式和手段,加强媒介组合,注重官方媒体与民间媒体的融合,传统媒体与新兴媒体的融合,形成传播江西绿色文化的"统一"步骤,推动各种媒介的互动,充分发挥其溢散效果(spill-over effect)与共鸣效果(resonance effect),避免"单兵作战",避免"单媒体"发声,而要以"全媒体"的形式发出"立体声""多声部",呈现并实现效果的最大化。为更好发挥"全媒体"的整体传播效益,一方面,要加强传统媒体如报纸、电视、期刊等传播力量,在国家政策颁布、阐释及重大活动宣传报道上,相比新兴

媒体，传统媒体更具权威性、规范性和公信力，在信息的广度、深度、高度上占据优势，江西绿色文化故事的传播，离不开传统媒体"正规军"的全面参与，以更好提升绿色文化传播的权威性和影响力；另一方面，也要重视新兴媒体如抖音、快手、微博等传播效益，这些"非正规军"虽然在新闻报道的权威性上不及传统媒体，但其普及性、及时性、渗透性等优势却远胜传统媒体。据统计，2019 年 1—11 月，全国移动互联网用户超过 13 亿，比上年末净增约 3366 万。截至 2020 年 3 月，中国手机网民规模达 8.97 亿，较 2018 年底增长 7992 万。① 这样庞大数量的新兴媒体用户蕴藏巨大的潜在消费市场，也直接催生了网红经济、直播带货等新型商业模式、经济业态。如 2019 年国庆期间，婺源文广新旅局官方抖音号"中国最美乡村——婺源"发布了一条农民用辣椒、玉米等农作物祝福祖国生日的创意晒秋抖音视频，共收获 5000 多万阅读量，486.5 万个点赞，② 使篁岭晒秋知名度、美誉度进一步扩大，成为热门网红打卡地。因此，江西绿色文化故事的传统，要充分利用官方媒体和民间媒体、传统媒体和新兴媒体的相互协同、相互补充、互动交融，借鉴相关商业模式、经济业态，全面发挥其整体传播效益，使江西绿色文化故事成为"网红"，更深入人心。"'全媒体'则意味着传统上的报纸、广播、电视、网络的媒介形态的分野被彻底打破，任何一个媒体机构要想具有国际竞争力，就必须充分利用文字、图片、视音频等多种传输手段，最大限度地获取'到达率'。"③ 通过运用多种媒介形态、传输手段，高频率、广视角、大范围地对外传播江西生态文明建设，让海内外正确接收江西绿色文化故事，从而慢慢认识、认同、欣赏江西绿色文化故事。

在对外传播中，应转变传播理念，站在受众的立场，思考江西绿色文化故事的传播对象、传播方式、传播立场及传播效果，避免单向度的推送，而要注重互动效果，要根据世界语种多、媒体形态多、受众面广

---

① 唐维红、唐胜宏、廖灿亮：《跨入 5G 时代的中国移动互联网——〈中国移动互联网发展报告（2020）〉发布》，《中国报业》2020 年第 17 期。

② 潘宏萍：《创意晒秋！一条播放量 5000W + 抖音爆火的背后》，德兴市人民政府官网，http://www.dxs.gov.cn/news-show-53039.html，2019 年 10 月 12 日。

③ 史安斌：《未来 5—10 年我国对外传播面临的挑战与创新策略》，《对外传播》2012 年第 9 期。

的复杂传播现实，加强传播资源整合，凸显区域文化特色，充分、有效利用数字传播优势，拉近海内外受众的心理距离，全面展现江西绿色文化故事的精彩，讲好江西绿色文化故事，使其真正地走向全国、走向世界，从而对江西绿色文化达成观念认同和形成价值共识。

三 探寻价值共性，形成对外共同话语

在江西绿色文化建设故事传播过程中，要从全球化的语境，思考人类面临的环境破坏、生物多样性灭绝、人类生存困境等重大问题。要意识到这样一些重大问题是人类必须面对的，具有价值共性，从而采取更有效的对外传播策略，加强江西绿色文化故事传播，讲好江西绿色文化建设故事。

首先，积极传播"天人合一"生态观，展示生态文明建设成就。作为中华文明的重要组成部分，赣鄱文化既有拼搏、进取的文化基因，也有节俭、勤劳的思想遗产，更有敬畏自然、尊重自然的生态平衡理念。"天人合一"生态观也是赣鄱文化的重要构成，它强调人与自然的和谐共生，将人类的"自我"纳入自然范畴之中，人是"自然之子"，主张尊重、遵从、顺应自然。《周易》："有天地，然后有万物；有万物，然后有男女。"[1] 认为天地是万物、人类之源，这里的天地应为自然。《道德经》："有物混成，先天地生，寂兮寥兮，独立不改，周行而不殆，可以为天下母。吾不知其名，字之曰道，强为之名曰大。大曰逝，逝曰远，远曰反。故道大，天大，地大，王亦大。域中有四大，而王居其一焉。人法地，地法天，天法道，道法自然。"[2] 人效法地，地效法天，天效法道，而作为天地万物存在本源的道也要效法自然，可见，自然处于至高无上的地位，是包括道在内的万物的主宰者，所以万物应"于自然无所违也"。《庄子》："天地与我并生，万物与我为一。"[3] 人的产生和存在都是一个自然的过程，人与自然是融合的，是浑然一体的。也就是说，人是属于自然的，最终也将复归于自然。《荀子》："天地者，生之本也。"[4] 认为天地是生命的根本（这里的天地应为自然），人也应该

---

① 方世昌：《周易新释》，西安电子科技大学出版社 2017 年版，第 386 页。
② 牛贵琥：《老子通释》，商务印书馆 2016 年版，第 77 页。
③ 靖林：《〈庄子〉释义》，新华出版社 2016 年版，第 49 页。
④ 焦子栋：《荀子通译》，齐鲁书社 2016 年版，第 267 页。

归属于自然。因此，人是自然的一部分，应遵从、顺应自然，保护自然环境，从而实现人与自然的和谐共生。"天人合一的技术观和生态观就是：人类要投入到自然循环系统之中，回到自然的生存状态中，利用自然万物的自然形态生存下去，辅助自然万物的生命健康成长，建立人同自然万物的一种和谐、共生的关系。"①

传播江西绿色文化建设故事，需要积极传播"天人合一"生态观，不仅要传播古代生态观，更要传播今天的绿色发展观，传播江西绿色生态故事、江西绿色文化产业故事、江西绿色文化创新故事、江西绿色文化开放故事，展现江西绿色文化建设成就，从人类生存与发展的角度，突出环境保护、生态文明建设的重要价值，从而寻找人类价值共性，引起其共鸣，唤起其环保意识。同时，通过江西绿色文化建设故事的传播，传播江西绿色文化建设理念和价值观，展现江西绿色文化形象，从而促使其认识、了解绿色江西，认同、接受江西绿色文化建设，欣赏、参与江西绿色文化建设。

其次，积极传播"人类命运共同体"理念，形成环境保护共同话语。针对人类命运前途及发展趋势，习近平总书记早在2013年就首次提出"人类命运共同体"概念，党的十八大以来，其内涵不断丰富成熟，面对全球共同性问题，其价值逐渐成为全球共识，在海外引起了积极的社会反响，该词汇也逐渐成为社会热点。"人类命运共同体"科学内涵、思想内容丰富，且不断发展，但作为一个国际交往、发展规则，其科学内涵体现可以简略概括为，在处理国际关系与国际经济社会发展问题时，彼此应"建立平等相待、互商互谅的伙伴关系；营造公道正义、共建共享的安全格局；谋求开放创新、包容互惠的发展前景；促进和而不同、兼收并蓄的文明交流；构筑尊崇自然、绿色发展的生态体系"②。也就是说，尊重自然、保护环境、绿色发展的生态发展观也是其重要内涵和组成部分。因此，江西绿色文化建设故事的传播，也应站在"人类命运共同体"的高度，将海内外人民群众作为传播对象，从受众角度去思考人类生存与发展、人类与自然的关系，积极对接异文

---

① 陈杰：《天人合一：现代科技观与生态观的价值取向》，《云南师范大学学报》（哲学社会科学版）2005年第2期。
② 习近平：《携手构建合作共赢新伙伴 同心打造人类命运共同体——在第七十届联合国大会一般性辩论时的讲话》，《人民日报》2015年9月29日第1版。

化，秉持包容开放理念，求同存异，形成共同话语，从而更好讲述江西绿色文化、绿色产业、绿色创新、绿色开放等绿色文化建设故事，展示江西在生态文明建设中所付出的巨大努力、所取得的巨大成绩及经济社会的巨大变化，推动海内外组织、企业及个人加强与江西在环境保护、绿色经济发展等领域的合作，提升人类社会发展安全指数、幸福指数。

四　创新传播理念，扩大对外覆盖范围

在全球化语境下，要传播好江西绿色文化建设故事，就需要转变、创新传播理念，将"对外宣传"转变为"对外传播"，以更加开放、客观的立场，全面传播江西绿色文化建设故事，树立绿色江西的良好形象。"与'对外宣传'相比，'对外传播'更加强调对意识形态特征的淡化，它秉承的是客观主义原则，着重对事实信息的传递，而非是观点的传递，或者通过议题建构、信息加工和舆论引导，实现对受众的价值认同的建构。"① 改变传统"对外宣传"模式，采用相对客观的"对外传播"手段，能够有效吸引海内外受众，以其"润物细无声"的传播方式，潜移默化地影响受众，全面客观地展现江西绿色文化建设成绩、存在问题及所取得的成就，容易引起受众的共鸣，从而更好塑造绿色江西的良好形象。值得一提的是，2020年是中国全面建成小康社会、打赢脱贫攻坚战收官之年和关键之年，且又因为新冠肺炎疫情的影响，给扶贫工作带来了很大困难，为了更好推动扶贫工作，传播江西绿色文化，江西不少地区县长们开始行动，利用互联网，开展直播带货活动，涌现出不少"网红县长"，如鄱阳县副县长沈忠春、铜鼓县副县长陈伟峰、婺源县副县长刘渊海等。为进一步推动官员"网红"效益成果，2020年3月15日，江西在全省各地统一开展"百县千品消费扶贫活动"，近百个县的县长、副县长等成为带货主播，传播绿色文化，为家乡农产品打开市场。尽管这种活动可持续性值得商榷，但推动政府官员参与扶贫，积极利用网络直播技术，传播江西绿色文化，无疑是传播理念上的重要创新和有效尝试。它颠覆了人们印象中官员的严肃形象，使他们更接地气，更具人气，和网民拉近了距离，产生了很好的传播

① 王全权、张卫：《我国生态文明的对外传播：意义、挑战与策略》，《中南民族大学学报》（人文社会科学版）2018年第5期。

效益。

创新传播理念，秉持"对外传播"理念，顺应国际传播新特点、新态势、新语境，深入研究国内外受众心理特点和接受习惯，增强江西绿色文化建设故事对外传播的亲和力、感染力、吸引力和辐射力。同时，站在全球化、全世界的视角，用一种国际主义眼光，坚持"兼顾内外"的原则，针对海内外受众传递、传播优质的江西绿色文化素材，做好江西绿色文化建设故事的讲述与对外传播。要积极采用媒介组合的传媒力量，构建覆盖广泛、技术先进的对外传播体系，创新传播技术，使江西绿色文化故事慢慢"渗透"，自然而然潜移默化地扩大受众范围，更好传递、传播和传扬江西绿色和绿色江西的精彩故事。

五　利用交流平台，拓宽对外传播渠道

江西作为内陆省份，对外开放项目、平台等资源相对有限，因此，江西绿色文化建设故事的传播，要积极利用现有对外交流平台，不断拓展传播渠道，加强向海内外传播江西绿色文化建设故事的力度、频度和广度。

首先，积极利用国家、省级层面交流平台，努力塑造绿色江西国内良好形象。江西属于中部地区，中部地区近年来发展迅速，成为中国经济崛起的"腰"，"腰板挺直了"，国家才更有力量，可见中部地区在中国经济发展中处于重要位置。2018 年，中部六省 GDP 合计达到 19.26 万亿，占全国的 21.4%；人口合计达 3.7 亿，占全国的 26.6%。① 同时，江西又处于长江经济带沿线，长江经济带是中国经济发展的大动脉，覆盖 11 省市，面积约 205.23 万平方千米，占全国的 21.4%，人口和生产总值均超过全国的 40%。② 在国家中部崛起战略和长江经济带发展战略的整体效应下，江西不仅应在经济社会发展方面积极对接、加快发展，有效融入国家战略；同时，在对外传播方面，江西也应该采取有效的传播策略，积极利用中国中部投资贸易博览会、中国非物质文化遗产博览会、中国（深圳）国际文化产业博览交易会等全国性交流平台，

---

① 杨小刚：《中部六省 8 年 GDP 增长 125%，崛起势头正劲但分化明显》，第一财经网，https://www.yicai.com/news/100202945.html，2019 年 5 月 27 日。

② 《2019 长江经济带 11 省市经济表现：GDP 占比全国超 46%，多省增速突出》，搜狐网，https://www.sohu.com/a/386433513_ 99964340，2020 年 4 月 8 日。

传播江西绿色崛起的先进经验和发展成就,讲好江西绿色文化建设故事。

此外,江西还可以积极利用自身创设的绿色文化交流平台,如世界 VR 产业大会、中国绿色食品博览会(南昌绿博会)、江西"生态鄱阳湖·绿色农产品"博览会、江西旅游产业博览会、鄱阳湖国际生态文化节、景德镇国际陶瓷博览会、中国赣州国际脐橙节(赣南脐橙网络博览会)等平台,大力加强并积极拓宽对外传播渠道,大力传播江西绿色文化建设故事传播,展示绿色江西良好形象。

其次,积极利用"一带一路"倡议,努力塑造绿色江西国际良好形象。"一带一路"倡议,对国家发展来说,是具有深远意义的谋篇布局,是中国处理国际政治、经济、文化、外交关系的重要创新战略,是中国的国际形象和国际地位的一次华丽转身,开辟了中国国际合作的新舞台、新阶段和新时代,也是中国应对全球化发展趋势的必然选择。"一带一路"倡议涉及沿线 60 多个国家,经济发展前景广阔。数据显示:2016 年"一带一路"沿线 64 个国家 GDP 之和预测为 12.0 万亿美元,占全球 GDP 的 16.0%;人口总数为 32.1 亿人,占全球人口的 43.4%;对外贸易总额为 71885.5 亿美元,占全球贸易总额的 21.7%。① 因此,这是一个巨大的发展机遇和传播机遇,江西绿色文化建设故事的传播,应积极对接、融入"一带一路"倡议,深入研究沿线国家经济社会发展、人们生活状况和风俗习惯,积极挖掘其对新闻的兴趣点、关注点和前沿点,加强对外传播理念、形式、内容、目标及功效的深入研究,找准对外传播的契合点、切入点和落脚点,有效拓宽江西绿色文化建设故事传播渠道,打造对外传播品牌,大力传播江西绿色发展、绿色崛起的经验、成就及变化,成功塑造绿色江西的良好国际形象。

最后,加强交流平台建设,丰富平台内涵,强化播射能力。讲好江西绿色文化故事,不仅要积极利用各类平台提供的交流契机,加强海内外绿色文化交流,传播江西绿色文化故事,推销江西绿色文化产品;也要积极参与各类平台的建设,优化交流机制,深化交流方式,拓展交流

---

① 《"一带一路"沿线主要国家 GDP/人口/贸易情况分析》,中商情报网,https://www.askci.com/news/finance/20170517/11201898259.shtml,2017 年 5 月 17 日。

途径，扩大交流范围，加强交流平台的内涵建设，彰显江西绿色文化优势。尤其是要重视自身平台建设，要有国际眼光，充分利用高科技手段及江西绿色文化软实力，建设一流交流平台，丰富平台内涵，注重管理制度、人才队伍、交易机制、营销策划、后台服务等建设，提升平台的国际影响力，将每个交流平台视为江西绿色文化展示窗口，视为江西文化现象展示空间；同时要练好"内功"，凝练江西绿色文化特色、亮点，丰富优质绿色文化产品供给，提升江西绿色文化展示水平、传播能力，扩大江西绿色文化的对外传播力、辐射力和渗透力，增强江西绿色文化品牌的吸引力、影响力和竞争力。

总之，交流创新，外向则强。文化是交流的产物，创新是发展的要求。利用好与世界交流的平台，不断夯实并创新交流内容，就能把好东西传出去，把好东西引进来，增强江西声音，提升江西形象，促进江西发展，把绿色江西建设好。

附录一 挖掘赣鄱绿色基因 打造绿色文化样板*

——江西生态文化体系建设的实践与对策

摘 要 生态文化是江西绿色生态形象的最直观体现，是国家生态文明试验区建设的核心要素，必须保护好、传承好、弘扬好江西生态文化。本研究以为什么建设生态文化、建设什么样的生态文化、怎样建设生态文化为主线，以坚持和巩固什么、完善和发展什么的问题导向，分析了当前生态文化建设基本状况；总结了生态文化＋生态保护、生态文化＋环境治理、生态文化＋现代服务、生态文化＋现代农业、生态文化＋生态工业、生态文化＋社会风尚等江西生态文化建设典型经验；探讨了生态文化建设中存在的不足，并提出了加快构建具有江西特色的生态文化体系、在繁荣绿色文化上打造"江西样板"的对策。一是聚焦顶层设计，绘好江西生态文化建设蓝图；二是聚焦生成培育，打造江西生态文化建设样板；三是聚焦动能转换，探索江西生态文化产业新路；四是聚焦总结宣传，讲好江西生态文化建设故事；五是聚焦保障支撑，壮大江西生态文化建设合力，推动将生态文化转化为生态环保引力、生态共建合力、绿色发展动力，助力打造美丽中国"江西样板"、建设富裕美丽幸福现代化江西。

关键词 绿色基因；生态文化；江西样板；文化建设

---

* 本文系江西省 2019 年经济社会发展智库项目"江西生态文化研究"、江西省教育科学规划项目"生态文化认同及其教育引导体系研究"（课题编号 18ZD077）阶段性成果。课题组主要成员：张艳国，二级教授，博士生导师、博士后合作导师，江西省 2011 协同创新"中国社会转型研究中心"主任、首席专家；赖晓琴，南昌工程学院讲师；陈杰，江西师范大学马克思主义学院博士研究生。

生态文化是生态文明的文化表现和文化表征，既是生态文明建设的重要内容，又是生态文明建设的核心要素。总结生态文化发展经验，大力促进生态文化发展，对于促进生态文明建设具有重大的理论意义和实践价值。江西是全国可持续发展的先行区，是党中央国务院批准的国家生态文明试验区，总结江西生态文化发展经验、探讨江西生态文化发展对策，对全国生态文化发展和美丽中国建设具有重要意义。

一　当前生态文化建设基本状况

生态文化是生态文明建设的思想根基，为生态文明建设提供正确的价值取向。当前，生态文化繁荣发展，生态文化更加自觉自信。全国各地积极发展生态文化，服务和支撑生态文明建设。江西生态资源丰富，生态人文厚重，绿色生态已经成为江西在国内外最亮丽的名片。

中国社会主义生态文化繁荣发展。一是习近平总书记始终高度重视生态文化。习近平总书记强调要加强生态文化建设，使生态文化成为全社会的共同价值理念；必须加快建立健全以生态价值观念为准则的生态文化体系；加快繁荣绿色文化。[①] 二是生态文化支撑生态文明。中共中央、国务院印发的《生态文明体制改革总体方案》明确要求培育普及生态文化。《中共中央国务院关于加快推进生态文明建设的意见》要求积极培育生态文化、生态道德。三是生态文化更加自觉自信。党的十八大以来，中国在生态文化上实现了从自发到自觉的转变，生态文化、社会主义生态文明观已经成为全社会的共识；生态文化的引导融合能力和公共服务功能全面提升；生态文化产业兴起，成为高质量发展新的增长极。

兄弟省市生态文化建设形成品牌。青海省深度挖掘海南州深厚的黄河文化底蕴和旅游资源，推动文化资源保护利用和旅游资源的开发建设。贵州省连续多年开展"生态日"系列活动，打造生态文明"贵阳论坛"成为生态文明领域的知名文化品牌。海南省将生态文明教育纳入

---

① 中共中央文献研究室编：《习近平关于社会主义生态文明建设论述摘编》，中央文献出版社 2017 年版，第 122 页。

国民教育、农村夜校、干部培训和企业培训体系，融入社区规范、村规民约、景区守则。浙江省将生态文化融入到政府决策、企业经营和家庭生活之中，推动全社会广泛崇尚绿色生活方式。北京市每年举办"生态文化高端论坛""生态文化周"等活动，营造生态文化氛围，培育生态文化品牌。云南省开展洱海保护知识宣传教育"五进工程"。雄安新区注重构建人文生态环境系统，以科技赋能生态文化，谋划高品质的生态文化。

江西生态文化资源丰富、特色鲜明。一是生态资源丰富。江西素有"物华天宝、人杰地灵"的美誉，它是文化厚重的红土圣地和环境优美的生态福地。全省森林覆盖率高达63.1%，居全国第二，生态环境质量位居全国前列，是中国"最绿"的省份之一。全省生物资源、动物资源、植物资源、森林资源、矿产资源、水资源丰富。习近平总书记两次亲临江西视察都特别指出，绿色生态是江西的最大财富、最大优势、最大品牌。二是生态人文厚重。江西具有敬畏自然、珍爱绿色、呵护环境的优良传统。持之以恒的生态实践探索，传播了生态知识、提高了生态意识、增强了生态理念，坚定了江西生态文化自信。三是生态成就突出。改革开放以来，从山江湖综合开发治理到生态鄱阳湖流域建设，从全国生态文明先行示范区创建到国家生态文明试验区建设，江西始终坚定走生态优先、绿色发展的可持续之路，举全省之力做好"治山理水、显山露水"这篇大文章，奋力打造美丽中国"江西样板"。总体上看，江西的绿色生态更加靓丽、更加突出。四是生态品牌响亮。通过加强生态创建和示范引领，打响了"江西风景独好""生态鄱阳湖 绿色农产品"等一批生态品牌。绿色生态已经成为全省的最大财富、最大优势、最大品牌，绿色生态是一张江西在国内外最亮丽的名片。

二　江西生态文化建设典型经验

建设生态文明，必须由强有力的生态文化来引领支撑。本课题总结了生态文化+生态保护、生态文化+环境治理、生态文化+现代服务、生态文化+现代农业、生态文化+生态工业、生态文化+社会风尚等江西生态文化建设的典型模式。

生态文化+生态保护。文化赋能生态保护，推动生态保护持续深入。以生态文化引领生态保护理念，形成生态保护氛围，推动生态保护实践，促进全社会形成生态保护的共识共为和实践自觉。生态文化支撑生态鄱阳湖流域建设、厚植湿地生态文化推动湿地生态保护、乐安水南文化坚守保护千年古樟林、庐陵文化成就山水和谐的美丽渼陂、靖安高湖擦亮全国生态文化村名片是我省生态文化＋生态保护的典型经验。一是生态文化支撑生态鄱阳湖流域建设。在全省推进生态鄱阳湖流域建设行动计划中，生态文化与空间规划引领、绿色产业发展、最美岸线建设等共同构成生态鄱阳湖流域建设十大行动，注重突出传承弘扬流域文化、加强流域生态文化建设，推动文化与旅游融合加强生态文化教育。二是厚植湿地生态文化推动湿地生态保护。长期以来，我省以湿地生态为基底，积极挖掘独具特色的地域湿地生态文化。以湿地生态文化引导全社会湿地生态保护共识，促进湿地生态保护具体实践活动，维护良好的湿地生态环境，留住"候鸟低飞、渔歌唱晚"的美景。三是乐安水南文化坚守保护千年古樟林。乐安水南村制定村规，严禁村民毁坏树木、在树林内点火、乱丢垃圾等，养成了世代保护生态的优良传统。这种难能可贵的文化坚守与传承，留下了今日十里香樟、百鸟绕林、千年古樟的美丽家园。四是庐陵文化成就山水和谐的美丽渼陂。吉安市青原区富水河畔的文陂镇渼陂村庐陵文化底蕴深厚，当地坚持不挖山、不填塘保护原有生态绿化，开展了渼水、富水河的水系治理，二十八口水塘清淤护坡护岸，造就了山水相依、人物相融的和谐格局。五是靖安高湖擦亮全国生态文化村名片。靖安县高湖镇常态化开展"我家在景区、人人是风景""靖善靖美、从我做起"等文化活动，生态文化成为当地生态文明建设、推动绿色发展的重要抓手。

生态文化＋环境治理。生态文化为环境治理注入动力，为持续推进环境治理提供保障。景德镇生态文化助力城市双创双修、海绵文化促建萍乡海绵城市、抚州激活文化元素促进流域水环境治理、文化支撑鄱阳湖流域综合治理创新、上饶信州坚守传统文化建设美丽家园等，为生态文化＋环境治理模式探索了经验。一是景德镇生态文化助力城市双创双修。景德镇双创双修既是修补城市、修复生态，也是留住城市记忆、文化之魂，构建生态文化体系，让瓷都重新焕发光彩。坚持从修生态、修文化、修空间、补功能四个方面全方位地打造人文宜居环境。二是海绵文化促建萍乡海绵城市。海绵文化体现海绵城市理念，将海绵城市建设的要求和标准融入到城市规划、城市建设、城市发展中，用海绵城市理念引领生态发展方式、生活方式、生态保护方式的转变，是一种富有活力的新兴生态文化。试点以来，海绵文化已深刻影响着萍乡这座新兴的海绵城市，形成了江南丘陵地区海绵城市建设的萍乡模式。三是抚州激活文化元素促进流域水环境治理。抚州坚持以水定城、生态融城、产业兴城、文化铸城、科学立城的新治理理念，将抚河打造成传承文明的文化之河、符合国际标准的生态之河、充满活力的绿色产业之河，恢复抚河"黄金水道"。四是文化支撑鄱阳湖流域综合治理创新。鄱阳湖流域的独特完整性孕育了江西独具特色的流域文化，向心力、系统性极强的流域文化，促进了流域治理的发展和创新。五是上饶信州坚守传统文化建设美丽家园。家园意识、族规家风等是传统家园文化的重要内容。上饶市信州区强化家风民风、村规民约建设，推动乡村环境治理。

生态文化＋现代服务。生态文化支撑服务业拓宽领域、扩大规模、优化结构、提升层次，为现代服务业筑牢基础。上饶婺源坚守文化基因拓展旅游发展、赣州崇义深耕文化促进文旅融合发展、进贤李家打造人与自然和谐的文化名村、抚州黎川大力推进特色文化产业发展、生态文化与体育产业融合发展等案例，探索了生态文化＋现代服务的科学路径。一是上饶婺源坚守文化基因拓展旅游发展。文化是婺源最靓的瑰宝。长期以来，婺源始终守住文化基因，始终把乡村旅游作为核心产业来发展，打响了"中国最美乡村"品牌。二是赣州崇义深耕文化促进文旅融合发展。崇义突出文旅融合主线，坚持全域旅游发展，着重探索以文为魂、以旅为体、文旅合一的文旅融合发展新模式，实现旅游、体育、文化、康养四业融合快速发展。三是进贤李家打造人与自然和谐的文化名村。西湖李家深耕生态文化，将日渐式微的传统农业村庄建设成充满活力、人与自然和谐共生的文化名村。突出弘扬道德文化，传承农耕文化，恢复民俗文化，创新节庆文化，构建现代文化。四是抚州黎川大力推进特色文化产业发展。黎川是"中国民间文化艺术油画之乡""江西油画之乡"，书画名家辈出，蕴含了油画艺术的优质基因。黎川坚持文化自信，整合资本、劳力、技术、信息等市场要素和资源，推动油画产业持续健康发展，让油画产业盛开"幸福之花"。五是生态文化与体育产业融合发展。生态文化＋体育体现了现代体育融合理念。江西省聚焦突出本土特色，深入探索生态特色突出、文化底蕴深厚、体育特征鲜明、文化气息浓郁、产业集聚融合的新路，推进了体育旅游融合发展，拓宽了体育产业发展空间。

生态文化＋现代农业。生态与农业有着天然不可分割的紧密关系。生态文化与农业结合，是中国农业发展的优良传统，也是高质量现代农业的必由之路。抚州广昌传扬莲作文化持续打造白莲品牌产业、上饶万年稻作文化涵养"万年稻"、宜春高安以农业文化为魂打造现代田园综合体、南昌凤凰沟依托生态文化科技融合打造农业生态示范园、生态文化释放九江彭泽现代农业活力等案例，展示了生态、文化、农业结合的可行之路。一是抚州广昌传扬莲作文化持续打造白莲品牌产业。广昌传扬莲作文化，不断壮大莲作产业。2019 年，全县种莲面积达 11 万余亩，白莲总产 9000 吨，综合产值达 10 亿元以上，莲农从白莲产业中人均预计增收近 3000 元。二是上饶万年稻作文化涵养"万年稻"。上饶万年是世界稻作文化发源地，历史悠久，文化灿烂。"万年稻作文化系统"被联合国授予世界农业文化遗产。坚持传承稻作文化，保留特色种植，打造品牌稻米，万年稻作文化让"万年稻"生机勃勃。三是宜春高安以农业文化为魂打造现代田园综合体。宜春高安巴夫洛田园综合体以农业文化为主线，以"生态高地、农业慧谷"为主题，以原有 12 个赣派老村庄及耕读文化为依托的生态休闲文旅体系，推动现代农业转型升级。四是南昌凤凰沟依托生态文化科技融合打造农业生态示范园。南昌凤凰沟以生态农业为主题，突出生态科技、突出生态文化、突出生态农业，集中打造农业生态示范园。五是生态文化释放九江彭泽现代农业活力。彭泽将生态、文化、农业、旅游等要素进行统筹布局、加快互动互融，打造生态＋文化＋农业＋旅游综合体，培育生态＋文化＋农业＋旅游新业态。

生态文化＋生态工业。生态文明离不开生态工业、绿色产业的支撑。生态以文化的形式，注入到工业领域，融合形成生态工业。南昌高新区以文化创新滨水生态工业园区建设、景德镇陶瓷文化支撑陶瓷工业高质量发展、江铜贵溪冶炼厂以绿色工业文化绘出工业生态新画卷、宜春奉新将生态文化植入现代工业创建绿色园区、宜春樟树弘扬中医药文化振兴中医药产业等案例，实践了生态文化＋生态工业带来的提质增效。一是南昌高新区以文化创新滨水生态工业园区建设。南昌高新区以生态＋人文＋科技为导向的生态工业发展之路，积极践行新发展理念，持续擦亮生态新名片，提供了一个工业文明、城市文明和生态文明深度融合的生态文明样板。二是景德镇陶瓷文化支撑陶瓷工业高质量发展。陶瓷文化是景德镇的生态文化标签、地方历史标志。景德镇通过深挖历史底蕴、发扬陶瓷文化，推动实现高质量绿色发展。陶瓷文化成为景德镇发展的核心竞争力。三是江铜贵溪冶炼厂以绿色工业文化绘出工业生态新画卷。贵溪冶炼厂将绿色发展理念融入到生产生活中，形成了良好的绿色工业文化。经过不断地对原有工艺、环保设施升级改造，使工厂各项发展指标符合当前国家环保要求。四是宜春奉新将生态文化植入现代工业创建绿色园区。奉新县将生态基因植入到工业领域，大力探索"生态文明＋工业文明"协调发展之路，生成了浓厚的生态文化、绿色风尚。五是宜春樟树弘扬中医药文化振兴中医药产业。樟树药文化底蕴深厚，形成了独具特色的樟帮文化。千年药都历史形成了千年药都文化，奠定了樟树中医药高质量发展的深厚底子，全力推进"中国药都"振兴。

生态文化＋社会风尚。生态文化倡导使用绿色产品、参与绿色志愿服务，引导民众树立绿色增长、共建共享理念，使绿色消费、绿色出行、绿色生活成为全社会自觉行动。生态文化是形成绿色风尚的核心，一切绿色风尚的持续都依赖于生态文化的传播与盛行。"垃圾兑换银行"推动城乡垃圾长效治理、抚州市以碳普惠制推动形成绿色生活方式、共青团传播绿色文化实施生态志愿服务、抚州以生态文明教育传播生态文化、赣州南康弘扬生态文化加快生态文明建设等案例充分证明了生态文化是引领绿色生活、推动社会风尚绿色化的重要因素。一是"垃圾兑换银行"推动城乡垃圾长效治理。各地积极探索推进垃圾分类处理的有效模式，不少地方创新推出"垃圾兑换银行"。通过"垃圾兑换银行"，让百姓处理垃圾能得到直接实惠，提高村民环保意识。二是抚州市以碳普惠制推动形成绿色生活方式。抚州市在智慧城市门户"我的抚州"APP搭建了碳普惠公共服务平台"绿宝"，将生态文化融入日常生活，改变传统生活方式，形成绿色生活风尚。三是共青团传播绿色文化实施生态志愿服务。我省共青团系统实施"绿动赣鄱行动"，大力开展生态环保志愿服务活动，以项目和行动引领青少年绿色实践，动员广大青少年积极参与生态环保实践。四是抚州以生态文明教育传播生态文化。生态文明建设的长效机制就在于生态文明理念深入人心，生态意识引导日常行为，从而提高人们保护环境的自觉性。抚州立足校园，积极开展"小手牵大手""八个一"等活动。五是赣州南康弘扬生态文化加快生态文明建设。采取群众喜闻乐见、通俗易懂的形式，培育绿色、健康、向上的生产、生活方式，提高公众生态文明建设的积极性和主动性。

三　生态文化建设中存在的不足

总体上看，江西省生态文化伴随生态文明建设不断走深、走新、走实，在传承坚守中不断创新和深化，成为文化建设和生态文明建设的重要内容。生态文明建设列入"五位一体"总体布局和"四个全面"战略布局以来，我省生态文化建设得到进一步加强。在肯定成绩的同时，要认识到当前生态文化建设总体水平不高，还有一些需要加强和改进的方面。一是生态文化的总体认识还有差距。对生态文化的丰富内涵、对生态文化的重要价值、对生态文化的特色基因等认识不够。二是生态文化的示范创建存在不足。生态文化的社会参与不够，生态文化的创建平台不多，生态文化的品牌名气不大。三是生态文化的培育推广体系不全。生态文化融合力度、生态文化宣传力度、生态文化总结力度有待提升。四是生态文化的产业贡献占比不高。生态文化产业层次较低，生态文化产业总量不大，生态文化产业缺乏龙头。五是生态文化的支撑保障不够完善。对生态文化的组织领导不够，对生态文化的总体设计不够，对生态文化的人才培育不够。

四　加快构建江西生态文化体系

生态文明建设是经济社会可持续发展的关键，是国家治理体系和治理能力现代化的重要体现，也是推动国家治理体系和治理能力现代化的重要举措。当前，江西省正面临生态文明建设的关键期、攻坚期、窗口期，要紧紧以习近平生态文明思想为指导，贯彻落实习近平总书记视察江西时的重要讲话要求，深化国家生态文明试验区建设，统筹历史和现实、当前和长远、理论和实践、守正和创新，加快构建具有江西特色的生态文化体系，在繁荣绿色文化上打造样板，进一步提升生态文明领域治理体系和治理能力现代化水平。

聚焦顶层设计，描绘江西生态文化建设蓝图。研究探讨在生态文明建设中坚持和巩固什么、完善和发展什么？以问题为导向，厘清为什么建设生态文化、建设什么样的生态文化、怎样建设生态文化？一是汇聚形成一套生态文化建设部署方案。贯彻落实习近平总书记指示要求和省委决策部署；统筹推进生态文化建设，统筹谋划生态文化，融入生态文化，推动发展生态文化；编制《江西省生态文化发展纲要（2021—2030 年)》。二是瞄准建设一个生态文化高地。加强生态文化创作，发展生态文化产业，突出生态文化推广，加快打造生态文化创新高地，把江西打造成生态文化创作、培育、体验和推广高地，建成打造生态文化繁荣、人与自然和谐共生的样板区。三是研究提出一个生态文化体系。深挖江西生态文化基因，编辑江西生态文化图谱，探索江西生态文化理论，探索江西生态文化培育、建设、传播规律，形成面向江西、聚焦江西、服务江西、具有江西特点的生态文化理论。

聚焦生成培育，打造江西生态文化建设样板。生态文化是区域形象的重要组成部分，是社会公众对一个地区生态文明水平的直观印象。要加强生态文化的生成和培育，打造江西生态文化建设样板，完善江西生态文化形象。一是实施一批生态文化创建。全面开展节约型机关、绿色家庭、绿色学校、绿色社区、绿色出行、绿色商场、绿色建筑等创建行动；创新一批生态文化平台；拓展生态文化创建平台；整合生态文化研究平台；创新生态文化展示平台。二是组织一批生态文化试验。建好国家级文化类试验区；推动制度先行先试；以制度创新推动生态文化走在全国前列。三是打造生态文化新区。探索建立生态文化示范区，逐步推出长江沿江生态文化合作区、环鄱阳湖生态文化实验区、赣江生态文化实验区、抚河生态文化实验区、信江生态文化实验区、饶河生态文化实验区、修水生态文化实验区以及湘赣边等区域性生态文化实验区，推动流域、区域生态、文化、经济合作发展。

聚焦动能转换，探索江西生态文化产业新路。深入挖掘利用生态文化资源，加快整合生态文化资源和生态产业资源，科学规划生态文化资源产业化开发，提高生态创意产品质量，培育若干生态文化产业品牌，将生态文化产业打造成为经济社会发展的新引擎。一是加强产业市场主体培育。做大做强国有、国有控股等重点文化发展平台；鼓励和支持社会资本进入文化领域；建立健全扶持小微文化企业发展相关政策；培育和壮大文化市场主体，提升生态文化产业的生产力、创新力以及综合实力和整体影响力。二是加强生态文化产品创新。深入推动文化＋跨界融合，发展基于文化创意和设计与制造业、建筑业、农林业、旅游业等相关产业融合的新设计、新工艺、新业态，创造具有地方特色、具有生态品质的生态文化新产品。三是创建生态文化产业品牌。探索建立生态产品品牌培育、发展和保护体系，提高地理标志商标及其他商标注册、运用、保护和管理水平；探索建立生态产品区域公用品牌管理体系以及质量和品牌监管体系；探索建立区域性生态品牌展示、交流和交易平台。

聚焦总结宣传，讲好江西生态文化建设故事。要围绕特色优势生态资源讲好江西生态文化故事，加强宣传教育、深化总结提炼、拓展对外交流，构建人文生态环境系统，传播生态文化建设的江西智慧。一是加强宣传教育。强化宣传引领，将生态文明转化为公民意识，将生态治理行动转化为公民自觉行为；开展公民教育，从娃娃抓起，从幼儿园开始，从日常生活中的点滴实践做起；组织专门宣传，举办各类生态文明、生态文化宣传活动。二是深化总结提炼。加强经验总结，形成生态文化建设的江西智慧；突出典型，树立标杆，展现生态文化建设的江西经验；开展先进表彰活动，塑造生态文化建设的江西形象。三是拓展对外交流。积极融入国家区域战略，增强江西在区域发展中的生态话语，推动区域内良性联动互生、共同发展；积极融入"一带一路"建设，擦亮江西在国际合作中的生态名片，塑造江西生态的世界印象；大力开展对外交流活动，将鄱阳湖打造成中国生态国际合作高地。

聚焦保障支撑，壮大江西生态文化建设合力。文化建设是一项系统工程。要加强对生态文化建设的组织领导，完善生态文化的共建机制，加大生态文化建设的支持力度，提升生态文化建设合力。一是加强组织领导。各地各部门将生态文化建设任务融入到生态文明总体布局中；将生态文化建设纳入生态文明考核评价体系，提高生态文化在市县高质量发展考核生态文明建设评价中的分值；将生态文化建设纳入文明创建内容。二是完善共建机制。加快构建以政府为主导、企业为主体、社会组织和公众共同参与的治理体系，重点推动企业践行绿色生产方式；完善公民参与体系；健全环境治理信用体系和生态文明有关法规政策体系。三是加大支持力度。加强经费保障，打造一批高质量的生态文化作品、生态文化示范区（点）；建设一批承载生态文化的场馆；完善基本公共服务体系，提升文化服务的层次和品质；加大环保补短板力度，强化薄弱地区环保基础设施建设。

　　绿色生态是江西的最大财富、最大优势、最大品牌。生态文化是江西绿色生态形象的最直观体现，也是江西国家生态文明试验区建设的核心要素，必须保护好、传承好、弘扬好江西生态文化。江西在迈向生态文明新时代进程中，要强化生态价值观念树立，加强生态文明教育塑造，加快生产生活方式变革，提升生态文明制度效应。大力推动将生态文化转化为生态环保引力、生态共建合力、绿色发展动力，加快建立健全江西特色生态文化体系，助力打造美丽中国"江西样板"、建设富裕美丽幸福现代化江西。

附录二　绿色江西重要文献法规目录索引

序号	起草单位	法规名称
1	江西省发改委	《江西省实施〈中华人民共和国煤炭法〉办法》
2	江西省发改委	《江西省实施〈中华人民共和国节约能源法〉办法》
3	江西省发改委	《江西省资源综合利用条例》
4	江西省工信厅	《江西省促进发展新型墙体材料条例》
5	江西省工信厅	《江西省促进散装水泥和预拌混凝土发展条例》
6	江西省自然资源厅	《江西省实施〈中华人民共和国土地管理法〉办法》
7	江西省自然资源厅	《江西省城市国有土地使用权出让和划拨管理条例》
8	江西省自然资源厅	《江西省测绘管理条例》
9	江西省自然资源厅	《江西省征收土地管理办法》
10	江西省自然资源厅	《江西省保护性开采的特定矿种管理条例》
11	江西省自然资源厅	《江西省采石取土管理办法》
12	江西省自然资源厅	《江西省国土资源监督检查条例》
13	江西省自然资源厅	《江西省矿产资源管理条例》
14	江西省自然资源厅	《江西省地质灾害防治条例》
15	江西省生态环境厅	《江西省环境污染防治条例》
16	江西省生态环境厅	《鄱阳湖生态经济区环境保护条例》
17	江西省生态环境厅	《江西省机动车排气污染防治条例》
18	江西省生态环境厅	《江西省大气污染防治条例》
19	江西省住房城乡建设厅	《江西省城乡规划条例》
20	江西省住房城乡建设厅	《江西省村镇规划建设管理条例》
21	江西省住房城乡建设厅	《江西省城市和镇控制性详细规划管理条例》

续表

序号	起草单位	法规名称
22	江西省住房城乡建设厅	《江西省庐山风景名胜区管理条例》
23	江西省住房城乡建设厅	《江西省三清山风景名胜区管理条例》
24	江西省住房城乡建设厅	《江西省龙虎山和龟峰山风景名胜区管理条例》
25	江西省住房城乡建设厅	《江西省井冈山风景名胜区条例》
26	江西省住房城乡建设厅	《江西省传统村落保护条例》
27	江西省水利厅	《江西省实施〈中华人民共和国水体保持法〉办法》
28	江西省水利厅	《江西省河道管理条例》
29	江西省水利厅	《江西省实施〈中华人民共和国防洪法〉办法》
30	江西省水利厅	《江西省赣抚平原灌区管理条例》
31	江西省水利厅	《江西省水资源条例》
32	江西省水利厅	《江西省水利工程条例》
33	江西省水利厅	《江西省抗旱条例》
34	江西省水利厅	《江西省农田水利条例》
35	江西省水利厅	《江西省河道采砂管理条例》
36	江西省水利厅	《江西省湖泊保护条例》
37	江西省水利厅	《江西省实施河长制湖长制条例》
38	江西省农业农村厅	《江西省农业机械管理条例》
39	江西省农业农村厅	《江西省水产种苗管理条例》
40	江西省农业农村厅	《江西省动物防疫条例》
41	江西省农业农村厅	《江西省农作物种子管理条例》
42	江西省农业农村厅	《江西省植物保护条例》
43	江西省农业农村厅	《江西省实施〈中华人民共和国农村土地承包法〉办法》
44	江西省农业农村厅	《江西省农民专业合作社条例》
45	江西省农业农村厅	《江西省渔业条例》
46	江西省农业农村厅	《江西省农业生态环境保护条例》
47	江西省文化和旅游厅	《江西省旅游条例》
48	江西省林业厅	《江西省森林防火条例》
49	江西省林业厅	《江西省山林权争议调解处理办法》
50	江西省林业厅	《江西省实施〈中华人民共和国野生动物保护法〉办法》
51	江西省林业厅	《江西省公民义务植树条例》
52	江西省林业厅	《江西省林木种子条例》

序号	起草单位	法规名称
53	江西省林业厅	《江西省森林资源转让条例》
54	江西省林业厅	《江西省古树名木保护条例》
55	江西省林业厅	《江西省森林条例》
56	江西省林业厅	《江西省森林公园条例》
57	江西省林业厅	《江西省湿地保护条例》
58	江西省林业厅	《江西省林产品质量安全条例》
59	江西省林业厅	《江西省林业有害生物防治条例》
60	江西省林业厅	《江西武夷山国家级自然保护区条例》
61	江西省地震局	《江西省防震减灾条例》
62	江西省气象局	《江西省实施〈中华人民共和国气象法〉办法》
63	江西省气象局	《江西省气象灾害防御条例》
64	江西省气象局	《江西省气候资源保护和利用条例》

参考文献

一 经典著作

《马克思恩格斯文集》（10卷），人民出版社 2009 年版。

《列宁专题文集》（4卷），人民出版社 2009 年版。

《毛泽东选集》（4卷），人民出版社 1991 年版。

《邓小平文选》（3卷），人民出版社 1993 年版。

《江泽民文选》（3卷），人民出版社 2006 年版。

《胡锦涛文选》（3卷），人民出版社 2016 年版。

《习近平谈治国理政》（3卷），外文出版社 2015、2017、2020 年版。

习近平：《在省部级主要领导干部学习贯彻党的十八届五中全会精神专题研讨班上的讲话》，人民出版社 2016 年版。

本书编写组，《党的十九大报告辅导读本》，人民出版社 2017 年版。

本书编写组：《〈中共中央关于制定国民经济和社会发展第十三个五年规划的建议〉辅导读本》，人民出版社 2015 年版。

本书编写组：《〈中央关于坚持和完善中国特色社会主义制度、推进国家治理体系和治理能力现代化若干重大问题的决定〉辅导读本》，人民出版社 2019 年版。

本书编写组：《〈中央关于制定国民经济和社会发展第十四个五年规划和二〇三五年远景目标的建议〉辅导读本》，人民出版社 2020 年版。

中共中央党史和文献研究院：《十九大以来重要文献选编》（上），中央文献出版社 2019 年版。

中共中央文献研究室：《十八大以来重要文献选编》（上、中、下），中央文献出版社 2014、2016、2018 年版。

中共中央文献研究室：《习近平关于社会主义生态文明建设论述摘编》，

中央文献出版社 2017 年版。

中共中央宣传部：《习近平总书记系列重要讲话读本》，学习出版社 2016 年版。

二 中文著作

安远县志编撰委员会：《安远县志》，新华出版社 1993 年版。

陈剑：《老子译注》，上海古籍出版社 2016 年版。

陈敏豪：《归程何处——生态史观话文明》，中国林业出版社 2002 年版。

慈福义：《城市与区域循环经济发展研究》，中国经济出版社 2010 年版。

范纯：《环境危机与环境安全》，国际文化出版公司 2014 年版。

方世昌：《周易新释》，西安电子科技大学出版社 2017 年版。

关成华、潘浩然、白英：《绿色企业评价指南》，经济日报出版社 2019 年版。

广东省社会科学院：《跨越关口——在构建推动经济高质量发展的体制机制上走在全国前列》，广东人民出版社 2018 年版。

翦伯赞：《先秦史》，北京大学出版社 1988 年版。

江西省社会科学院课题组：《江西经济社会发展报告（2017）》，社会科学文献出版社 2017 年版。

江西省社会科学院课题组：《中部蓝皮书：中国中部地区发展报告（2018）》，社会科学文献出版社 2018 年版。

焦子栋：《荀子通译》，齐鲁书社 2016 年版。

靖林：《庄子释义》，新华出版社 2016 年版。

李高东：《历史唯物主义视域下五大发展理念研究》，中国矿业大学出版社 2017 年版。

李惠萌、于江丽、陈有根：《珠三角区域生态文明建设研究》，中山大学出版社 2016 年版。

李培超、张启江：《生态文明的愿景：寻求人类和谐地栖居》，湖南师范大学出版社 2015 年版。

李培超：《自然的伦理尊严》，江西人民出版社 2001 年版。

刘毓庆：《论语绎解》，商务印书馆 2017 年版。

鲁明中、张象枢主编：《中国绿色经济研究》，河南人民出版社 2005

年版。

路日亮：《生态文化论》，清华大学出版社 2019 年版。

内蒙古典章法学与社会学研究所编：《〈成吉思汗法典〉及原论》，商务
　　印书馆 2007 年版。

欧阳康：《哲学研究方法论》，武汉大学出版社 2004 年版。

任俊华、刘晓华：《环境伦理的文化阐释——中国古代生态智慧探考》，
　　湖南师范大学出版社 2004 年版。

任永堂：《人类文化的绿色革命》，黑龙江人民出版社 2019 年版。

佘正荣：《生态智慧论》，中国社会科学出版社 1996 年版。

盛广智：《管子译注》，吉林文史出版社 1998 年版。

汤爱民：《大整合：21 世纪中国综合发展战略建言》，中国经济出版社
　　2000 年版。

王泽应：《道莫盛于趋时》，光明日报出版社 2003 年版。

吴真：《节能减排与环境责任研究》，吉林人民出版社 2018 年版。

《五大发展理念案例选编：领航中国》编写组编著：《五大发展理念案
　　例选编：领航中国》，台海出版社 2017 年版。

严立冬：《经济可持续发展的生态创新》，中国环境科学出版社 2002
　　年版。

叶文虎：《可持续发展引论》，高等教育出版社 2004 年版。

岳瑞波：《我国产业经济学热点问题分析》，中国商业出版社 2017
　　年版。

张岱年：《中国哲学大纲》，中国社会科学出版社 1982 年版。

张建宇、严厚福、秦虎：《美国环境执法案例精编》，中国环境出版社
　　2013 年版。

张觉：《荀子译注》，上海古籍出版社 1995 年版。

朱小丹主编：《富裕 公平 活力 安康：加快构建和谐广东》，广东人民出
　　版社 2005 年版。

三　中译著作

［德］汉斯·彼得·马丁、哈拉尔特·舒曼：《全球化陷阱》，张世鹏等
　　译，中央编译出版社 1998 年版。

［德］乌尔里希·贝克：《风险社会：新的现代性之路》，张文杰、何博

闻译，译林出版社 2018 年版。

［美］丹尼斯·米都斯：《增长的极限：罗马俱乐部关于人类困境的报告》，李宝恒译，吉林人民出版社 1997 年版。

［美］克莱夫·庞廷：《绿色世界史：环境与伟大文明的衰落》，王毅译，中国政法大学出版社 2015 年版。

［美］蕾切尔·卡森：《寂静的春天》，马绍博译，天津人民出版社 2017 年版。

［美］理查德·佛罗里达：《创意阶层的崛起》，司徒爱勤译，中信出版社 2010 年版。

［美］罗伯特·F. 莫菲：《文化和社会人类学》，吴玫中译，中国文联出版公司 1988 年版。

［美］罗伯特·路威：《文明与野蛮》，品叔湘译，生活·读书·新知三联书店 2015 年版。

［美］温茨：《环境正义论》，朱丹琼、宋玉波译，上海人民出版社 2007 年版。

［日］岸根卓郎：《环境论——人类最终的选择》，何鉴译，南京大学出版社 1999 年版。

［印］萨拉·萨卡：《生态社会主义还是生态资本主义》，张淑兰等译，山东大学出版社 2008 年版。

［英］马林诺夫斯基：《文化论》，费孝通等译，中国民间文艺出版社 1987 年版。

［英］泰勒：《原始文化》，连树声译，广西师范大学出版社 2005 年版。

［英］伊格尔顿：《文化的观念》，方杰译，南京大学出版社 2006 年版。

四　学术论文

蔡木林、王海燕、李琴、武雪芳：《国外生态文明建设的科技发展战略分析与启示》，《中国工程科学》2015 年第 8 期。

陈学明：《"生态马克思主义"对于我们建设生态文明的启示》，《复旦学报》（社会科学版）2008 年第 4 期。

董必荣：《国外绿色发展模式借鉴——以英国为例》，《毛泽东邓小平理论研究》2016 年第 11 期。

方克立：《"天人合一"与中国古代的生态智慧》，《当代思潮》2003 年第 4 期。

方世南、储萃：《习近平生态文明思想的整体性逻辑》，《学习月刊》
2019 年第 3 期。

冯留建：《科技革命与中国特色社会主义生态文明建设》，《当代世界与
社会主义》2014 年第 2 期。

郭崇：《日本的环境教育对我国生态文明建设的启示》，《文化学刊》
2015 年第 2 期。

郭因：《绿色文化断想（二则）》，《学术界》1995 年第 1 期。

韩欲立：《生态女性主义反对深生态学：北美激进环境理论的哲学争论
及其实质》，《福建论坛》（人文社会科学版）2017 年第 9 期。

胡德胜：《西方国家生态文明政策法律的演进》，《国外社会科学》2018
年第 1 期。

郇庆治：《生态现代化理论与绿色变革》，《马克思主义与现实》2006
年第 2 期。

郇庆治：《生态自治主义理论及其绿色变革》，《鄱阳湖学刊》2016 年
第 1 期。

郇庆治：《作为一种生态文化理论的生态自治主义》，《中共贵州省委党
校学报》2015 年第 4 期。

黄娟：《"五大发展"理念下生态文明建设的思考》，《中国特色社会主
义研究》2016 年第 5 期。

季羡林：《"天人合一"方能拯救人类》，《哲学动态》1994 年第 2 期。

金光风：《营造绿色文化 建设生态文明》，《生态经济》2000 年第 8 期。

康凤云、张艳国：《用时代眼光重新审视文化的两重性》，《学习月刊》
2004 年第 10 期。

蓝强：《马克思主义理论视域下"人—自然"系统的复杂结构》，《学术
论坛》2016 年第 12 期。

李丙寅：《略论魏晋南北朝时代的环境保护》，《史学月刊》1992 年第
1 期。

李慧明：《生态现代化理论的内涵与核心观点》，《鄱阳湖学刊》2013
年第 2 期。

李鸣：《绿色科技：生态文明建设的技术支撑》，《前沿》2010 年第
19 期。

李申：《"天人合一"不是人与自然合一》，《历史教学》2005 年第 1 期。

李胜辉：《深生态学与人类中心主义》，《云南社会科学》2014 年第 5 期。

李振刚：《人与自然和谐共生文化渊源和时代创新》，《河北学刊》2019 年第 6 期。

刘爱华：《经济新常态下中部地区文化产业品牌培育策略研究——以江西省为例》，《文化产业研究》（第 20 辑），南京大学出版社 2018 年版。

刘兵：《抓好生态制度建设 打造美丽中国"江西样板"》，《当代江西》2020 年第 2 期。

刘贺青：《生态文化理论视角下的绿色国家理论》，《鄱阳湖学刊》2016 年第 1 期。

刘华：《我国唐代环境保护情况述论》，《河北师范大学学报》1993 年第 2 期。

刘林涛：《文化自信的概念、本质特征及其当代价值》，《思想教育研究》2016 年第 4 期。

刘同舫：《中国语境的现代性及其现实意义》，《天津社会科学》2010 年第 1 期。

楼苏萍：《西方国家公众参与环境治理的途径与机制》，《学术论坛》2012 年第 3 期。

吕超：《人类自由作为自我建构、自我实现的存在论结构——对康德自由概念的存在论解读》，《哲学研究》2019 年第 4 期。

罗家旺、曹文宏：《新发展理念的总体性方法》，《华侨大学学报》（哲学社会科学版）2020 年第 1 期。

钱穆：《中国文化对人类未来可有的贡献》，《中国文化》1991 年第 1 期。

秦书生：《绿色文化与绿色技术创新》，《管理与科技》2006 年第 6 期。

石文颖、彩虹：《让绿色文化成为社会发展的一抹亮色》，《人民论坛》2018 年第 31 期。

铁铮、孙晓东：《绿色文化的概念、构建与发展》，《绿色中国》2011 年第 4 期。

王春荣:《生态自治主义及其哲学基础》,《行政与法(吉林省行政学院学报)》2006 年第 1 期。

王福昌:《唐代南昌的生态环境》,《古今农业》2001 年第 3 期。

王福全、庞昌伟:《日本发展循环经济低碳社会的基本经验及其启示》,《当代世界》2017 年第 5 期。

王慧湘:《论习近平的生态文化观》,《贵州师范大学学报》(社会科学版)2016 年第 6 期。

王金福:《对马克思主义实现人的自由全面发展理论的再思考》,《南京政治学院学报》2010 年第 5 期。

王玲玲、张艳国:《"绿色发展"内涵探微》,《社会主义研究》2012 年第 5 期。

王全权、张卫:《我国生态文明的对外传播:意义、挑战与策略》,《中南民族大学学报》(人文社会科学版)2018 年第 5 期。

王威孚、朱磊:《关于对"文化"定义的综述》,《江淮论坛》2006 年第 2 期。

王雨辰:《论西方绿色思潮的生态文明观》,《北京大学学报》(哲学社会科学版)2016 年第 4 期。

王雨辰:《生态学马克思主义的探索与中国生态文明理论研究》,《鄱阳湖学刊》2018 年第 4 期。

王岳川:《深生态学的文化张力与人类价值》,《江苏行政学院学报》2009 年第 1 期。

王云霞:《深生态学与儒家思想的会通及其生态意义》,《齐鲁学刊》2019 年第 4 期。

王仲士:《马克思的文化概念》,《清华大学学报》(哲学社会科学版)1992 年第 12 期。

夏承伯、包庆德:《生态文明建设·深生态学:追求和谐发展的环境价值理念》,《哈尔滨工业大学学报》(社会科学版)2013 年第 2 期。

肖文评:《明末清初粤东北的山林开发与环境保护——以大埔县〈湖寮田山记〉研究为中心》,《古今农业》2005 年第 1 期。

徐春:《生态文明在人类文明中的地位》,《中国人民大学学报》2010 年第 2 期。

鄢帮有、严玉平:《新中国 60 年来鄱阳湖的生态环境变迁与生态经济区可持续发展探析》,《鄱阳湖学刊》2009 年第 2 期。

杨卫军:《习近平绿色发展观的哲学底蕴》,《学习论坛》2016 年第 9 期。

杨玉珍:《绿色文化的理论渊源及当代体系建构》,《河南师范大学学报》(哲学社会科学版)2018 年第 6 期。

叶志坚:《文化功能论》,《中共福建省委党校学报》2003 年第 10 期。

余谋昌:《生态文化问题》,《自然辩证法研究》1989 年第 4 期。

於素兰、孙育红:《德国日本的绿色消费:理念与实践》,《学术界》2016 年第 3 期。

虞新胜:《习近平绿色发展思想在江西的实践研究》,《东华理工大学学报》2019 年第 4 期。

张芬芳、李德栓:《绿色文化的历史溯源及当代意蕴》,《教育评论》2018 年第 5 期。

张莉、崔新平:《江西环境保护与可持续发展》,《环境与开发》1999 年第 4 期。

张艳国:《论文化的两重性》,《江汉论坛》2011 年第 10 期。

张艳国:《新世纪人类需要终极关怀》,《学习月刊》2000 年第 7 期。

郑海友、蒋锦洪:《理论·实践·价值:马克思总体性思想视阈下的绿色发展》,《广西社会科学》2017 年第 12 期。

郑海友、蒋锦洪:《论实现"绿色发展"的四大支撑》,《求实》2016 年 10 期。

郑继方:《绿色文化:走向人与自然的普遍和谐》,《东方丛刊》1995 年第 3 辑。

朱虹:《以新发展理念引领绿色发展新路——学习习近平总书记视察江西重要讲话精神的体会》,《江西社会科学》2016 年第 5 期。

后　记

　　本书是本人主持的 2019 年江西省山江湖开发治理委员会办公室重点委托项目"江西绿色文化研究"、2019 年度江西省社会科学"十三五"规划项目"江西生态文化建设研究"（立项号：19ZK22）的最终成果。本书的研究成果，与我主持的 2017 年度江西省经济社会发展重大招标项目"河长制在流域生态治理中的实践探索与经验总结研究"（立项号：17ZD07，结项等级：良好）具有关联性。这些研究，对于认识江西生态省情、文化省情、发展省情，对于促进江西绿色文化发展，建设绿色生态、幸福美丽江西，打造美丽中国"江西样板"，具有积极作用和参考价值。

　　在承担课题研究以来的两年时间里，我带领课题组同志认真研究课题实施方案和研究方法，以问题意识和目标导向为引领，进行实地调研、文献研究和比较研究，吃透省情，领悟"上情"，摸清"下情"，以理论与实际相结合为着力点，站在江西看江西，站在全国看江西，跳出中国看江西，思考"绿色文化江西在哪里"这个重大问题，回答"江西绿色文化的基础和优势在哪里、短板弱项是什么、已经做了什么、还能做什么、经验该如何总结、从中得出怎样的启示、在国内如何进行比较、在全球范围内还可以怎样进行比较研究"等具有理论意义和实践价值的一系列重大问题。我深知，从事这样一项立足省情、促进发展的应用性对策性研究，绝不可以理论脱离实际、学术超越实践，要将自己的理论武装、学术素养与现实关注、实践关切紧密结合起来，担负起学者的社会责任与历史使命，体现学术研究的社会功能与应用价值。这样的研究，是贯彻新时代习近平总书记要求学者"将论文写在中国大地上"，构建具有中国特色、中国风格、中国流派、中国气派，体现中国形象、中国特点、中国力量的哲学社会科学话语体系和学科体系的重要实践。我深信，思想的自觉，一定有益于实践的自觉，一定有益于使学术理论研究在服务实践深化的同时，也反过来使学术理论研究获得实践的真知，从而充满生机活力。

我在研究提纲和可行性研究方案确定后，组成了研究团队，其构成主要是我所在的江西师范大学历史文化与旅游学院、马克思主义学院我指导的部分已经毕业或者在读的博士研究生、博士后科研人员，他们在我的要求和指导下，严谨踏实，新锐活跃，表现出朝气蓬勃的求知欲和解证力，是一支具有发展潜力和前途的科研队伍。我们的研究，在我的主持下，体现在本书中的成果，具体分工如下：绪论《为建设美丽中国展示江西形象、贡献江西智慧》，张艳国（二级教授、博导）、刘小钧（讲师、博士）；第一章《绿色文化理论基础》，朱士涛（博士研究生）；第二章《绿色文化发展演变》，刘超（博士研究生）；第三章《江西绿色文化历史》，吴方浪（讲师、博士后）；第四章《江西依法治绿护绿》，刘为勇（副教授、博士后）；第五章《绿色文化江西模式》，罗斌华（博士研究生、助理研究员）；第六章《发达国家的绿色文化建设以及对中国的启示》，刘小钧；第七章《国内先进地区绿色文化》，石嘉（副教授、博士后）；第八章《绿色文化时代价值》，修安萍（博士研究生）；第九章《构建绿色文化体系》，刘爱华（副教授、博士后）。附录：一、研究报告《挖掘赣鄱绿色基因 打造绿色文化样板》，张艳国、赖晓琴（硕士、讲师）、陈杰（博士研究生）；二、《绿色江西重要文献法规索引》，罗斌华。参考文献，朱士涛。

作为科研项目主持人，本书的研究思路、框架、方案由我提出，最后由我统稿、定稿，并对个别章节进行了较大程度的修改。当然，我还要对项目研究成果及本书的质量、立论及其观点负责，敬请读者批评指正。而对于学生们积极参与的工作态度、认真负责地开展本项工作的敬业精神、密切合作的团队精神，我要表示由衷地感谢！感谢江西省山江湖开发治理委员会办公室对本研究的大力支持，特别是省山江湖办副主任刘梅影研究员、综合处处长邓绍平研究员、生态建设处副处长黄齐副研究员和钟凌鹏等同志，在本书撰写过程中给予了政策指导、文件解读，提供了重要资料和大量数据，提出不少宝贵意见和研究建议。

特别感谢江西省人大常委会党组副书记、副主任、著名文化学者朱虹教授支持并肯定我所主持的这项研究工作，在认真审阅书稿后，他拨冗写下了学术内涵饱满、理论总结充分和促进研究有力的深度序文。朱虹教授作为"江西进口老表"，他热爱江西，把自己的才华和汗水洒在江西大地上，他深情地热爱江西这片绿色的土地、红色的文化、勤劳的人民。他的这种情怀，深深地感染着我、激发着我的研究团队。我们在本研究完成和本书出版之际，应该向朱虹教授致以敬意！

感谢中国社会科学出版社总编辑魏长宝先生、副总编辑王茵女士肯定本书，他们积极支持本书出版；感谢本书编辑赵威先生为此付出的辛劳！

在中国发展进入新时代新阶段之际，江西省对于"十四五"时期的发展居高前瞻，高位谋划，统筹推进，成竹在胸，发展的势能、动能和效能互动紧密，发展的效能日益凸显，日益优化，全面惠及赣鄱儿女、装点江右大地。这是令人欣慰的！

发展没有止境，研究没有终点，思考还在继续。我相信，随着实践的深化和回应发展的呼唤，我们的研究，只是向着本研究高质量展开的一个起点，一份可资参考的有益样本；日后的研究也一定会更新更好，为实践发展起到更多的理论支撑作用，美丽江西、文化江西、生态江西、幸福江西、魅力江西建设一定再上层一楼，取得令人赏心悦目的新成果新成效！

张艳国

南昌瑶湖畔

2020 年 12 月 31 日